Joseph Silk

Das *fast* unendliche Universum

Joseph Silk

Das *fast* unendliche Universum

Grenzfragen der Kosmologie

Aus dem Englischen
von Thomas Filk

C.H.Beck

Mit 13 Abbildungen im Text

Titel der englischen Originalausgabe:
The Infinite Cosmos. Questions from the frontiers of cosmology
© Joseph Silk 2006
Zuerst erschienen bei Oxford University Press, London,
New York 2006

Für die deutsche Ausgabe:
© Verlag C.H.Beck oHG, München 2006
Gesetzt aus der Minion Pro und der Frutiger im Verlag
Druck und Bindung: Ebner & Spiegel, Ulm
Gedruckt auf säurefreiem, alterungsbeständigem Papier
(hergestellt aus chlorfrei gebleichtem Zellstoff)
Printed in Germany
ISBN-10: 3 406 54990 X
ISBN-13: 978 3 406 54990 8

www.beck.de

Inhalt

Für Jonathan, Timothy und Jonah

1 Einleitung

Zwei Dinge sind unendlich – das Universum und die
menschliche Dummheit, aber bei dem Universum bin
ich mir noch nicht ganz sicher.　　　Albert Einstein

Die Vergangenheit! Die unendliche Ausdehnung der
Vergangenheit! Was ist die Gegenwart denn anderes
als aus der Vergangenheit erwachsen.　　Walt Whitman

Das Unendliche muss etwas Relatives sein. Wie weit man auch geht, ein
unendlicher Raum lässt immer noch beliebig viel unentdeckt. Man gelangt nie ans Ende. Könnte so unser Universum sein?

Die Vorstellung von einem unendlichen Universum hat die Mei-
nungen gespalten. Für manche ist eine solche Vorstellung erschreckend.
Die Wahrscheinlichkeit für die Entstehung intelligenten Lebens mag
beliebig klein sein, aber sie ist nicht Null. Immerhin ist es einmal passiert! In einem unendlichen Universum gäbe es in jedem Fall Kopien
von uns. Irgendwo gäbe es sogar identische Kopien von uns, die jede
unserer Handlungen und jedes Wort wiederholen. Eine schwer akzep-
tierbare *Vorstellung*.

Doch das ist kaum ein überzeugender wissenschaftlicher Grund,
ein unendliches Universum abzutun. Tatsächlich steht die moderne
Astronomie auf dem Standpunkt, dass ein unendliches Universum
mehr als nur ein metaphysisches Konzept sein könnte. Vielleicht muss
das Universum sogar unendlich sein, wenn die Physik Recht hat. Doch
wenn es tatsächlich unendlich wäre, könnten wir dies jemals mit Sicherheit wissen? Ich werde argumentieren, dass es Möglichkeiten gibt,
sowohl ein sehr großes, aber endliches als auch ein im Prinzip unendliches Universum zu erkunden. Wäre das Universum «topologisch
klein» – d.h. sehr groß, aber mit einem endlichen Volumen –, dann
könnten sich in der fossilen Strahlung, die ein Überrest des Big Bang
ist, Hinweise darauf finden lassen. Demgegenüber wäre die Erkundung
und die Bestätigung eines unendlichen Universums vergleichbar mit
Sciencefiction-Reisen – eine Zukunftsvision, aber doch im Bereich der
Physik.

Mit Sicherheit ist unser Universum sehr, sehr groß. Selbst wenn es nicht unendlich sein sollte, ist es mit großer Wahrscheinlichkeit wesentlich größer als der entfernteste Horizont, der für die größten Teleskope auf unserer Welt noch sichtbar ist. In jedem Fall ist das Universum nahezu unendlich. In diesem Buch möchte ich beschreiben, wie die Astronomen zu dieser Schlussfolgerung gelangt sind, und wie das Konzept eines sehr großen aber endlichen Universums experimentell überprüfbar ist.

2 Perspektiven

Säuberte man die Tore der Wahrnehmung, sähen wir
alles so, wie es ist – unendlich.   William Blake

Wir liegen alle in der Gosse, aber einige von uns blicken auf die Sterne.   Oscar Wilde

Die Menschheit ist ein Staubkorn im Auge des Universums. Als besondere Gattung gibt es den Menschen erst seit einem tausendstel des Alters des Universums. Die Zerbrechlichkeit des Lebens lässt für die Zukunft nichts Gutes ahnen. Der kleinste kosmische Zusammenstoß zwischen der Erde und einem umherwandernden Asteroiden könnte auf
der Erde leicht jede Spur von Leben auslöschen.

Bisher haben wir überlebt – über Milliarden von Jahren. Kein
schlechtes Ergebnis, das jedoch unmittelbar einige schwierige Fragen
aufwirft. Auf welchen verschlungenen Wegen kamen wir hierher? Als
Kosmologe beginne ich so nahe am Anfang unseres Universums, wie es
die Theorie erlaubt. Doch welche Theorie ich auch immer vertreten
werde, sie alle haben ihren Startpunkt. Unsere heutigen Kenntnisse der
Physik tragen uns nicht weiter zurück. Vor diesem kosmischen Augenblick verflüchtigen sich unsere physikalischen oder chemischen Gesetze wie Rauchschwaden. Das Meiste ist Spekulation, bei den Theologen und Philosophen ebenso wie bei den Astrophysikern.

Am Anfang war das Reich der Theologie. Doch es gibt auch das
Reich der Philosophie und der Kosmologie. Sie alle beleuchten den Anfang des Universums aus sehr unterschiedlichen Perspektiven. Ein Philosoph könnte sagen: «Okay, wenn es einen Anfang gab, dann gab es
auch etwas vor diesem Anfang. Ansonsten wäre der Begriff des Anfangs sinnlos.» Der Wissenschaftler (oder Theologe) könnte sagen:
«Alles was davor liegt, ist *per definitionem* keine Wissenschaft (Theologie).» Die neue Kosmologie beginnt mit dem Augenblick, als noch
nichts da war – oder zumindest fast nichts, sodass der Unterschied
kaum noch eine Rolle spielt. Es gab keine Form von Materie. Es gab
Raum, aber er war leer. Es gab noch keine Zeit. Der Augenblick, den
wir als den Anfang bezeichnen, könnte sich also tatsächlich sehr lange

hingezogen haben, lange genug, damit sich sehr seltsame Dinge ereignen konnten wie die scheinbare Verletzung der Massen- und Energieerhaltung. Wir lernen in der Schule, dass die Energie erhalten bleibt. Doch die Quantentheorie erlaubt es uns, Energie zu «borgen», solange wir sie zurückzahlen, bevor der Diebstahl bemerkt wird. Unsere Vorstellungen vom Anfang des Universums beruhen einerseits auf der Theorie der fundamentalsten Eigenschaften der Materie, andererseits auf astronomischen Beobachtungen von den entferntesten Bereichen des Universums.

Die Kunst der Kosmologie

> Worüber ich berichten werde, das lehren wir unsere Physikstudenten im dritten oder vierten Studienjahr … Ich möchte Sie davon abhalten sich abzuwenden, nur weil Sie die Sache nicht verstehen. Meine Physikstudenten verstehen die Sache ebenfalls nicht … weil ich sie nicht verstehe. Niemand versteht es.
>
> Richard Feynman

Die Kosmologie beschäftigt sich mit dem Universum: seiner Struktur, seinem Anfang, seinem Schicksal. Der Grundstein der modernen Kosmologie ist die Theorie vom Urknall, oder Big Bang. Doch wie viel davon beruht auf reiner Spekulation, und was sind die Tatsachen? Ich werde aufzählen, was wir wirklich über die Big-Bang-Theorie wissen. Dazu gehören solche Dinge wie die Evolution des Universums auf großen Skalen: angefangen mit der Entstehung von Materie bis hin zu Geburt und Tod ganzer Galaxien von Sternen. Die schwierigen Fragen herauszuarbeiten ist der erste Schritt auf dem Weg zu den Antworten. Ist das Wissen einmal vorhanden, können wir uns den grundlegenden Fragen zu unserem Universum zuwenden. Auch wenn wir die endgültigen Antworten noch nicht kennen, können wir viel auf diesem Weg lernen.

Galaxien sind sehr weit von uns entfernt. Ihr Licht war Millionen Jahre unterwegs, und wenn wir sie beobachten, schauen wir in die Vergangenheit. Die Erforschung der Vergangenheit hat unsere Vorstellungen schon immer zutiefst beeinflusst. Mitte des siebzehnten Jahrhunderts kam der irische Erzbischof James Ussher zu der erstaunlichen Einsicht, dass Gott Himmel und Erde am 22. Oktober 4004 v. Chr. um 8 Uhr Abends erschaffen hat! Der englische Bibelgelehrte Dr. John Lightfoot korrigierte dieses Ergebnis später etwas: Er datierte die Erschaffung Adams auf den 23. Oktober 4004 v. Chr., 9 Uhr morgens.

Will ein Geologe die Vergangenheit erkunden, so gräbt er in die Tiefe. Die ältesten Steine auf der Erde sind ungefähr drei Milliarden Jahre alt. Es wurden sogar noch ältere, nicht-terrestrische Steinbrocken gefunden, so genannte Meteoriten. Die ältesten Steine in unserem Sonnensystem sind ungefähr 4,6 Milliarden Jahre alt.

Doch der Kosmologe braucht nur hinaus in den Weltraum zu schauen, um noch weiter in die Vergangenheit zu gelangen. Das Zentrum unserer Milchstraße ist von uns ungefähr 20 000 Lichtjahre entfernt. Der noch mit bloßem Auge sichtbare Andromeda-Nebel, unser nächster Nachbar vergleichbarer Größe, hat eine Entfernung von zwei Millionen Lichtjahren. Wir sehen ihn heute zu einer Zeit, als auf der Erde das Zeitalter der Menschheit begann. Zu den entferntesten uns bekannten Galaxien beträgt die Entfernung mehr als zehn Milliarden Lichtjahre. Ihr Licht stammt aus einer Zeit, lange bevor sich die Sonne und das Sonnensystem gebildet hatten, ja sogar vor der Entstehung unserer Galaxie. Das Universum ist riesig. Aber es ist nicht so riesig, dass wir seinen Ursprung und seine Entwicklung nicht verstehen könnten. Mit den heutigen Teleskopen können wir die Schöpfung beobachten, und der Big Bang ist unsere moderne, wissenschaftliche Schöpfungsgeschichte. Er ersetzt Zeus und Thor, Adam und Eva. Anders jedoch als es bei den Mythen der Fall ist, beruht die wissenschaftliche Entstehungsgeschichte auf Tatsachen. Es sind zwar nicht ganz die Tatsachen, die wir unmittelbar mit unseren Händen greifen können, doch es handelt sich um Tatsachen, die sich durch ein Teleskop beobachten lassen.

Die Bausteine der Kosmologie

Die Schwierigkeiten liegen nicht in den neuen Ideen,
sondern in der Überwindung der alten, die sich, so wie
die meisten von uns erzogen wurden, in jedem Winkel
unseres Kopfes breit gemacht haben.

John Maynard Keynes

Galaxien sind die Bausteine des Universums, daher beginne ich mit
ihnen. Wir sind umgeben von diesen Sternenwolken, die man früher
auch «Inseluniversen» nannte. Eine dieser Inseln bewohnen wir selbst:
die Milchstraße. Auf einer dünnen Scheibe, deren Durchmesser mehrere tausend Lichtjahre beträgt, die jedoch nur wenige hundert Lichtjahre dick ist, drehen sich langsam einhundert Milliarden Sonnen. Die
Sterne sind die Überreste einer glorreichen Vergangenheit, als die Galaxien noch um das Hundertfache heller schienen als heute. Den Astronomen verdanken wir eine Unmenge an Daten. Mit ihnen können wir
Karten der Sterne im Inneren der Galaxien über nahezu das gesamte
elektromagnetische Spektrum, angefangen bei den Radiowellen bis hin
zu Gammastrahlen, erstellen. Nur wenige Fragen sind noch geblieben,
und wir verstehen zumindest in erster Annäherung die intimen Geheimnisse der Galaxien. Wir können die Entstehungsgeschichte der
Milchstraße bis zu einer Zeit lange vor der Entstehung der Sonne zurückverfolgen.

Ich werde die Galaxien wie Zeitsonden verwenden, mit denen man
sich dem Big Bang nähern kann. Wir können heute sehr weit entfernte,
riesige Galaxien beobachten, deren Geburt die dunklen Räume des
weit zurückliegenden Universums erhellt. Hierzu passt eine Bemerkung Isaac Newtons über Thomas Hook, einen seiner Widersacher, der,
wie verschiedentlich berichtet, eine zwergenhafte Erscheinung hatte:
«Wir sind wie Zwerge, die ungleich weiter sehen können, wenn wir uns
auf die Schulter von Riesen stellen.»

Galaxien tragen uns weit in die Vergangenheit. In späteren Kapiteln
werde ich das Universum zu einer Zeit beschreiben, als es noch keine
Galaxien gab. Hier beginnen die Spekulationen, doch sie bringen uns
unmittelbar an den Anfang und teilweise sogar darüber hinaus, zu den
letzten Fragen.

3 Prinzipien

Man kann gar nicht früh genug lernen, dass das Nütz-
lichste an einem Prinzip darin besteht, dass es sich je-
derzeit der Nützlichkeit opfern lässt.

W. Somerset Maugham

Das einzige Prinzip, das den Fortschritt nicht unterbin-
det, lautet: alles ist möglich. Paul Feyerabend

Den Schöpfungsmythen ist eines gemeinsam: Sie alle erfinden Götter,
um das Vorhandensein von Sternen oder Planeten zu begründen. Für
die Himmel, den Sitz der Götter, gelten bestimmte Gesetze; für uns
Menschen hier auf Erden gelten andere Gesetze. Der heutige Wissenschaftler, dessen Ahnenreihe bis zu Aristoteles als dem ersten großen
Naturwissenschaftler zurückreicht, setzt an den Anfang seiner Überlegungen die Annahme, dass die Naturgesetze universell sind. Wir brauchen nicht ein Naturgesetz zur Beschreibung der Planetenbewegungen
und ein anderes, um die Straße entlangzulaufen. In diesem Geist entstand die Kosmologie, die wissenschaftliche Lehre des Universums. Sie
verallgemeinerte die Gültigkeit der auf der Erde bestätigten physikalischen Gesetze auch auf in Raum und Zeit weit entfernte Bereiche. Wir
brauchen keinen Atlas mehr, der den Himmel trägt, sondern die Bahnen der Planeten verhindern von selbst, dass diese auf die Erde fallen
wie so manche Sternschnuppe. Ursprünglich versuchte man die Planetenbewegungen durch Kristallkugeln zu erklären, die einen komplizierten Reigen so genannter epizyklischer Bewegungen ausführten. Es
dauerte nahezu 2000 Jahre, bis die kopernikanische Revolution die Epizyklen des geozentrischen Universums über Bord warf, die Erde als
Mittelpunkt des Kosmos entthronte und den Grundstein für die moderne Astronomie legte.

Die Big-Bang-Theorie setzt einen Rahmen, in dem wir unsere Vergangenheit untersuchen und unsere Zukunft zum Teil vorhersehen
können. Der Big Bang ist die moderne, wissenschaftliche Version der
Schöpfungsgeschichte. Es handelt sich sowohl um eine Theorie als auch
ein Modell, das sich durch Beobachtungen festigen und untermauern

lässt. Darüber hinaus führt die Big-Bang-Theorie zu Vereinfachungen, die hinter der astronomischen Vielfalt der Natur eine elegante Symmetrie und Schönheit offenbaren. Es handelt sich um eine Theorie, die im höchsten Maß den wissenschaftlichen Anforderungen gerecht wird. Sie macht viele genaue Vorhersagen und lässt sich systematisch den zunehmend exakteren Beobachtungsdaten anpassen.

Einfachheit

Betrachten wir zunächst, in welchem Sinne die Theorie zu Vereinfachungen führt. Stellen Sie sich ein Bild von den Tiefen des Weltraums vor, aufgenommen mit einem großen Teleskop. Kein Zweifel, unser enger Ausschnitt des Universums erscheint alles andere als gleichförmig. Wir treten einen Schritt zurück und vergleichen Aufnahmen in verschiedene Raumrichtungen. Sofern wir nicht unmittelbar auf die Milchstraße schauen, erscheint das Universum in alle Richtungen ähnlich. Das führt uns auf eine vereinfachende Schlussfolgerung. Wir denken uns die Aufnahmen «entschärft», wie durch eine nichtfokussierte Linse: die Einzelheiten sind verschmiert. Oder wir betrachten die Aufnahme durch einen Filter aus gefrorenem Glas: die Strukturen sind verschwunden. Doch die allgemeine Verteilung des Lichts der Galaxien bleibt bestehen. Das Universum erscheint nun überall und in alle Richtungen nahezu gleichförmig. Im Grunde genommen filtern wir die beobachteten feineren Strukturen heraus und behalten nur Informationen über solche Strukturen, die groß genug sind, um vom Filter durchgelassen zu werden. Verschmiert man die Strukturen des Universums über einige Millionen Lichtjahre, so erhält man nahezu Gleichförmigkeit.

Mittelt man über solche Strukturen wie Galaxien oder Galaxien-Cluster, so erscheint das Universum fast gleichförmig und homogen. Das *kosmologische Prinzip* postuliert, dass das Universum in alle Richtungen nahezu gleich erscheint. Wir können nicht sagen: Schau in diese Richtung, hier ist das Universum wesentlich heißer als dort. Wissenschaftlich ausgedrückt ist das Universum statistisch isotrop. Es gibt keine Richtung, von der sich sagen lässt: Dort, wo die Dichte der Galaxien zuzunehmen scheint, befindet sich das Zentrum. Natürlich beruhen diese Schlussfolgerungen auf den Beobachtungen aus unserem besonderen irdischen Blickwinkel. Das kosmologische Prinzip fordert zusätzlich noch, dass das Universum nahezu gleichförmig ist. Wir sollten keine wesentlichen Dichteveränderungen beobachten, wie es beispielsweise der Fall wäre, wenn wir uns im Zentrum eines großen Lochs in der Galaxienverteilung befänden. Das kosmologische Prinzip verallgemeinert die Homogenität und die Isotropie, die wir von der Erde aus beobachten, auf potenzielle Beobachter überall im Universum. Man sagt auch, das Universum erscheint jedem Beobachter in alle Richtungen gleich.

Eine Motivation hinter dem kosmologischen Prinzip beruht darauf, uns von der Sonderstellung als privilegierte Beobachter auf der Erde zu entmachten. Wir nehmen an, dass das Universum im Mittel für alle Beobachter zu allen Zeiten isotrop aussieht. Eine Folgerung aus dieser Annahme ist, dass das Universum im Mittel auch homogen sein muss.

Sollte sich jemals herausstellen, dass die Physik, wie wir sie auf der Erde kennen, das Universum nicht beschreiben kann, dann können wir beliebige neue physikalische Gesetze hinzuerfinden, die sich als Verallgemeinerungen der lokalen physikalischen Gesetze auffassen lassen. Die großen Erfolge der modernen Physik, beispielsweise die Verallgemeinerung der Newton'schen Gravitationslehre zur allgemeinen Relativitätstheorie und zum Standardmodell der Teilchenphysik, beruhen unter anderem auf ihrer Einfachheit. Eine erfolgreiche Theorie ist einfach. Solche Überlegungen führen auf die Formulierung des kosmologischen Prinzips, das auf diese Weise zum Leitfaden für die Konstruktion eines Modells des Universums wird. Irgendwann, wenn wir dazu in der Lage sind, werden wir das kosmologische Prinzip experimentell überprüfen müssen.

Prinzipien sind die Grundlagen der Kosmologie. Vermutlich begann alles mit Platon, der sehr konkrete Vorstellungen von den grundlegenden Gesetzen des Universums hatte. Für ihn mussten beispielsweise die Planeten perfekten Kreisbahnen folgen, und diese Idee hielt sich hartnäckig für fast 2000 Jahre, bis Kepler, nachdem er die in mühevoller Arbeit zusammengetragenen Beobachtungsdaten von Tycho Brahe untersucht hatte, beweisen konnte, dass sie falsch war. Wir lernen daraus, dass zunächst die empirischen Daten vorliegen müssen. Doch die weitere Moral der Geschichte ist, dass wir diese Daten nur mithilfe fundamentaler Gesetze oder Prinzipien verstehen können. Was die Planetenbahnen betrifft, so sind Newton, und später Einstein, genau diesen Weg gegangen.

Ausgangspunkt für die Big-Bang-Theorie sind die allgemeine Relativitätstheorie Einsteins und das kosmologische Prinzip. Die allgemeine Relativitätstheorie ist eine Theorie der Gravitation. Sie beruht auf der grundlegenden Annahme, dass sich unser Raum, gleichgültig auf welchen Skalen, vermessen lässt. Das muss nicht notwendigerweise so sein – und es ist mit Sicherheit falsch auf infinitesimal kleinen Skalen. Doch zunächst müssen wir uns noch keine Gedanken über die exotischen Phänomene der Quantentheorie machen. Die Vorhersagen der allgemeinen Relativitätstheorie wurden mittlerweile mit sehr großer Genauigkeit bestätigt. Die entsprechenden Beobachtungen wurden an einigen bemerkenswerten astronomischen Objekten vorgenommen, so genannten Doppelpulsaren. Dabei handelt es sich um zwei umeinander kreisende Neutronensterne. Diese kompakten Objekte sind sich so nahe, dass ihre Umlaufbahnen durch die Abstrahlung von Gravitationswellen immer enger werden. Genau dies war eine der Vorhersagen der allgemeinen Relativitätstheorie. Zwei solcher Systeme hat man mittlerweile außerordentlich genau untersucht.

Auch das kosmologische Prinzip wurde mit sehr hoher Genauigkeit bestätigt, soweit dies aus unserer bevorzugten Blickrichtung überhaupt möglich ist. Der entscheidende Durchbruch kam mit der Messung der ungewöhnlich gleichförmigen Mikrowellenhintergrundstrahlung und damit der Dichteverteilung im frühen Universum.

Das Echo des Big Bang, das schwache Glühen, das wir als «kosmische Mikrowellenhintergrundstrahlung» bezeichnen, beweist die Homogenität und Isotropie des frühen Universums mit einer Genauigkeit von ungefähr 1 zu 100 000. Doch auch das Abzählen von Galaxien, die Erstellung dreidimensionaler Karten des Universums, bestätigte die Homogenität. Aus dem Lichtspektrum einer entfernten Galaxie können wir schließen, dass diese Galaxie relativ zu uns nicht ruht, sondern sich im Allgemeinen von uns entfernt. Im Vergleich zu nahe gelegenen Galaxien ist das Spektrum ihres Lichts zu längeren, röteren Wellenlängen hin verschoben. Aus dieser Rotverschiebung kann man auf die Distanzen schließen. Und diese sind riesig, das ergab die von Edwin Hubble im Jahr 1929 entdeckte empirische Korrelation zwischen Rotverschiebung und Entfernung. Wir werden auf diese Beziehung noch genauer eingehen. Untersucht man unser Universum mit diesen Methoden in immer größeren Tiefen, von der Ordnung einiger Milliarden Parsec (1 Parsec entspricht 3,2 Lichtjahren), so findet man eine gleichförmige Dichteverteilung der Galaxien. Mit Sicherheit leben wir nicht in einem Universum, das im Mittel eine verschwindend kleine Dichte hat, wie gelegentlich behauptet wurde. Abweichungen von der Gleichförmigkeit bei sehr großen Skalen belaufen sich in jedem Fall auf weniger als 10 Prozent.

Wir lernen von Kopernikus

Das kosmologische Prinzip besagt, dass unser Universum im Mittel aus jedem Blickwinkel und von jedem Ort aus betrachtet gleich aussieht. Es gibt keine bevorzugte Richtung. Das kosmologische Prinzip ist nicht beweisbar: es ist eine Frage der Philosophie oder sogar des Glaubens, allerdings ist dieser Glaube sehr gut begründet.

Das kosmologische Prinzip geht zurück auf das kopernikanische Argument, wonach unsere Erde keine Sonderstellung im Zentrum des Universums einnimmt. Weshalb sollte die Erde etwas Besonderes sein? Eine solche Annahme wäre ein unwahrscheinlicher Ausgangspunkt für eine Theorie, die auf objektiven Tatsachen beruhen sollte. Außerdem ist jede geozentrische Theorie fürchterlich kompliziert. Ptolemäus konstruierte ein geozentrisches Universum. Er benutzte eine Vielzahl konzentrischer Kristallkugeln, die sich alle um verschiedene Achsen drehten und ihren Mittelpunkt auf der Erde hatten. Zu Kopernikus' Zeiten war die Anzahl dieser transparenten Kugeln zur Erklärung der Planetenbewegungen bereits um ein Vielfaches angewachsen. Die zugehörige Mathematik der Epizyklen war scheußlich. Kopernikus verbannte die meisten dieser Kristallkugeln und konstruierte eine wesentlich einfachere und elegantere heliozentrische Kosmologie, bei der die Sonne den Mittelpunkt einnahm. Viele Jahrhunderte später bestätigten die astronomischen Beobachtungen, dass sich die Erde auf einer Bahn um die Sonne bewegt.

Doch weshalb bei der Sonne aufhören? Weshalb übertragen wir das

Argument nicht auf das gesamte Universum? Es gibt keinen Grund für eine bevorzugte Stellung der Sonne, oder irgendeiner Galaxie, wie der unsrigen. Stellen Sie sich vor, Sie betrachteten das Universum von irgendeinem Punkt im Weltraum aus. Wenn es keinen Punkt gibt, von dem aus eine besondere Richtung ausgezeichnet erscheint, dann ist das Universum lokal isotrop. Außerdem muss es räumlich gleichförmig sein. Das kosmologische Prinzip besagt, dass jeder ruhende Beobachter das Universum als nahezu isotrop und homogen wahrnimmt.

Diese Version des kosmologischen Prinzips bildet den Grundstein der modernen Kosmologie. Doch wie können wir eine solche Aussage überprüfen? In den ersten Jahrzehnten des zwanzigsten Jahrhunderts bestand für die Astronomen das Universum aus unserer Milchstraße und ihrer unmittelbaren Umgebung. Ein sich ausdehnendes Universums wäre absolut häretisch gewesen. Der nächste wichtige Schritt bestand in einem durch die Beobachtungen erzwungenen Paradigmenwechsel in der Kosmologie. Als Voraussetzung für eine moderne Kosmologie war das kosmologische Prinzip der entscheidende Grundstein. Die Anzeichen für seine Gültigkeit waren zunächst eher spärlich. Erst ein halbes Jahrhundert später erbrachten neuere Beobachtungsverfahren wirklich überzeugende Argumente. Die genaue Messung der kosmischen Mikrowellenhintergrundstrahlung rechtfertigte schließlich das kosmologische Prinzip. Ursprünglich, im Jahre 1916, benutzte Einstein das kosmologische Prinzip, um ein statisches, also zeitlich unveränderliches Universum zu begründen. Zu jener Zeit gab es kaum überzeugende Hinweise auf eine generelle Ausdehnung unseres Universums. Eine solche Vorstellung war für eine Generation, die noch mit einem kartesischen Weltbild aufgewachsen war, vollkommen undenkbar.

Innerhalb eines halben Jahrhunderts wurde das kosmologische Prinzip zu einer Tatsache. Eine verschärfte Version, das so genannte perfekte kosmologische Prinzip, geht sogar noch einen Schritt weiter: Das Universum erscheint zu allen Zeiten von allen Punkten aus gleich. Mit anderen Worten, es kann keine Entwicklung gegeben haben: das Universum muss sich immer in demselben Zustand befunden haben; zumindest über einen ausreichend langen Zeitraum. In diesem Sinne unterscheidet sich das perfekte kosmologische Prinzip von seiner schwächeren Version, die verschiedene Zustände des Universums für die Vergangenheit und Zukunft zulässt. Das perfekte kosmologische Prinzip impliziert eine Theorie, in der das Universum trotz seiner Ausdehnung immer gleich ausgesehen hätte. Materie entsteht förmlich aus dem Nichts und setzt sich zwischen die vorhandene, sich ausdehnende Materie, sodass eine konstante mittlere Dichte erhalten bleibt. Diese Theorie wurde als «steady state»-Universum bekannt (nach dem englischen Ausdruck für «Fließgleichgewicht»). Doch sowohl das Konzept als auch die Kosmologie sind seit langem überholt. Wenn wir Ereignisse beobachten, die räumlich weit von uns entfernt sind und daher zeitlich weit zurückliegen, sehen wir förmlich die dramatische Entwicklung des Universums vor uns.

Universalität

Dieses Ergebnis ist zu schön, um falsch zu sein; es ist wichtiger, dass in einer Gleichung Schönheit steckt, als dass sie dem Experiment entspricht.   Paul Dirac

Seit langem sind die Physiker davon überzeugt, dass die physikalischen Gesetze zur Beschreibung der Entwicklung des Universums einfach sein sollten. Anders als vielleicht für einen Künstler bedeutet in den Augen eines Physikers Einfachheit zugleich Schönheit. Einfachheit ist in der Physik eine wichtige Eigenschaft. Enthält eine Theorie zu viele Parameter, Regeln und Ausnahmen, so stirbt sie eines natürlichen Todes. Ein Beispiel dafür war die von Platon inspirierte Theorie der Planetenbewegungen auf Epizyklen. Kreise galten als eine perfekte Form. Doch in der Epizyklentheorie gab es eine komplizierte Hierarchie von Kreisbahnen, auf denen sich die Planeten um eine ruhende Erde bewegten. Lange bevor dieses Bild von der Beobachtung überholt wurde, waren die Astronomen, allen voran Kopernikus, mit diesem geozentrischen ptolemäischen Modell des Sonnensystems zunehmend unzufrieden.

Schon vor der expliziten Formulierung des kosmologischen Prinzips beruhte der Ausgangspunkt der modernen Kosmologie auf dem Postulat, dass die physikalischen Gesetze universell in Raum und Zeit gültig sein sollen. Würden sich die physikalischen Gesetze mehr oder

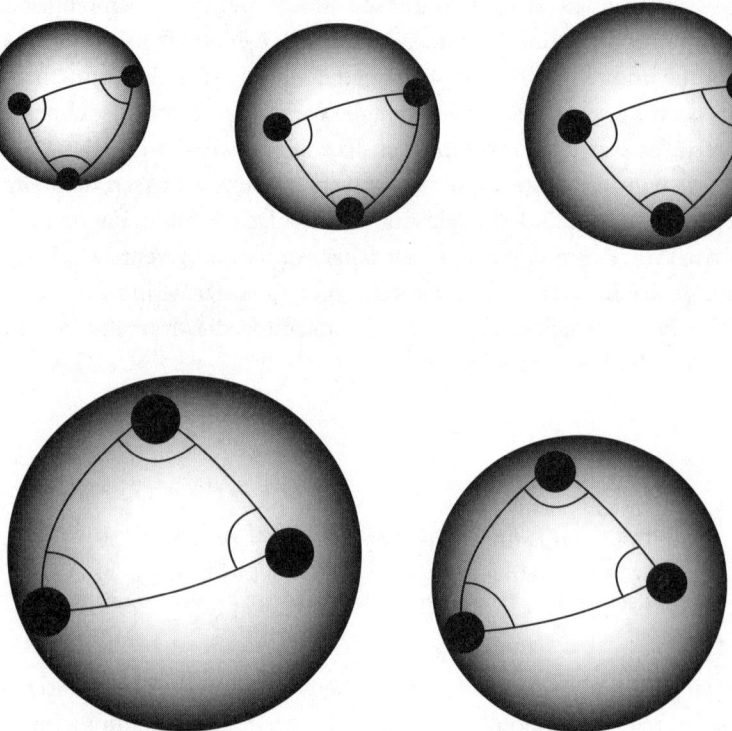

Abbildung 1: Ein allgemeines Dreieck behält unter der Ausdehnung des Universums nur dann seine Form, wenn sich das Universum in alle Richtungen mit derselben Rate ausdehnt und wenn die Ausdehnungsgeschwindigkeit linear mit einer Seitenlänge des Dreiecks zunimmt. Wäre jedoch die Ausdehnungsgeschwindigkeit des Universums eine andere, beispielsweise proportional zum Quadrat einer Seitenlänge, würde das Dreieck bald seine Form verändern.

weniger zufällig von einem Ort zum anderen verändern, könnten wir ebenso gut innerhalb der Mythologie nach einem vergleichbar überzeugenden Modell des Universums suchen. In unserer unmittelbaren räumlichen und zeitlichen Umgebung können wir überprüfen, ob es Abweichungen in den physikalischen Gesetzen gibt, beispielsweise eine mögliche Veränderung der Gravitationskonstanten oder der Feinstrukturkonstanten. Änderungen über große Bereiche von Raum und Zeit können wir jedoch nicht feststellen. Natürlich können die Gesetze der

Physik an der Singularität im Ursprung des Big Bang zusammenbrechen, doch dies bedeutet vermutlich nur, dass unsere Theorie dort nicht mehr anwendbar ist. Eine Hoffnung für die Zukunft ist, dass wir eines Tages die «Ultimative Theorie von Allem» haben werden. Diese wird dann vielleicht auch den Anfang des Universums widerspruchsfrei beschreiben können. Bei dieser Theorie könnte es sich um die Quantengravitation handeln, die lang ersehnte Vereinigung von Einsteins Theorie der Gravitation mit der von Planck inspirierten Quantentheorie. Würden sich jedoch die fundamentalen Naturkonstanten und Gesetze der Physik beliebig verändern, geriete jede Kosmologie in den Bereich der Metaphysik: sie wäre unüberprüfbar und läge jenseits jeder Form von Naturwissenschaft. Wenn wir von der anfänglichen, gerade 10^{-43} Sekunden dauernden Singularität einmal absehen, sind die Gesetze und Naturkonstanten in der Physik für uns im Allgemeinen unveränderlich.

Im Gegensatz zu anderen Wissenschaften ist die Kosmologie in der besonderen Lage, dass ihr nur ein Universum zur Untersuchung zur Verfügung steht. Wir können nicht ein Naturgesetz etwas verbiegen, ein anderes leicht verändern und erhalten dann ein neues System, mit dem wir herumexperimentieren können. Wir werden niemals wissen, wie einzigartig unser Universum und die in ihm geltenden physikalischen Gesetze wirklich sind, denn uns steht kein anderes Universum zur Verfügung, mit dem wir vergleichen könnten. Dieses Universum umfasst alles, was für uns beobachtbar ist oder jemals beobachtbar sein wird.

Welche Bedeutung haben wir für das Universum?

Wir bestehen aus kleinsten Teilen stellarer Materie, die
sich zufällig abgekühlt haben; fehlgeleitete Teile eines
Sterns.   Arthur Eddington

Kosmologen haben eine blühende Phantasie. Wir können uns andere mögliche Universen vorstellen. Es könnte Universen mit solch unwirtlichen Bedingungen geben, dass sich Galaxien nie hätten bilden können. Es gäbe keine Sterne und keine Planeten. Überflüssig zu sagen, dass es in einem solchen Universum auch keine Menschen gäbe. Allein die Tatsache, dass auf dem Planeten Erde unsere Spezies entstehen konnte, schränkt die Möglichkeiten, wie sich unser Universum entwickelt haben könnte, in einschneidender Weise ein.

Ein solcher anthropomorpher Zugang könnte die einzige Möglichkeit sein, bestimmte Fragen überhaupt anzugehen: Weshalb ist die Masse des Protons sehr viel schwerer (genau das 1836fache) als die Masse des Elektrons?, oder: Weshalb ist das Neutron nur gerade einmal 0,14 Prozent schwerer als das Proton? Hätten diese Massenverhältnisse einen wesentlich anderen Wert, wären wir sicherlich nicht hier. Die Idee, dass schon allein unsere Existenz den physikalischen Gesetzen und der Natur des Universums gewisse Einschränkungen auferlegt, wurde in einem Prinzip verewigt: dem anthropisch-kosmologischen Prinzip. Es besagt, dass die Bedingungen in unserem Universum die Entstehung und Entwicklung von Leben möglich machen mussten. Genau aus diesem Grund beobachten wir unser spezielles Universum. Es könnte oder muss vielleicht sogar andere Universen geben, aber in diesen gibt es kein Leben und sie werden daher auch nicht beobachtet.

Man könnte auf den Gedanken kommen, dass es in einem so riesigen Universum irgendwo schon Leben geben muss. Die Kosmologen können die Ausdehnung des Universums erklären. Sie behaupten sogar, es sei wesentlich ausgedehnter als alles, was wir beobachten können. Diese Vorhersage beruht auf der Annahme, dass es in der fernen Vergangenheit einen kurzen Augenblick gab, in dem sich das Universum sehr beschleunigt ausgedehnt hat. Diese so genannte «inflationäre Phase» hat weit reichende Folgen. Ein riesiges Universum tut sich vor uns auf.

Zu Beginn der inflationären Phase bestand das Universum erst seit einem Bruchteil einer Sekunde. Unter gewöhnlichen Umständen hätte sich das Licht also seit dem Big Bang erst um den Bruchteil einer Lichtsekunde ausbreiten können. Doch während der inflationären Phase dehnte sich der Raum selbst exponentiell schnell aus, wodurch die Beschränkungen hinsichtlich der Lichtausbreitung aufgehoben wurden. Das Licht konnte sich über Millionen oder Milliarden von Lichtjahren ausbreiten, obwohl das Universum zu Beginn der inflationären Phase vielleicht nur einen Durchmesser von einem Bruchteil einer Lichtsekunde hatte. Die Lichtausbreitung hat keinen Horizont, der unseren kosmischen Blick begrenzt. Hierbei handelt es sich nicht um Zauberei, und wir sprechen auch nicht von einer Ausbreitung mit Überlichtgeschwindigkeit. Man könnte sagen, im Augenblick der Inflation gab es eine Abkürzung, die dem Licht zugänglich war.

Viele Kosmologen sind überzeugt, dass es die inflationäre Phase gegeben haben muss. Sie erklärt die riesige Ausdehnung unseres Universums. Doch stellen wir uns einmal vor, die Inflation wäre ein wenig anders verlaufen. Gewöhnlich können wir mit der Inflation die Strukturen in unserem Universum erklären. In dieser Phase werden winzige Fluktuationen aufgegriffen und zu enormen Distanzen gestreckt. Mikroskopische Quantenfluktuationen in der Materiedichte werden zu makroskopischen Distanzen aufgeblasen, und sie werden zu den Saatkörnern, um die herum sich Galaxien bilden. Doch was wäre, wenn die von der Inflation erzeugten Saatkörner zu selten und zu schwach gewesen wären. In einem solchen Universum hätten sich weder Galaxien noch Sterne oder Planeten gebildet. Und es gäbe keine Astronomen, die das Universum betrachten könnten. Oder was wäre umgekehrt passiert, wenn die Fluktuation von Beginn an zu stark gewesen wäre? In diesem Fall hätten sich unzählige Schwarze Löcher gebildet, weitaus mehr als Sterne. Wir wissen heute von Planeten, die sich auf Umlaufbahnen um Neutronensterne befinden, daher hätten sich vielleicht auch Planeten um Schwarze Löcher bilden können. Wir können in diesem Fall die Entstehung von Lebensformen nicht gänzlich ausschließen, doch das Universum wäre sicherlich vollkommen anders als wir es heute beobachten.

Seltsame Universen, denen wir offensichtlich entgangen sind. Aber weshalb? Eine mögliche Antwort lautet, dass unser Universum in gewisser Hinsicht unseren Bedürfnissen angepasst ist: Es ist «genau so», wie wir es brauchen. Der Big Bang war groß, aber nicht zu groß und auch nicht zu klein; er war heiß, aber nicht zu heiß und auch nicht zu kalt; er war inhomogen, aber nicht zu strukturiert und auch nicht zu gleichförmig. Diese Lösung bietet uns das Goldlöckchen-Prinzip* an,

---

* Das Märchen von «Goldlöckchen und den drei Bären» ist im englischen Sprachraum sehr viel verbreiteter als bei uns. Es erzählt die Geschichte eines ungezogenen kleinen Mädchens, das heimlich in den Wald läuft und dort zu einer Hütte gelangt, deren Bewohner, die drei Bären, ausgeflogen sind. Sie

oder, um es bei seinem wissenschaftlichen Namen zu nennen, das anthropische Prinzip. Nur in einer sehr kleinen Untermenge aller möglichen denkbaren Universen kann es Leben geben. Die Tatsache, dass wir hier sind, zeichnet diese Untermenge aus. Vielleicht gibt es die anderen Universen, vielleicht auch nicht; in jedem Fall gehen sie ihren eigenen Weg – unbeobachtet.

Hinter dieser Argumentation steckt natürlich keine Physik. Sie baut auf das Glück der Ziehung in einer kosmischen Lotterie. Das anthropisch-kosmologische Prinzip erklärt nichts, und es entbehrt jeder fundamentalen Bedeutung. Es kann nicht zwischen einem Floh und einem Elefanten unterscheiden, geschweige denn einem Menschen. Das anthropisch-kosmologische Prinzip argumentiert, dass das Universum genau so konstruiert sein muss, dass es zur Entstehung von Intelligenz und schließlich zu einem Beobachter kommen konnte. Diese Form des kosmologischen Prinzips lässt viele Antworten offen. Wie wahrscheinlich ist die Entstehung von Leben oder gar die Entstehung des beobachteten Universums aus beliebig zufälligen Anfangsbedingungen? Solche Fragen sollten mit den Methoden der Physik gelöst werden und nicht per Erlass.

Ungeachtet der Notwendigkeit eines physikalischen Inputs sind viele Kosmologen begeistert, wie leicht sich mit anthropischen Argumenten Antworten auf scheinbar unzugängliche Fragen finden lassen: Weshalb ist das Universum genau so wie es ist? Weshalb sind wir jetzt hier? Weshalb gibt es uns überhaupt? Weshalb sind die Naturgesetze gerade so und nicht anders? Der britische Kosmologe Brandon Carter argumentiert, dass es in der Natur viele ansonsten unerklärliche Koinzidenzen gibt, die alle zusammenwirken, um das Vorhandensein von Leben zu ermöglichen. All diese Bedingungen sind für die Existenz von Leben notwendig. Doch Carter geht noch einen Schritt weiter. Für ihn ist die einzige Schlussfolgerung, dass es früher oder später zu intelligentem Leben kommen musste.

Wissenschaftler, insbesondere Kosmologen, lieben Prinzipien. Das

kostet von den drei auf dem Tisch stehenden Schüsselchen mit Brei – die erste Portion ist zu heiß, die zweite zu kalt, die dritte genau richtig –, probiert die drei Stühle und die drei Betten der Bären aus – jeweils so lange, bis sie das gefunden hat, was ihren Bedürfnissen entspricht.

kosmologische Prinzip hat Einstein weit gebracht, wenn auch zunächst in die falsche Richtung. Einstein erkannte nicht, dass seine Gleichungen eine Ausdehnung des Universums erlaubten. Das kosmologische Prinzip führte ihn zu dem Postulat, dass das Universum statisch ist und durch eine Form von Antigravitation in diesem Zustand gehalten wird. Diese Antigravitation beruht auf der von Einstein eingeführten kosmologischen Konstante (ich werde später mehr zur kosmologischen Konstante sagen).

Nach dem anthropischen Prinzip muss das Universum genau so sein wie es ist, weil wir hier sind. Wäre es irgendwie anders, gäbe es keine Kosmologen, die es beobachten könnten. Erweitert man den kosmischen Garten um dieses Prinzip, stößt man unweigerlich auf unseren Big Bang. Mit diesem Prinzip können wir verstehen, weshalb das Universum so riesig und so gleichförmig ist, und weshalb es gegenwärtig in eine Phase beschleunigter Ausdehnung übergeht.

Es scheint alles wunderbar zu funktionieren. Weshalb sollen wir uns darum kümmern, dass die genialsten Köpfe der Physik seit zwei Jahrzehnten an einer Theorie der Elementarteilchen arbeiten, die auf ausgedehnten, höherdimensionalen Strukturen, den so genannten Superstrings, beruht und die sämtliche Teilchen und ihre Wechselwirkungen umfasst? Die Superstringtheorie ist mathematisch sehr elegant und in mancher Hinsicht sogar zwingend. Allerdings ist noch keine Vorhersage dieser Theorie eindeutig experimentell überprüft. Sie ist phänomenologisch sehr kompliziert. Ist das anthropische Prinzip Teil der Lösung? Ich möchte die allgemeine Party-Laune nicht verderben, doch ich bin nicht davon überzeugt.

Von der Physik zur Metaphysik

Ich bin überzeugt, dass es 15 747 724 136 275 002 577
605 653 961 181 555 468 044 717 914 527 116 709 366
231 425 076185 631 031 296   Protonen   und   dieselbe
Anzahl von Elektronen im Universum gibt.

Arthur Eddington

Große Physiker scheinen sich im Alter gerne mit Metaphysik zu beschäftigen. Manche von ihnen entfernen sich dabei meilenweit von der Physik. Sir Arthur Eddington war ein herausragender Astronom, der die letzten zwei Jahrzehnte seines Lebens damit verbrachte, eine Monographie über eine absolut unverständliche fundamentale Theorie der Physik herauszubringen. Er glaubte, er könnte den Wert der Feinstrukturkonstanten erklären.

Das anthropische Prinzip ist im Wesentlichen Metaphysik, und genau darin liegt das Problem, weshalb die meisten Physiker dieses Prinzip nur schwer akzeptieren können. Die anthropische Logik ist entweder ungemein subtil, indem sie argumentiert, dass bereits unsere Existenz die Eigenschaften des Kosmos festlegt, oder aber sie ist absolut naiv, indem sie jegliche physikalische Erklärung, die man von einer umfassenden Theorie der Physik vielleicht einmal erwarten könnte, beiseite schiebt. Die Metaphysik hat keinerlei Vorhersagekraft, wie man sie von der Physik erwartet. Das anthropische Prinzip ist ein unverfrorener Ausdruck unserer Unkenntnis.

Das folgende einfache Argument entlarvt den Schwachpunkt des anthropischen Prinzips. Angenommen, wir sind davon überzeugt, dass die fundamentalen physikalischen Konstanten ganz bestimmte Werte haben müssen, damit intelligentes und bewusstes Leben entstehen kann. Es gibt eine besonders wichtige Konstante, deren Wert für die gesamte Chemie von herausragender Bedeutung ist: die Feinstrukturkonstante. Ihr gemessener Wert beträgt $1/137$ und nicht, um irgendeinen Wert zu nennen, $1/150$. Man kann zeigen, dass es nie zur Verbindung von Kohlenstoffmolekülen gekommen wäre, wenn die Feinstrukturkonstante den Wert $1/150$ hätte. Es hätten sich noch nicht einmal Kohlenstoffkerne gebildet, und damit würde ein wesentlicher Baustein jeder Lebensform fehlen. Ist das nicht eine Rechtfertigung für das anthropische Prinzip? Ganz im Gegenteil, die Argumentation deutet auf einen wesentlichen Schwachpunkt hin, denn aus den Experimenten ergibt sich für die Feinstrukturkonstante der Wert $1/137{,}03599911$. Eine solche Genauigkeit liegt weit jenseits jeder anthropischen Argumentation oder Logik. Die Erklärung für den Wert dieser Konstanten muss irgendwo anders liegen.

Es ist durchaus möglich, dass die endgültige kosmologische Theorie auch anthropische Züge trägt. Von diesem heiligen Land sind wir jedoch noch weit entfernt. Die meisten Kosmologen sind davon überzeugt, dass irgendwann eine physikalische Theorie gefunden wird, aus der für das Universum eine lebensfreundlichere Umgebung folgt. Es mag unzählige andersartige Universen geben, die uns nicht weiter zu interessieren brauchen. Ein anfänglich chaotisches Universum mit anderen Anfangsbedingungen und vielleicht sogar anderen Elementarteilchen könnte sich nach den Gesetzen der Quantengravitation zu genau den Bedingungen entwickelt haben, die am Anfang unseres Universums standen.

Die Macht der Gravitation

Die Gravitation ist die schwächste der fundamentalen Naturkräfte. Als Isaac Newton 1665 aus Cambridge vor der Pest floh und seine Freizeit damit verbrachte, darüber nachzudenken, weshalb der Mond um die Erde kreist, verhalf ihm die Gravitation zu seiner legendären Offenbarung, als sie dafür sorgte, dass der Apfel vom Baum fiel. Im Vergleich zu interatomaren Kräften ist die Gravitation um 40 Zehnerpotenzen schwächer. Die elektrischen Ladungen heben sich jedoch auf, da Atome elektrisch neutral sind. Die elektromagnetische Kraft, welche die Sonne auf die Erde ausübt, ist vernachlässigbar.

Mit der Gravitation ist es jedoch anders. Sämtliche Atome wirken zusammen, wenn es um die Anziehungskraft der Sonne auf die Erde geht, oder um die Anziehungskraft der Erde auf einen fallenden Apfel. Die Gravitation spielt auf der Erde eine wichtige Rolle, weil die Erde rund 10^{50} Atome enthält und sie alle in dieselbe Richtung ziehen. Sehr zur Überraschung der französischen Astronomen wies Newton nach, dass die Gravitation die rotierende Erde abgeplattet hatte. Angeführt von Jean-Dominique Cassini und seinem Sohn Jacques vertraten die Pariser Gelehrten den Standpunkt, dass die Erde eine eher eiförmige Gestalt besitzt, was die Experimente angeblich bewiesen. Newton gewann diesen Streit, aber es dauerte rund ein Jahrhundert, bis sich die Wogen geglättet hatten.

Newton erfand die Infinitesimalrechnung, auch wenn laut den Deutschen Gottfried Wilhelm Leibniz darin der Vorrang gebührt. Was die Gravitation betrifft, so fiel das letzte Wort an Deutschland, als Albert Einstein 1916 die allgemeine Relativitätstheorie verkündete und damit die Newtonsche Gravitationstheorie untermauerte. In den Jahren 1914 bis 1933 arbeitete er in Berlin an dieser Theorie. Die allgemeine Relativitätstheorie ist eine geometrische Theorie, in der die Gravitation sich als Krümmung des Raums offenbart. Materielle Teilchen folgen den kürzesten Bahnkurven des gekrümmten Raums. Sir Arthur Eddington war der neuen Theorie sofort zugeneigt. Unmittelbar nach dem Ende des Ersten Weltkriegs trommelte er zur Beobachtung der totalen Sonnenfinsternis von 1919 eine Expedition zusammen. Die Ergebnisse machten Schlagzeilen auf der ganzen Welt.

Nach der allgemeinen Relativitätstheorie ist die Ablenkung des Lichts von Sternen in der Nähe der Sonnenscheibe doppelt so groß, als es die ursprüngliche Teilchentheorie des Lichts im flachen Raum vorhersagt. Beobachten lässt sich dieser Vorgang nur während einer Sonnenfinsternis. Eddingtons Expedition gab Einstein Recht: Der Raum ist gekrümmt.

Nicht nur der Raum, sondern auch die Zeit wird von der Gravitation beeinflusst. So gehen Uhren langsamer. Und die Frequenz einer Lichtquelle in einem Gravitationsfeld wird von einem entfernten Beobachter niedriger gemessen. Auf der Erde ist dieser Effekt sehr klein – nur eins zu einer Milliarde. Er wurde jedoch in einer Reihe von Experimenten an der Harvard University bestätigt. Zu diesem Zweck baute man ein physikalisches Labor ohne Nägel im Boden oder an den Wänden, um magnetische Einflüsse, die einen Einfluss auf die außerordentlich genauen Messungen gehabt hätten, zu vermeiden. Als Quelle dienten radioaktive Eisenisotope, die Gammastrahlen emittieren. Damit ließ sich eine Frequenzmessung mit einer Genauigkeit von 1 zu 10^{15} durchführen. Auf einer Höhe von 22 Metern zeigte sich tatsäch-

lich eine winzige Frequenzänderung – eine gravitative Rotverschiebung.

Die Zeitdilatation hat auch praktische Auswirkungen, beispielsweise in der Programmierung von Cruise Missiles. Zur Berechnung der
Trajektorien dieser Bomben ist eine sehr genaue Zeitmessung mithilfe
des GPS-Systems notwendig. Ohne die Berücksichtigung der Korrek-
turen aus der allgemeinen Relativitätstheorie würde eine Cruise Missile
ihr Ziel auf einem transkontinentalen Flug um mehr als einen Kilometer verfehlen. Die Gravitation ist unvermeidlich, allerdings selten töd-
lich. Sie lenkt unser Verständnis vom Kosmos.

4 Unsere Nachbarschaft

> Experimentalisten sind wie die Ameise: sie sammeln und benutzen. Die Denker gleichen der Spinne, die aus eigenen Mitteln ihre Spinnweben baut. Doch die Biene nimmt den Mittelweg: Sie sammelt ihr Material von den Blumen des Gartens und des Feldes, doch sie verdaut und verwandelt es durch eigene Kraft. Nicht ungleich den Bienen ist das wahre Geschäft der Philosophie (Wissenschaft); denn sie beruht weder ausschließlich oder hauptsächlich auf der Kraft des Geistes, noch nimmt sie die aus der Naturgeschichte und mechanischen Experimenten gesammelte Materie und lagert sie wie vorgefunden in ihrer Erinnerung, sondern sie verwertet sie in ihrem veränderten und verdauten Verständnis. Aus einer engeren und reineren Vereinigung zwischen diesen beiden Fakultäten, dem Experiment und dem Verstand (wie es noch nie erfolgt ist), ließe sich daher viel erhoffen. Francis Bacon

Betrachten Sie in einer dunklen Nacht den Himmel. Sie sehen Tausende funkelnder Punkte, bei denen es sich hauptsächlich um Sterne in der Nachbarschaft unserer Sonne handelt. Doch Nachbarschaft ist ein relativer Begriff. In diesem Fall entspricht sie einer Distanz von Hunderten von Lichtjahren. Es gibt viele Arten von Sternen, alle Farben zwischen rot und blau. Es gibt sogar Sterne jenseits der für das menschliche Auge sichtbaren Farben. Je blauer die Farbe, desto heißer ist der Stern.

Die Entfernung der am nächsten zu uns liegenden Sterne wird über die Parallaxe bestimmt. Im Verlaufe eines Jahres, während die Erde um die Sonne kreist, ändert sich die scheinbare Lage eines Sterns vor dem Fixsternhintergrund. Die scheinbare Verschiebung hängt von der Entfernung ab, die ein Stern zu uns hat. Das Parallaxenverfahren eignet sich zur Messung der Entfernung bis zu ungefähr einhundert Lichtjahren. Aus der Distanz und der scheinbaren Helligkeit eines Sterns können wir seine absolute Helligkeit bestimmen – wie hell der Stern tatsächlich ist bzw. wie viel Energie er in einer bestimmten Zeit abstrahlt. Unsere Sonne emittiert Strahlung (und damit Energie) mit einer Rate von ungefähr 400 Millionen Billionen Megawatt. Im Vergleich dazu ist die Leistung der größten Kraftwerke auf der Erde mit bestenfalls einigen hundert Megawatt ein Witz. Leider strahlt der größte Teil der Sonnenenergie in den leeren Weltraum.

Die Astronomen messen auch die Farbe von Sternen. Einige Sterne sind rot, andere blau und einige gelb, wie unsere Sonne. Tatsächlich misst der Astronom die Wellenlängenverteilung des Lichts, bzw. das Spektrum eines Sterns, und bestimmt daraus seine genaue Farbe. Rote Sterne strahlen vergleichsweise heller bei langen Wellenlängen und blaue Sterne bei kurzen. Aus der Farbe bzw. dem Spektrum kann man auf die Oberflächentemperatur des Sterns schließen. Hierbei handelt es sich um eine effektive Temperatur, gemessen aus der abgestrahlten Lichtenergie. Beispielsweise hat die Sonne eine effektive Temperatur von 6000 Kelvin. (Physiker messen die Temperatur auf der absoluten Temperaturskala in Kelvin (K), wobei 0 K – der absolute Temperaturnullpunkt, die niedrigste Temperatur, die möglich ist – ungefähr −273 Grad Celsius entspricht. Ein Temperaturunterschied um ein Kelvin entspricht dem von 1 °C.) Die kältesten Sterne haben eine effektive Temperatur von rund 2000 K, bei den heißesten Sternen beträgt sie ungefähr 50 000 K. Die Farben erstrecken sich vom Infraroten bis hin zum Ultravioletten. Die Sonne zählt zu den gelben Sternen. Das Innere eines Sterns ist natürlich wesentlich heißer, bedenkt man den enormen Druck des Gasballs, der einen Stern ausmacht.

Die Helligkeit und die Temperatur eines Sterns hängen über die Oberfläche des Sterns zusammen. Bei fester Temperatur ist ein Stern umso heller, je größer seine Oberfläche ist. Die meisten Sterne scheinen eine ähnliche Größe zu haben wie die Sonne. Einige sind größer, wirkliche Riesen, und wesentlich heller als die Sonne. Andere sind kleiner, richtige Zwerge, und ihre Helligkeit ist weitaus schwächer als die der Sonne. Die stellare Bevölkerung in unserer Nachbarschaft setzt sich hauptsächlich aus Durchschnittsbewohnern zusammen, mit Riesen und Zwergen als gelegentlichen Außenseitern. Gewöhnliche Sterne verwenden Wasserstoff als Treibstoff. Riesen haben ihren Wasserstoffkern bereits verbraucht und mit der Heliumverbrennung begonnen. Zwerge haben ihren gesamten thermonuklearen Nachschub verbraucht; ihre Zeit ist praktisch abgelaufen.

Aus theoretischen Überlegungen zur Sternentstehung wissen wir, dass der Hauptunterschied zwischen den verschiedenen, gewöhnlichen Wasserstoff verbrennenden Sternen in der zur Verfügung stehenden Brennstoffmenge besteht. Mehr Brennstoff heißt mehr Masse, und mehr Masse bedeutet mehr Gravitation. Insbesondere impliziert mehr Masse auch eine größere Schwerkraft an der Oberfläche eines Sterns, was einen größeren Druck und eine höhere Temperatur im Inneren des Sterns zur Folge hat. Massive Sterne sind daher vergleichsweise heißer und heller, allerdings auch kurzlebiger. Während der Heliumverbrennung wird noch mehr Brennstoff umgesetzt. Der Stern scheint heller, seine äußeren Schichten dehnen sich aus und er wird, etwas vereinfacht ausgedrückt, zu einem Riesen. Während dieser Phase verliert der Stern den größten Teil seiner Masse, die weggeblasen wird. Sobald kein Brennstoff mehr übrig ist, schrumpft der Rest im Allgemeinen zu einem weißen Zwerg. Sterne mit einer vergleichbaren Masse wie unsere Sonne sind durchschnittlich mehrere Milliarden Jahre alt, wohingegen massivere Sterne rascher verbrennen und innerhalb von einigen Millionen Jahren ihrem endgültigen Schicksal entgegengehen.

Dem Tod eines Sterns geht meist das kurze Stadium eines Riesen oder sogar Superriesen voraus. Der Stern Beteigeuze beispielsweise ist ein Roter Riese, der fast die Größe unseres Sonnensystems hat. Die Jupiterbahn würde noch in seinem Inneren verlaufen. Ausdehnung impliziert Abkühlung, daher sind die größten Riesen rot. Andererseits führt Kontraktion zu einer Aufheizung, weshalb Zwerge anfänglich oft im blauen oder sogar ultravioletten Bereich strahlen, bis sie nach einigen Milliarden Jahren völlig erlöschen.

Ein Überblick

Die meisten Sterne in unserer Nachbarschaft bewegen sich ähnlich wie die Sonne mit einer Geschwindigkeit von rund 200 Kilometern pro Sekunde auf einer Bahn um das Zentrum der Milchstraße. Die Milchstraße ist eine riesige Sternenscheibe mit einem Durchmesser von ungefähr 100 000 Lichtjahren. Ein galaktisches Jahr dauert ziemlich lange. Die Sonne umkreist die Galaxie alle 200 Millionen Jahre. Seit ihrer Entstehung hat die Milchstraße ungefähr 60 Umdrehungen gemacht. In

Analogie zur Erde könnten wir sagen, dass die Milchstraße rund 60 galaktische Jahre alt ist. Sie existiert seit ungefähr 12 Milliarden Jahren. Die ältesten Sterne befinden sich in den Kugelhaufen von Sternen in der Mitte der Milchstraße. Sie sind fast 12 Milliarden Jahre alt und gehören mit zu den ältesten Sternen überhaupt. Die Sonne ist eher ein Stern im mittleren Alter. Sie wurde vor ungefähr 4,6 Milliarden Jahren geboren und ist damit 23 galaktische Jahre alt. Sie ist ungefähr halb so alt wie der Großteil der Sterne in der Milchstraße.

Einige Sterne sind sehr jung. Überall in der Milchstraße finden wir Nebel, in denen auch heute noch Sterne geboren werden. Diese Gaswolken kondensierten aus interstellarer Materie. Sie haben sich kleinere Wolken einverleibt und auf diese Weise soviel Masse angesammelt, dass sie unter ihrem eigenen Gewicht zusammenstürzen: sie sind gravitativ instabil. Bei einem solchen Kollaps zerfällt die Wolke in dichtere Gashaufen, die wiederum zu Sternen kollabieren. Man spricht in diesem Fall auch von einer Fragmentation der Wolke zu Sternen. Die frisch entstandenen Sterne, von denen einige sehr massiv und hell sind, beleuchten den Nebel in ihrer Umgebung. Man sieht den Nebel im reflektierten Sternenlicht. Im Bereich von Infrarot- und Radiowellen können wir in solche Wolken hineinblicken. Selbst die dunkelsten Wolken können ihre Geheimnisse nicht verbergen. Trotzdem sind wir immer noch auf Vermutungen angewiesen, wenn es darum geht, wie und wann genau eine Wolke fragmentiert, weshalb sich Sterne mit bestimmten Massen bilden und wie schnell dieser Vorgang abläuft. Das interstellare Medium ist in steter Aufruhr und oft turbulent. Es wird von magnetischen Feldern durchdrungen, die für seine Entwicklung eine wichtige Rolle spielen. Die Vorgänge in einer solchen Wolke vorherzusagen ist schwieriger als eine Wettervorhersage, und selbst das ist heute noch über einen längeren Zeitraum nicht verlässlich möglich.

Sterne altern und sterben. Einige von ihnen beenden ihre Tage in einer spektakulären Explosion. Die sich aufblasenden Gasschichten treffen mit mehreren tausend Kilometern pro Sekunde auf das bereits vorhandene interstellare Gas sowie auf Überreste, die in früheren Phasen der Sternentstehung abgestoßen wurden. Das Ergebnis ist eine komplizierte Form von Nebel, ein Gewirr aus Gasschichten und Gassträngen, das den interstellaren Raum durchdringt.

Die stellaren Kindergärten sind überfüllt mit Sternen und geben uns einen erstaunlichen Einblick in die Entwicklungsgeschichte. Eine dieser Geburtsstätten in unserer Nähe befindet sich im Zentrum des Sternbilds Orion, auch als das Trapez bekannt. Hier befinden sich Tausende von Sternen in einem Gebiet mit einem Durchmesser von nur wenigen Lichtjahren. Das entspricht der Distanz zu unserem nächsten Nachbarstern, Proxima Centauri. Es handelt sich dabei um einen Sternenhaufen. Die Sterne entstanden gleichzeitig vor wenigen Millionen Jahren, und man findet hier das gesamte Spektrum an Sternmassen. Es gibt Sterne, die fünfzigmal schwerer sind als die Sonne und hunderttausendmal so hell leuchten. Diese immense Leistung lässt sich nur für wenige Millionen Jahre aufrechterhalten, anschließend werden diese massiven Sterne in einer gewaltigen Explosion ihrem Ende zugehen.

Es gibt auch Sterne, die nur ein zehntel der Sonnenmasse haben. Diese Sterne konnten gerade eben ihren thermonuklearen Brennstoff entzünden und zeigen nur ein tausendstel der Leuchtkraft der Sonne. Bei diesem sparsamen Energieverbrauch können sie noch viele hundert Milliarden Jahre überleben. Alle diese Sterne haben eine gemeinsame Vergangenheit. Vor zehn Millionen Jahren kollabierte eine interstellare Wolke im Orion und wurde zur Brutstätte tausender von Sternen. Viele Einzelheiten dieses Prozesses sind noch nicht verstanden, doch das Ergebnis liegt deutlich vor uns am Nachthimmel.

Es gibt in unserer Milchstraße viele Gebiete, in denen Sterne entstehen. Die Orte der Sternenstehung liegen in den Spiralarmen, die sich durch die Drehung der Milchstraße bilden. In diesen Armen wird das Gas zusammengedrückt, und dieser Bereich breitet sich wie eine Welle aus. Einen ähnlichen Effekt beobachtet man manchmal auf den Stehtribünen älterer Fußballstadien, wenn die hintere Menschenmenge aus Freude über ein Tor etwas nach vorne drängt, dadurch die Vorderreihe mitreißt und sich schließlich die ganze Bewegung nach vorne ausbreitet. Durch die Rotation der Galaxienscheibe erhält die galaktische Druckwelle des Gases die Form einer Spirale. Sterne entstehen an den Stellen größter Dichte. Durch diesen Prozess werden benachbarte Bereiche zusammengedrückt, und es entstehen weitere Sterne. Die Sternentstehung wird oft mit einer ansteckenden Epidemie verglichen, die sich langsam über die Galaxie ausbreitet.

Doch was löst diese Wellen aus? In vielen Fällen fliegt vermutlich eine zweite Galaxie nahe an der ersten vorbei und zieht durch die Gravitation Materie herüber, sodass es zu einer Ausdünnung des Gases kommt. Bei unserer Milchstraße übernehmen die Magellan'schen Wolken diese Aufgabe. In anderen Fällen könnte die Druckwelle durch den zentralen Galaxienkern, der vielfach die Form eines Balkens hat, ausgelöst werden. Wenn sich der Balken um sein Massenzentrum dreht, übt er eine Gezeitenkraft auf die galaktische Scheibe aus, in der er liegt. Diese Kraft hat eine unterschiedliche Stärke, je nachdem, ob der Balken unmittelbar auf ein benachbartes Gebiet der Scheibe zeigt oder eher senkrecht dazu liegt. Er drückt gegen nahe gelegene Sterne oder zieht an ihnen. Auf diese Weise kann auch der Balken eine Druckwelle auslösen. Diese Druckwelle wiederum nimmt schließlich eine spiralförmige Struktur an. Ungefähr die Hälfte aller Spiralgalaxien hat eine ausgeprägt balkenförmige Sternenkonzentration in ihrer Mitte, die wiederum die Ursache für viele der Spiralarme ist.

Das Rohmaterial der Sterne ist das interstellare Gas. Dieses verdichtet sich zu Wolken, deren Masse auf ihrer Bahn um die Galaxie zunimmt. Schließlich ist die Masse der Wolken so groß, dass sie instabil werden und unter ihrer eigenen Schwerkraft kollabieren. Sie reißen auseinander und fragmentieren zu Sternen. Dieser Prozess der Sternentstehung ist wenig effizient. Im Verlauf einer Rotation wandelt sich nur rund ein Prozent des Gases zu Sternen um. Die Wolken formieren sich neu, und der Kreislauf der Sternentstehung beginnt von vorne. In einer Galaxie wie unserer Milchstraße können sich über mehrere hundert Umdrehungen Sterne bilden, bevor der Gasvorrat verbraucht ist. Es gibt sogar ein zusätzliches Reservoir, aus dem Gase langsam in die Scheibe hineinströmen. Hierbei handelt es sich um Gasreste in dem Halo aus einer Zeit vor über zehn Milliarden Jahren, als die Galaxie sich zu kontrahieren begann. Ein solches Zusammensacken verlängert das Leben der Milchstraße.

Irgendwann wird das Leuchten schwächer. Das für die Sternentstehung notwendige Gas ist verbraucht, und es bilden sich keine weiteren Sterne mehr. Die alten Sterne sterben langsam aus. Nur die leichtesten Sterne, die am schwächsten leuchten, bleiben noch eine Weile am Leben, doch irgendwann müssen auch sie sterben. Langsam fällt die Milchstraße in eine dunkle Vergessenheit. Auch wenn es Hunderte von Milliarden Jahren dauern wird, es lässt sich nicht vermeiden.

Im Herzen der Materie

Die Milchstraße besteht nicht nur aus einer Sternenscheibe. Schon um 1920 war bekannt, dass Kugelhaufen von Sternen, so genannte globulare Cluster, unsere Milchstraße umgeben. Sie liegen verteilt auf einer riesigen Kugel, deren Mittelpunkt sich in einem verdeckten Himmelsstück im Sternbild des Schützen befindet. Nach und nach zeigte sich, dass das Zentrum unserer Galaxie in diesem Sternbild liegt und nach heutiger Kenntnis ungefähr 25 000 Lichtjahre von uns entfernt ist. Wir können das Zentrum nicht direkt sehen, da es von Staub in der Ebene der Milchstraße verdeckt wird. Die globularen Cluster bildeten einen riesigen Halo mit einem Durchmesser von 300 000 Lichtjahren. Dies hielt man lange Zeit für die Grenze unseres Inseluniversums. Das Zentrum unserer Galaxie liegt innerhalb einer dichten, kugelförmigen Ausbuchtung von Sternen, die man auch als Bulge bezeichnet. Erst durch Beobachtungen im infraroten Strahlungsbereich erkannte man die Gesamtstruktur unserer Galaxie. Es gibt eine Scheibe, in der Sterne geboren werden, und eine kugelförmige Anhäufung älterer Sterne, die an ihrer roten Farbe erkennbar sind. Als unsere Galaxie als eigenständige Einheit vor ungefähr 12 Milliarden Jahren aus dem Big Bang entstand, bildete sich auch diese kugelförmige Sternenanhäufung.

Doch dann gab es eine Überraschung. Fünf Jahre lang beobachtete man die Sterne, die wenige Lichtjahre vom galaktischen Zentrum entfernt lagen, im infraroten Wellenlängenbereich, mit dem sich der galaktische Staub durchdringen ließ. Jedes Jahr veränderten sich ihre Positionen ein wenig. Nach fünf Jahren konnte man die entsprechenden Bahnkurven ausmachen. Auf diese Weise erhält man zunächst nur die seitliche Bewegungskomponente der Sterne. Über die Doppler-Verschiebung im Spektrum der Sterne konnten die Astronomen jedoch auch die Bewegung auf uns zu bzw. von uns weg messen.

Den Doppler-Effekt kennt man in der Regel von Schallwellen. Beim Martinshorn eines Krankenwagens ist der Ton höher, solange sich das Fahrzeug nähert, und er wird tiefer, wenn es sich entfernt. Es kommt zu einer Doppler-Verschiebung der Klangwellen: zu höheren Frequenzen bzw. kürzeren Wellenlängen bei einer sich nähernden Quelle und zu tieferen Frequenzen bzw. längeren Wellenlängen bei einer sich entfernenden Geräuschquelle. Ein ähnliches Prinzip gilt auch für Licht, allerdings liegen die Geschwindigkeiten in diesem Fall wesentlich höher.

Durch die Messung der Doppler-Verschiebungen im Sternenspektrum können die Astronomen die volle dreidimensionale Bahn der innersten Sterne unserer Galaxie bestimmen. Dabei fanden sie, dass sich die innersten Sterne mit sehr großen Geschwindigkeiten um das Zentrum unserer Galaxie bewegen. Die betreffenden Geschwindigkeiten ließen sich nur durch eine außergewöhnlich große Masse im Zentrum unserer Galaxie erklären. Die notwendige Größe dieser Masse übertraf bei weitem alle Erwartungen, die man mit bekannten Sternendichten oder dem Gravitationsfeld der beobachteten Sterne erklären konnte.

Es gab nur eine mögliche Schlussfolgerung. Innerhalb eines Bereichs mit einem Durchmesser vom Bruchteil eines Lichtjahres musste es eine immense Masse unbeobachtbarer Materie geben. Die Massenkonzentration musste so groß sein, dass nicht einmal Licht diesen Bereich verlassen kann. Einen solchen Bereich bezeichnet man als Schwarzes Loch. Nach der allgemeinen Relativitätstheorie Einsteins können solche Objekte existieren, und man wusste, dass es in unserer Galaxie Schwarze Löcher geben muss, deren Masse mit der eines Sterns vergleichbar ist. Doch das Objekt im Zentrum unserer Milchstraße ist etwas Besonderes. Nur ein supermassives Schwarzes Loch von rund 2,6 Millionen Sonnenmassen konnte für die beobachteten Effekte verantwortlich sein. Wie wir noch sehen werden, beherbergt nicht nur unsere Milchstraße ein solches Monster in seinem Zentrum.

Das Teilchenuniversum

Sterne bestehen aus Atomen, ebenso wie wir Menschen. Unser Körper ist eine Ansammlung komplizierter Moleküle; sie bilden die Proteine, die DNA und die Zellen. Die Moleküle setzen sich aus Atomen unterschiedlicher Elemente zusammen. Kohlenstoff, Wasserstoff, Stickstoff und Sauerstoff sind die wichtigsten, obwohl auch Spuren von Eisen und anderen schweren Elementen für das Funktionieren und Wohlbefinden unseres Organismus notwendig sind. Jedes Atom besteht aus einem positiv geladenen Kern aus Neutronen und Protonen, der von einer

Wolke negativ geladener Elektronen umgeben ist. Der größte Teil eines Atoms ist leerer Raum: ein Atom hat einen Durchmesser von einem Hundertmillionstel Zentimeter, doch der Atomkern ist zehntausendmal kleiner.

Elektronen sind elementare Teilchen im eigentlichen Sinne. Die schwereren Neutronen und Protonen hingegen lassen sich in kleinere Teile zerlegen. Treffen Protonen bei sehr großen Geschwindigkeiten aufeinander, werden sie auseinander gerissen. Protonen und Neutronen bestehen aus Teilchen, die man Quarks nennt. Die elektrische Ladung der Quarks beträgt zwei Drittel oder ein Drittel der Ladung eines Protons oder Elektrons. Protonen und Neutronen bzw. Quarks bezeichnet man als Baryonen, die Elektronen gehören zur Klasse der Leptonen.

Gewöhnliche Materie besteht aus Baryonen und Leptonen. Jedes menschliche Wesen, jeder Planet und jeder Stern besteht aus Baryonen und Leptonen. Der größte Anteil der Masse steckt in den Baryonen. Eine Überraschung steht uns jedoch bevor, wenn wir die Massen der Galaxien oder Galaxiencluster bestimmen. Die Baryonen reichen nicht aus. Genauer gesagt, die sichtbaren Baryonen, die wir in Sternen sowie dem interstellaren und intergalaktischen Gas beobachten, können nicht allein für die Masse verantwortlich sein. Es hat den Anschein, als ob der Großteil der Masse dunkel ist. Doch das ist nicht die einzige Überraschung. Ein Teil der dunklen Masse könnte baryonischen Ursprungs sein, doch das gilt sicherlich nicht für den größten Teil. Nur ungefähr ein fünftel der Masse im Universum ist baryonisch. Und von diesen Baryonen sind rund die Hälfte dunkel. Im Vergleich zu dem, was man in Galaxien sieht, misst man für das frühe Universum ungefähr die doppelte Menge an Baryonen. Wir können die fehlenden fünfzig Prozent dunkler Baryonen nicht nachweisen, obwohl ihr Vorhandensein durch die Absorption in den Spektren weit entfernter Galaxien bestätigt wird.

Für den traditionellen Astronomen bestand die Milchstraße im Wesentlichen aus Sternen und einem kleinen Rest. Doch die erwähnten Tatsachen haben dieses Bild drastisch verändert. Neue Erkenntnisse aus dem Grenzgebiet zwischen Astrophysik und Teilchenphysik haben das alte Bild auf den Kopf gestellt.

Es entstand eine vollkommen neue wissenschaftliche Disziplin, die so genannte Teilchenastrophysik. Der Teilchenphysiker kümmert sich selten um die tatsächliche Existenz von Teilchen. Für ihn ist es vollkommen natürlich, dass es im Großteil des Universums nur so von exotischen Teilchen wimmelt, deren Wechselwirkung mit anderen Teilchen zu schwach ist, um bisher entdeckt worden zu sein. Für einen Teilchenphysiker muss es jedes Teilchen, das es geben kann, auch einmal gegeben haben. Vielleicht sind sehr extreme Bedingungen notwendig, um dieses Teilchen zu erzeugen. Doch was auch immer diese Bedingungen sein mögen, es gab sie im großen Kessel des Big Bang. Wir bestehen aus Teilchen, die untereinander in Wechselwirkung stehen, sowohl elektromagnetisch als auch über die starke und schwache Kernkraft. Der Elektromagnetismus kontrolliert die Welt der Atome und Moleküle, und er bestimmt die Chemie. Die starke Wechselwirkung hält Protonen und Neutronen in einem Atomkern zusammen und ist so für unsere Stabilität verantwortlich. Doch auch die schwache Wechselwirkung ist wichtig, wenn auch im Alltag eher verdeckt. Das Neutrino steht nur in sehr schwacher Wechselwirkung mit anderen Teilchen und kann ungehindert durch die Erde hindurchtreten. Neutrinos sind geisterhafte Teilchen, die früher für masselos gehalten wurden, und sie entstehen bei Kernreaktionen.

Die Physiker vermuten, dass in der Frühzeit des Universums alle Teilchen vollkommen gleichgestellt waren, unabhängig davon, ob sie heute über die elektromagnetische, die starke oder die schwache Kraft miteinander in Wechselwirkung stehen. Bei genügend hohen Energien verschmelzen alle diese Kräfte zu einer einzigen Kraft. Tatsächlich gibt es eine Theorie, die so genannte Supersymmetrie (kurz SUSY), nach der es zu jedem bekannten Teilchen ein superschweres, schwach wechselwirkendes Partnerteilchen geben muss. Aus diesem riesigen Zoo an Teilchen haben nur wenige überlebt. Die meisten von ihnen leben nur für den Bruchteil einer Sekunde. Das leichteste dieser Teilchen ist stabil; man nennt es Neutralino. Ein Neutralino kann keine elektrische Ladung tragen, sonst hätte man es längst nachgewiesen. Aus solchen Teilchen könnte die unsichtbare dunkle Materie des Universums bestehen. Wir werden später auf die Suche nach dem schwer auffindbaren Neutralino zurückkommen.

5 Das Universum der Galaxien

Neutrinos, they are very small.
They have no charge and have no mass,
And do not interact at all.
The Earth is just a silly ball
To them, through which they simply pass
Like dustmaids down a dusty hall.
Or photons through a sheet of glass.
They snub the most exquisite gas,
Ignore the most substantial wall.

John Updike

Oh, Dunkelheit, Dunkelheit, Dunkelheit.
Sie alle gehen in die Dunkelheit.
Die leeren Räume zwischen den Sternen,
das Leere in das Leere.   T.S. Eliot

Galaxien wie unsere Milchstraße haben es irgendwie geschafft, sich über Milliarden von Jahren ein junges Erscheinungsbild zu erhalten. Die Sonne benötigt mehr als einhundert Millionen Jahre, um die Milchstraße zu umkreisen, und wir können die Zeit einer solchen Umkreisung als ein galaktisches Jahr bezeichnen. Damit ist unsere Galaxie fast einhundert galaktische Jahre alt. Wie auch immer wir die Rate messen, mit der die Gaswolken in der Galaxie kollabieren, es sollte nur noch wenig Gas übrig geblieben sein. Nach allen Überlegungen sollte es sich um eine altersschwache Ansammlung alter und sterbender Sterne handeln. Und doch steht unsere Galaxie in der Blüte der Jugend; ständig werden neue Sterne geboren. Tatsächlich ist unsere Milchstraße eine sehr fruchtbare Brutstätte für Sterne.

Der Jungbrunnen der Galaxien

Das Geheimnis der Jugend ist der Nachschub an Rohstoffen zur Bildung von Sternen. Das Gas einer Galaxie wird aufgefüllt durch Teile aus der umgebenden Wolke, die einst die Galaxie geboren hat. Nur ein sehr bescheidener Nachschub ist dafür notwendig. Galaxien bleiben jung, weil sie ihren Nachschub an Gasen nur sehr schlecht verwerten. Der Mechanismus der Selbstregulation erklärt, weshalb Galaxien gasreich bleiben. Unsere Milchstraße befindet sich in einem gefährlichen Gleichgewicht zwischen Leben und Tod, zwischen dem glorreichen Ruhm der Sternentstehung und der Unausweichlichkeit des stellaren Aussterbens.

Es gibt eine elegante Theorie, mit der sich die Langlebigkeit der Galaxien erklären lässt. Eine gewöhnliche Galaxie besitzt eine kugelförmige Komponente aus roten Sternen, die innerhalb einer Scheibe aus blauen Sternen liegt. Rote Sterne sind meist kälter, sie sind weniger hell, haben weniger Masse, und sie leben länger. Blaue Sterne sind heiß, hell und sehr schwer. Sie verbrauchen ihren Brennstoff rasch und leben vergleichsweise kurz, einige zehn oder hundert Millionen Jahre in ihrer hellsten Phase.

Es ist die Galaxienscheibe, die jung erscheint. Weshalb? Das Licht der Galaxienscheiben stammt vorwiegend von blauen, kurzlebigen Sternen. Diese Sterne müssen über die gesamte Lebenszeit der Scheibe, also viele Milliarden Jahre, immer wieder neu entstehen. Enthält eine Scheibe zu große Mengen an Gas, wird sie instabil. Das ständige Ziehen und Zerren der Gravitationskräfte lässt das Gas in einzelne Gaswolken kondensieren, die wiederum zu Sternen fragmentieren, welche die Scheibe bevölkern. Solange Gas aus der Umgebung nachströmt, können sich Sterne bilden. Ist das Reservoir an frischem Gas erschöpft, erwartet die Galaxie eine Zukunft, in der ihre Helligkeit langsam abnimmt.

Elliptische Galaxien enthalten nur alte, rote Sterne. Sie sind vor langer Zeit entstanden, haben eine niedrige Masse, ähnlich der Masse der Sonne, und eine Lebensdauer von über zehn Milliarden Jahren. Die Sterne, die wir heute in einer elliptischen Galaxie sehen, entstanden bereits im frühen Universum. Wir vermuten heute, dass die elliptische Form ihre Ursache in der Verschmelzung zweier gasreicher Scheibengalaxien hatte. Das Ergebnis einer solchen Verschmelzung zweier flacher Systeme ist ein kugelförmiges System, das schließlich zu einer elliptischen Galaxie wird.

Der Nachthimmel lädt ein, nach Mustern zu suchen. Die Benennung der Sternbilder ist ein schönes Beispiel. Wissenschaftler klassifizieren die Objekte ihrer Untersuchungen oft nach ihren Formen. Jede solche Klassifikation gibt bereits erste Hinweise auf die Ursprünge und die Entstehung dieser Objekte.

Es gibt drei grundlegende Formen von Galaxien. Elliptische Galaxien haben eine kugelförmige Gestalt. Sie sind rot, da sie nur alte Sterne enthalten, und sie sind arm an Gasen. Scheibengalaxien oder Spiralnebel sind blau. In ihnen entstehen heiße, schwere Sterne, und sie enthalten das für die Sternentstehung notwendige Gasreservoir. Man erkennt in ihnen ausgeprägte Spiralarme, in denen die Bereiche der Sternentstehung liegen. Und dann gibt es noch die vollkommen irregulären Galaxien, die in keine der anderen Gruppen passen.

Auch heute noch werden Galaxien oft nach einem Schema klassifiziert, das auf Edwin Hubble zurückgeht. Dabei werden beispielsweise Galaxien mit eher schwach ausgeprägten Spiralen und einem riesigen Spiralnebelkern (Sa-Galaxien) von Galaxien mit kräftigeren Spiralen und kleinen Spiralnebelkernen (Sc-Galaxien) unterschieden. Hubble kannte auch kugelförmige (elliptische) Galaxien sowie Scheibengalaxien ohne erkennbare Spiralstrukturen oder Bereiche mit Sternentstehung (S0-Galaxien). Außerdem kannte er natürlich die irregulären Galaxien. Ihre Entwicklungsgeschichte ist sehr kompliziert, und erst langsam beginnen wir sie mithilfe der Bilder des Hubble-Weltraumteleskops zu verstehen.

Aufgrund atmosphärischer Einflüsse ist die Auflösung feiner Galaxienstrukturen mit Teleskopen am Erdboden sehr schwierig. In einer dunklen Nacht können wir diese Einflüsse am Blinken der Sterne erkennen. Unter guten Bedingungen beträgt die gewöhnliche Auflösung eines Teleskops am Erdboden rund eine Bogensekunde, in besonders ruhigen Nächten sind Bilder mit der doppelten Auflösung möglich. Eine Bogensekunde entspricht dem Durchmesser eines Cents im Abstand von einem Kilometer. Oberhalb der Erdatmosphäre lässt sich eine wesentlich bessere Auflösung erreichen.

Das Hubble-Teleskop besitzt eine unübertroffene Auflösung (von ungefähr einer zehntel Bogensekunde) und eine sehr hohe Empfindlichkeit. Es lassen sich Objekte mit einer Magnitude von 29 beobachten, das entspricht ungefähr der Lichtmenge, die man auf der Erde von einer Kerze auf dem Mond wahrnehmen würde. Damit lassen sich auch sehr entfernte Galaxien nach ihrer Gestalt klassifizieren. Für die sehr schwach leuchtenden Galaxien ändert sich die relative Häufigkeit der

Galaxientypen. Unter den helleren Galaxien im nahen Universum überwiegen die Spiralnebel. Ungefähr 30 Prozent der Galaxien sind elliptische Galaxien und 15 Prozent sind irreguläre Galaxien. In den sehr weit entfernten Bereichen des Universums sind die meisten Galaxien irregulär. Es hat den Anschein, als ob sich die Form der Galaxien im Verlauf der Zeit verändert hat.

Wie kam es zu dieser Entwicklung? Die Antwort ist nicht einfach, da irreguläre Galaxien wesentlich weniger massiv sind als ihre regulären Gegenstücke. Wieder einmal ergab sich die Antwort aus den Bildern des Hubble-Teleskops. Bei der Auswertung der sehr genauen Galaxienbilder fiel den Astronomen auf, dass Beinahezusammenstöße oder sogar Verschmelzungen desto häufiger stattfinden, je weiter man in die Zeit zurückblickt. Als das Universum ungefähr die Hälfte seiner heutigen Ausdehnung hatte und die Galaxien noch näher beieinander waren, betrug die Wahrscheinlichkeit für einen heftigen Zusammenstoß zweier vergleichbarer Galaxien mindestens 20 Prozent. Heute geschieht dies in ungefähr einem Prozent aller Fälle. Wir schließen daraus, dass die Masse der Galaxien als Folge dieser Verschmelzungen zunimmt.

Einige wenige Prozent der nahe gelegenen Galaxien lassen sich nicht leicht klassifizieren. Auf den ersten Blick sind sie weder Fisch noch Fleisch, weder scheibenförmig noch elliptisch. Die Astronomen stecken diese nicht klassifizierbaren Systeme in die Rubrik der irregulären Galaxien. Interessanterweise nimmt die Anzahl der irregulären Galaxien beträchtlich zu, je weiter man in das Universum hinausschaut. Tatsächlich könnten zu einem Zeitpunkt, als das Universum ungefähr ein Drittel seiner heutigen Größe hatte, die irregulären Galaxien die größte Klasse gestellt haben.

Weshalb sollte im frühen Universum die gewöhnliche Galaxie eine irreguläre Galaxie geringer Masse gewesen sein? Wir glauben heute, dass weniger massereiche Galaxien oft irregulär sind, weil sie gegenüber Störungen durch das anhaltende Gerangel bei Sternentstehungsprozessen und Supernova-Aktivitäten empfindlicher sind. Demgegenüber wirkt bei sehr massereichen Galaxien die Gravitation stark genug, sodass sich eine regulärere Gestalt ausbilden kann.

Gasreiche irreguläre Galaxien sind üblicherweise Scheibengalaxien, deren Scheibe durch turbulente Gaswolken verdeckt ist. Für diese Turbulenzen gibt es viele Gründe. Durch die Explosion von Sternen wird das Gas durcheinander gewirbelt. Anschließend kühlt sich das Gas ab. Eine kalte Gasscheibe ist aber instabiler gegenüber der Gravitation, weil die Druckkräfte schwächer sind und der Gravitation nicht entgegenwirken können. Eine Scheibe aus kaltem Gas zerfällt leicht in einzelne Wolken. Nicht selten kommt noch eine Kollision zwischen zwei Galaxien hinzu. Selbst wenn eine der Galaxien wesentlich kleiner ist, hat die intensive Wechselwirkung, die häufig zu einer Verschmelzung führt, einen großen Einfluss auf das Gas. Sterne stoßen aufgrund ihrer Kompaktheit selten zusammen, wenn man von sehr dicht besiedelten Gebieten einmal absieht. Das Gas reagiert jedoch wesentlich stärker auf rasche Veränderungen im Gravitationsfeld, da es sich abkühlen und dadurch seine Energie verlieren kann.

Die Verschmelzung zweier Galaxien ist ein gewaltiges Ereignis. Die Systeme reagieren heftig auf die starken Gezeitenkräfte, die während einer solchen Verschmelzung auftreten. Stoßwellen breiten sich durch das Gas aus, drücken es zusammen und heizen es auf. Durch die Gezeitenkräfte wird das Gas aus den Muttergalaxien zu riesigen Auswüchsen herausgezogen. Gleichzeitig bildet sich aus den Zentren der verschmelzenden Galaxien eine dichte balkenartige Struktur. Diese Balken üben ebenfalls starke Kräfte auf das Gas aus. Es verliert an Drehimpuls, kontrahiert, und es entsteht eine dichte zentrale Gaswolke. Die Masse nimmt rasch zu, bis sie schließlich der Eigengravitation nichts mehr entgegenzusetzen hat und kollabiert. Das Gas fragmentiert in kleinere Bereiche und es bilden sich Sterne. Diese Art der Entstehung von Sternen erfolgt im Vergleich zur üblichen Sternentstehung in den Scheiben mit einer solchen Intensität, dass man von einem «Ausbruch der Sternentstehung» oder auch «Starburst» spricht. Die Verschmelzung von Galaxien löst Starbursts aus.

Starbursts finden nicht überall in der Galaxie statt, sondern nur im Zentrum, in einem Bereich mit einem Durchmesser von einigen hundert Parsecs. Dort kommt es durch den Verschmelzungsprozess zu einer Anhäufung von Gasen, deren Masse dem gesamten interstellaren Medium der Milchstraße entspricht. In gewöhnlichen Spiralnebeln, wie der Milchstraße, beträt die Rate der Sternentstehung nur wenige Sonnenmassen pro Jahr. Während eines Starbursts übersteigt die Sternentstehungsrate oft das Zehn- oder Hundertfache der Rate der gesamten Milchstraße. Die dabei entstehende Strahlung wird zu über 90 Prozent von dem interstellaren Staub wieder absorbiert und schließlich im infraroten Bereich abgestrahlt.

Im November 1995 hat die Europäische Weltraumorganisation ESA einen Satelliten in den Weltraum geschickt: das Infrared Space Observatory. Der Betrieb dauerte bis 1998; in der Zwischenzeit lieferte das Weltraumteleskop wunderbare Infrarotbilder von nahe gelegenen Galaxien. Im Jahre 2003 folgte das Spitzer Weltraumteleskop der NASA. Im infraroten Spektralbereich hat man einen vollkommen neuen Blick auf die Aktivitäten der Galaxien. Das Infrarotteleskop an Bord des Infrared Space Observatory entdeckte viele Galaxien, die sehr intensive und kurzlebige Ausbrüche der Sternentstehung erleben.

Ganz in unserer Nähe finden sich Beispiele von Starbursts, die durch Verschmelzungen ausgelöst wurden. Wegen der hohen Konzentration an interstellarem Staub, der sich zusammen mit dem Gas im zentralen Kern befindet, beobachten wir diese Ausbrüche hauptsächlich im Infrarotbereich. Tatsächlich finden wir die höchste Abstrahlung von Energie im Universum bei Galaxien, die sich gerade in einem Prozess der Verschmelzung befinden. Das Erkennungszeichen einer Verschmelzung ist eindeutig: riesige Tentakeln aus herausgeschleuderten Sternen und Gasen. Sie sind in den Aufnahmen des Hubble-Teleskops deutlich erkennbar.

Kollidierende Welten

Ein Zusammenstoß zweier Galaxien ist weitaus heftiger als eine gewöhnliche Kollision zwischen zwei schnellen Sternen. Ein besserer Vergleich wären zwei Wolken, die sich durchdringen und verschmelzen. Die Nähe der beiden Galaxien bedeutet, dass zwischen ihnen starke Gravitationskräfte wirken. Die stellaren Anteile reagieren, indem sie sich zu einer dichten Kugel aus Sternen vermengen. Die Galaxienscheiben werden zerstört und die Bahnkurven der Sterne vergleichsweise chaotisch. Geordnete kreisförmige Bewegungen in einer Ebene gibt es nicht mehr. Die Gaswolken in den verschmelzenden Scheiben prallen aufeinander und heizen sich dabei auf. Doch ihre Bewegungsenergie geht rasch verloren und wird von dem Gas abgestrahlt. Ein Großteil des Gases fällt ins Zentrum der neugeformten Sternenkugel.

Hier sammelt es sich zu einer dichten Wolke, die unter ihrem eigenen Gewicht kollabiert. Die Gase einer Galaxie reagieren auf den Prozess der Verschmelzung empfindlicher als die Sterne, da sie ihre Energie durch Abstrahlung verlieren können, wenn sie plötzlich zusammengedrückt werden.

Sind so die inneren, kugelförmigen Zentren der Galaxien entstanden? Das unvermeidliche Ergebnis einer Verschmelzung ist eine hohe Gaskonzentration im Galaxienkern. Die Gaswolke kollabiert und fragmentiert schließlich zu einer riesigen Anzahl neuer Sterne. Einige dieser Sterne sind sehr massereich und kurzlebig. Tatsächlich entstehen dabei viele massive Sterne, die nach wenigen Millionen Jahren wieder in Form einer Supernova explodieren, sodass es zu einer Gegenreaktion kommt. Die explodierenden Sterne senden Stoßwellen aus, die das Gas in der Umgebung nach außen drücken. Dieser Vorgang des Herausschleuderns der Überreste der Supernovae in das Gas der Umgebung hält den Kollaps des Gases auf. Die Sternentstehung endet. Dieser kurze und heftige Ausbruch an Aktivität dauert einige Dutzend Millionen Jahre, nach galaktischen Standards eine relativ kurze Zeit. Die turbulente Periode der Sternentstehung im Anschluss an eine galaktische Verschmelzung ist der Beginn der Entstehung von galaktischen Kugelzentren und elliptischen Galaxien.

Woher wissen wir, dass dies mehr als nur pure Mythologie ist? Astronomen haben die Verschmelzung von Galaxien beobachtet – die riesigen Auswüchse durch die Gezeitenkräfte herauskatapultierter Sterne und Gase und das kosmische Feuerwerk im Galaxienkern, das durch einfallende neue Gase weiter angeheizt wird. Bei den Galaxien in unserer Nähe sind solche dramatischen Zusammentreffen selten. In vielleicht einer von hundert Galaxien finden sich Anzeichen dafür, dass es vor kurzem zu einem solchen Beinahezusammenstoß oder einer Verschmelzung gekommen ist.

Doch vor sehr langer Zeit waren die Galaxien enger beieinander. Damals ereigneten sich Zusammenstöße vergleichsweise häufig. Astronomische Beobachtungen zeigen, dass die Galaxien in sehr großer Entfernung von uns (die wir weiter in der Vergangenheit sehen) kleiner sind als die Galaxien in unserer Nähe und dass ihre Form oft weniger regulär ist. In der Vergangenheit scheint es weitaus mehr Verschmelzungen gegeben zu haben als heute. Galaxien begannen als kleine Gaswolken, die miteinander verschmolzen. Es entstanden erste Sterne, weiteres Gas wurde herangezogen und so weiter, bis schließlich die riesigen Strukturen vorlagen, die wir heute in den ausgereiften Galaxien in unserer Nähe finden.

Galaxien können ihre Gestalt wie ein Chamäleon verändern. In der Regel beginnt eine Galaxie als Scheibe, da sich das Gas aufgrund des Drehimpulses in einer Scheibe leichter verteilen kann. Doch nach einer größeren Verschmelzung kann alles passieren. Die Scheibe wird mit großer Wahrscheinlichkeit durch die gewaltige dynamische Aufheizung und die störenden Einflüsse der sich schnell verändernden Gravitationsfelder zerstört. Gas strömt ins Zentrum. Die Gaskonzentration ist so hoch, dass es unvermeidbar zu einem Starburst kommt. Das Ergebnis ist eine dichte, kugelförmige Verteilung der Sterne, eine elliptische Galaxie. Was als nächstes geschieht, hängt von der Umgebung ab. Bleibt die Galaxie ungestört, kann sich das Gas aus dem Halo langsam über Milliarden von Jahren wieder auf einer Scheibe verteilen. Aus dem Gas entstehen Sterne, und diese kreisen mit der Scheibe in der Symmetrieebene. Das Ergebnis ist eine Scheibengalaxie mit einem Kugelzentrum. Viele Scheibengalaxien haben solche Kugelzentren, manche größer und manche weniger groß. Die Form einer Galaxie ist wie ein fossiler Abdruck ihrer Vergangenheit.

Weshalb war die Situation vor rund zehn Milliarden Jahren, als die Galaxien noch jung waren, so wesentlich anders? Damals, im Zeitalter der galaktischen Jugend, gab es sehr viel Nahrung für supermassive Schwarze Löcher. Eine Galaxie enthielt wesentlich mehr Gas, von dem in der Folgezeit ein Teil zu Sternen wurde. Der Nachschub an Gas stammte aus dem gewöhnlichen interstellaren Medium. Dies wurde durch ein besonderes Ereignis, vermutlich in Folge einer Kollision oder einer Verschmelzung mit einer anderen Galaxie, angereichert, und eine große Gasmenge strömte ins Zentrum. Bei einem Beinahezusammenstoß zwischen zwei Galaxien kommt es mit großer Wahrscheinlichkeit zu einer Verschmelzung. Die Galaxien durchdringen einander, aber die Sterne kollidieren nicht. Die Entfernungen zwischen den Sternen sind zu groß, als dass es in größeren Mengen zu solchen Zusammenstößen kommen könnte. Bei einem solchen Zusammenstoß üben die beiden Galaxien jedoch starke Kräfte aufeinander aus. Das Ergebnis ist ein Verlust an Rotationsenergie. Die Galaxien müssen praktisch verschmelzen, es sei denn ihre ursprüngliche relative Geschwindigkeit war so groß, dass die gravitativen Wechselwirkungen im Vergleich dazu gering waren.

Der Bereich der dunklen Materie

Viele Galaxien haben weitaus weniger Sterne als unsere Milchstraße. Es handelt sich um schwach leuchtende Zwerggalaxien. Die meisten Galaxien im Universum leuchten so schwach und sind so diffus, dass sie lange nicht nachgewiesen werden konnten. Auf der Suche nach versteckten Beweisen für nahezu unsichtbare Materie hatte man jedoch schließlich Erfolg. Das interstellare Medium besteht hauptsächlich aus Wasserstoff in atomarer Form; dieser erzeugt eine Strahlung bei der besonderen Wellenlänge von 21 Zentimetern, im Radiowellenbereich des Spektrums, in dem der Himmel ansonsten sehr dunkel ist.

Der Durchbruch im Zusammenhang mit der dunklen Materie kam mit dem Nachweis interstellarer Gase bei einer Wellenlänge von 21 Zentimetern. Diese erstreckten sich weit über die sichtbaren Grenzen vieler Galaxien hinaus. Das schwach glühende Gas deutete auf das Vorhandensein von riesigen Mengen versteckter Masse. Aus der Doppler-Verschiebung der emittierten Radiolinie konnte man die Masse der Sterne bestimmen. Solche Ansammlungen aus sehr schwach glühenden Sternen dürften häufig vorkommen. Tatsächlich sollte es weit mehr davon geben als von den hellen Galaxien, die von den Astronomen lange Zeit als Norm angesehen wurden, wie etwa unser nächster Nachbar Andromeda. Wir wissen nicht genau, wie viele es von diesen sehr schwach leuchtenden Galaxien gibt. Sie sind die dunklen Schatten der riesigen Spiralnebel, die in den gewöhnlichen Katalogen des Universums hervorstechen.

Man entdeckte jedoch nicht nur schwach leuchtende Sterne. Selbst bei den hellen Galaxien sehen wir nur die Spitze eines gigantischen Eisbergs. Die Astronomen waren überrascht und fühlten sich herausgefordert, als sie erkannten, dass 90 Prozent der Masse einer Galaxie praktisch unsichtbar ist, egal bei welcher Wellenlänge. Dunkle Materie dominiert die Halos, die äußeren Bereiche der Galaxien. Was steckt hinter dieser schwer fassbaren dunklen Materie?

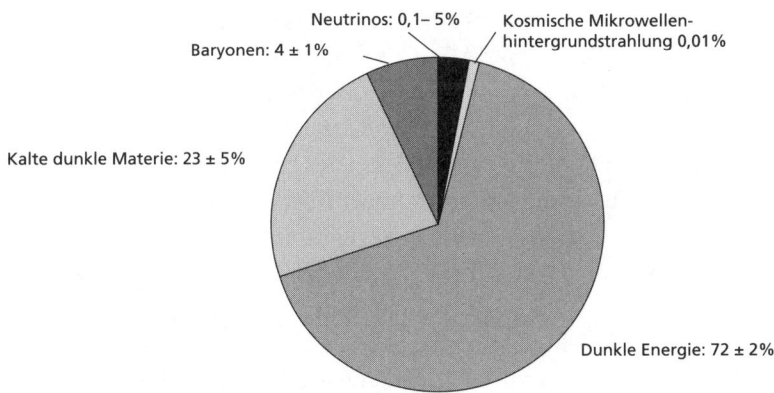

Abbildung 2: Die Zusammensetzung des heutigen Universums

Die Teilchen der gewöhnlichen Materie, die wesentlich zur sichtbaren Masse des Universums beitragen, bezeichnet man zusammenfassend als Baryonen. Dazu zählen die Protonen und die Neutronen, aus denen sämtliche Atome und Moleküle aufgebaut sind. Wir sehen einige dunkle Sterne. Diese Sterne haben ihren nuklearen Brennstoffvorrat verbraucht. Vermutlich besteht ein Teil der dunklen Materie, insbesondere in dem Halo von Galaxien, aus gewöhnlicher «baryonischer» Materie, dem Stoff, aus dem die Sterne sind. Es gibt jedoch so viel dunkle Materie, ungefähr 90 Prozent der Masse des Universums, dass wir mit großer Wahrscheinlichkeit nach einer exotischeren Erklärung für die dunkle Materie suchen müssen. Der größte Teil der dunklen Materie besteht mit ziemlicher Sicherheit aus bisher unentdeckten, schwach wechselwirkenden Elementarteilchen.

Gewöhnliche dunkle Materie

Die einzige bis heute nachgewiesene dunkle Materie in dem Halo einer Galaxie ist baryonisch. Man vermutet, dass die baryonischen Kandidaten für dunkle Materie sternartige Objekte sind, so genannte MACHOs, was für «massive compact halo objects» steht. Sie wurden in zwei bemerkenswerten Experimenten entdeckt.

Eine der verwendeten Techniken beruht auf dem so genannten Mikro-Gravitationslinsen-Effekt. Die MACHOs kreisen um den Halo unserer Galaxie. Wenn ein MACHO auf seinem Weg um den Halo sehr nahe an der Sichtlinie zu einem entfernten Stern vorbeizieht, wirkt der ansonsten unsichtbare MACHO wie eine Gravitationslinse, die das Sternenlicht für kurze Zeit vergrößert. Die Dauer einer solchen Vergrößerung liegt für einen MACHO von der Masse unserer Sonne bei einigen Wochen, doch dieser Mikro-Gravitationslinsen-Effekt ist sehr selten. Nur von einem von mehreren Millionen Hintergrundsternen wird das Licht zu einem gegebenen Zeitpunkt verstärkt. Über einen Zeitraum von sechs Jahren wurden mehrere Millionen Sterne in unserer Nachbargalaxie, der großen Magellan'schen Wolke, überwacht. Dabei fand man 20 Ereignisse mit dem charakteristischen Zeichen der zunehmenden und abfallenden Helligkeit beim Mikro-Gravitationslinseneffekt. Die Dauer des Mikrolineneffekts ist ein Maß für die Masse des MACHOs. Aus der Anzahl der Ereignisse lernen wir etwas über den Anteil, den die MACHOs an der dunklen Materie haben. Die entdeckten Ereignisse erklären bestenfalls 20 Prozent der Masse des dunklen Halos innerhalb einer Distanz von 50 Kiloparsec zur Sonne. Die mittlere Ereignisdauer lässt darauf schließen, dass die charakteristische MACHO-Masse rund 40 Prozent der Masse der Sonne ausmacht. Vielleicht wurden besonders perverse Arten von variablen Sternen fälschlicherweise für MACHOs gehalten, vielleicht haben auch schwach leuchtende Sterne in der Magellan'schen Wolke als Linse gewirkt; doch die bekannten Daten unterstützen keines dieser Schlupflöcher.

Ein unabhängiges Experiment fand alte weiße Zwerge in der stellaren Zusammensetzung von Halos. Hierbei könnte es sich um gute Kandidaten für MACHOs handeln. Weiße Zwerge sind ausgebrannte Überreste von Sternen wie der Sonne. Es sind Sterne, die ihren nuklearen Brennstoff verbraucht haben und nur noch aufgrund ihrer verbliebenen thermischen Energie strahlen. Weiße Zwerge im Halo haben sich seit über zehn Milliarden Jahren abgekühlt und leuchten daher nur noch sehr schwach; sie haben weniger als ein hundertstel Prozent der Leuchtkraft der Sonne. In ungefähr fünf Milliarden Jahren wird auch die Sonne zu einem weißen Zwerg werden.

Sterne in unserer Nachbarschaft bewegen sich in Relation zu uns nur sehr langsam, da sie mit der Sonne um das galaktische Zentrum kreisen. Von Halo-Sternen ist bekannt, dass sie sich sehr schnell bewegen. Aus allen Richtungen durchkreuzen sie die Scheibe der Milchstraße, insbesondere auch in der Umgebung der Sonne. Von einigen sehr schwach leuchtenden weißen Zwergen ist bekannt, dass es sich um Halo-Objekte handelt, weil sie sich – relativ zu den Fixsternen – schnell am Himmel entlangbewegen. Gibt es im Halo ausreichend viele schwach leuchtende weiße Zwerge, erkennbar an ihrer hohen Geschwindigkeit, die als MACHOs in Frage kommen?

Alte weiße Zwerge lassen sich nur nachweisen, wenn sie nicht weiter als einige hundert Lichtjahre von der Sonne entfernt sind. Dieses Volumen entspricht allerdings durchaus einem repräsentativen Ausschnitt des lokalen Halo. Über viele Jahre hinweg wurden die Winkelverschiebungen von nahe gelegenen, schwach leuchtenden Sternen vor dem Fixsternhintergrund untersucht und ausgewertet. Die Schlussfolgerung der Astronomen war, dass weiße Zwerge höchstens fünf Prozent der Halomasse ausmachen können. Alte weiße Zwerge sind daher mit großer Wahrscheinlichkeit nicht die gesuchten MACHOs. Wir müssen uns nach etwas noch Exotischerem umschauen.

Exotische dunkle Materie

Geht man davon aus, dass die MACHO-Untersuchungen richtig sind, bräuchte man eine dichte Population von sonnenschweren kompakten Objekten im Halo. Doch auch diese können nicht den Hauptanteil der dunklen Materie im Halo ausmachen. Der größte Teil der dunklen Materie bliebe noch zu identifizieren. Es könnte sich dabei um gewöhnliche Materie handeln, also Baryonen, allerdings müsste diese Materie in einer sehr exotischen Form vorliegen, sodass sie durch den Mikro-Gravitationslineneffekt nicht nachgewiesen werden kann. Man könnte sich auch eine riesige Population interstellarer Kometen und Asteroiden vorstellen. Alle Objekte, die leichter sind als rund ein Prozent der Erdmasse, wären den Mikro-Gravitationslinsen Experimenten entgangen, weil der Effekt zu klein wäre. Solche Objekte müssten jedoch vorwiegend aus Wasserstoff bestehen, denn soviel schwere Elemente, um die dunkle Materie damit zu erklären, kann es nicht geben. Dazu gab es bisher noch nicht ausreichend viele Sterne. Andererseits würden «Schneebälle» aus Wasserstoff im interstellaren Raum verdampfen, denn Wasserstoff kann nur dann in festem Zustand existieren, wenn die Umgebungstemperatur unter 3 Kelvin liegt.

Es bleibt die Möglichkeit neuartiger Formen von baryonischer Materie. Diskutiert wurden beispielsweise kleine Körner aus so genannter seltsamer (strange) Materie. Dabei würde es sich um einen besonderen Zustand der Quarkmaterie handeln. Quarks sind die fundamentalen Bausteine von Protonen und Neutronen, aus denen die baryonische Materie besteht. Unter extremen Bedingungen, bei sehr hohen Energien, könnten Quarks zu Körnern aus seltsamer Materie verklumpen. Theoretisch hätte dies während der ersten Augenblicke des Big Bang geschehen können, als Quarks noch die vorherrschende Form von Teilchen waren. Experimentell wurden solche Spekulationen jedoch nicht gestützt. In Teilchenbeschleunigern kann man Quarkplasma erzeugen und so die möglichen Materiezustände im frühen Universum untersuchen.

Wesentlich wahrscheinlicher ist, dass der größte Teil der dunklen Halomaterie aus Teilchen besteht, die ganz andere Wechselwirkungen haben als Baryonen. Insbesondere wechselwirken sie nur sehr schwach mit Baryonen, aus denen die leuchtende Materie im Universum besteht. Diese Teilchen bezeichnet man allgemein als WIMPs, «weakly interacting massive particles». In der theoretischen Teilchenphysik werden mehreren Kandidaten von Teilchen, die für solche nichtbaryonische dunkle Materie in Frage kommen, diskutiert. Tatsächlich gibt es zum so genannten «Standardmodell der Teilchenphysik», das die Eigenschaften der bekannten Elementarteilchen beschreibt, mehrere Erweiterungen, die solche sehr schwach wechselwirkenden Elementarteilchen vorhersagen.

Nach dem Standardmodell gibt es verschiedene Arten von Elementarteilchen, die in drei Familien zusammengefasst werden. Jede Familie besteht aus vier Mitgliedern. Das leichteste Teilchen in jeder Familie ist ein Lepton – das Elektron, das Myon und das Tau. Außerdem enthält jede Familie zwei Arten von Quarks. Quarks sind Baryonen. Sie sind schwerer als ihre leptonischen Geschwister. Schließlich gibt es noch ein Neutrino in jeder Familie, ein weiteres fundamentales Teilchen, das als Partner des Elektrons, Myons bzw. Tau-Teilchens auftritt.

Alle Atome bestehen aus Elektronen und Quarks. Aber auch die anderen Teilchen sind, sowohl für die Eigenschaften der Atomkerne und ihrer Wechselwirkungen als auch für die Kräfte, die dafür sorgen, dass die Atomkerne nicht auseinander fliegen, wichtig. All das ist Teil des Standardmodells. Es gibt jedoch einige Phänomene, die sich innerhalb des Standardmodells nicht erklären lassen. Zu den überraschendsten gehört die Massendifferenz zwischen Elektronen und Quarks. Weshalb sind Leptonen so leicht und Baryonen so schwer?

Die Physiker unternehmen alle erdenklichen Anstrengungen, über das Standardmodell der Teilchenphysik hinauszugehen. Die experimentellen Daten dazu sind bisher jedoch sehr dürftig und kaum hilfreich. Eines der Hauptziele der großen Teilchenbeschleuniger, etwa des Large Hadron Collider (LHC), der derzeit am CERN gebaut wird, wird die Erforschung der Physik jenseits des Standardmodells sein. Solange wir noch keine Daten haben, müssen wir uns von der Theorie leiten lassen.

Eine einfache Vorstellung lautet, dass es zu Beginn des Universums eine perfekte Symmetrie, eine Art Paradies ohne Unterschiede gab. Zu jedem Teilchen gab es ein Antiteilchen. Die Eigenschaften der Materie waren symmetrisch. Heute sind sie das offensichtlich nicht. Bei genügend hohen Dichten und genügend hoher Temperatur werden alle Unterschiede individueller Teilchen ausradiert. Die Physiker gehen sogar noch einen Schritt weiter. Sie glauben, dass die Natur selbst auf fundamentalem Niveau symmetrisch ist. Dies klingt vielleicht sehr platonisch, aber solche Überlegungen haben schon Früchte getragen. Symmetrie ist eine Form der Schönheit, und vielleicht hatte Keats sogar Recht als er sagte: «Schönheit ist Wahrheit und Wahrheit ist Schönheit.»

Symmetrie ist eine elegante Idee, die auch hinter dem Standardmodell der Teilchenphysik steckt. Die natürlichste Erweiterung des Standardmodells besteht darin, eine noch vollständigere Form von Symmetrie einzubauen. Die neue Theorie bezeichnet man als Supersymmetrie, und sie postuliert zu jedem bekannten Teilchen einen massiven, schwach wechselwirkenden Partner. Die so genannten Neutralinos sind die besten Kandidaten für WIMPs. Das leichteste unter ihnen ist vermutlich sehr langlebig, und es könnten ausreichend viele von ihnen nach dem Big Bang übrig geblieben sein, sodass ihre heutige Dichte vergleichbar oder sogar noch größer sein dürfte als die Dichte der gewöhnlichen Materie. Zukünftige Beschleunigerexperimente sollten

Hinweise darauf geben, dass es diese Überreste der Supersymmetrie tatsächlich gibt. Im Augenblick sind WIMPs nur ein Hoffnungsschimmer im Auge des Theoretikers.

Bei ausreichend hohen Temperaturen werden ständig Teilchenpaare – Teilchen zusammen mit ihren Antiteilchen – erzeugt und auch wieder vernichtet. Aus energiereichen Photonen entstehen Teilchenpaare, und diese Paare können wieder zu Photonen annihilieren. Kurz nach dem Big Bang könnten riesige Mengen von WIMPs entstanden sein. Mit der Ausdehnung des Universums war auch die Erzeugung von WIMP-artigen Teilchen energetisch nicht mehr begünstigt und ihre Anzahl im Universum nahm drastisch ab. Das Schicksal der meisten WIMPs dürfte darin gelegen haben, auf einen WIMP-Partner zu treffen und mit ihm zu Photonen zu annihilieren. Nachdem die Dichte und Temperatur zu niedrig wurden, blieben nur wenige WIMPs übrig und bildeten die dunkle Materie.

Die verbliebenen WIMPs wären somit ein Relikt der Vergangenheit. Wie viele es von ihnen gibt, hängt davon ab, wie viele überlebt haben, und dies wiederum hängt von der Stärke ihrer Wechselwirkung ab, die in der Teilchenphysik nicht bekannt ist. Falls genügend viele stabile WIMPs – mit großer Wahrscheinlichkeit die Neutralinos der Supersymmetrie – überlebt haben, dürften sie die dunkle Materie ausmachen. Im Vergleich zur Protonenmasse sind sie sehr schwer. Auch wenn nur wenige von ihnen überlebt hätten, könnten sie hinsichtlich der Massendichte im Universum die Protonen bei weitem übertreffen. Von Zeit zu Zeit könnten Neutralinos in den Halos der Galaxien immer noch aufeinander treffen und annihilieren. Das Ergebnis wären beobachtbare Ereignisse. Dunkle Materie ist nicht vollkommen dunkel.

Neutralinos würde es überall geben. Der Halo der Milchstraße beispielsweise enthielte rund hundert Neutralinos pro Kubikmeter. Jede Sekunde würden Millionen von ihnen durch unsere Körper fliegen. Es wäre allerdings schwer, eines von ihnen zu fangen, da ihre Wechselwirkungen so schwach sind. Hätten die Neutralinos eine stärkere Wechselwirkung, hätten auch weniger von ihnen überlebt.

Trotz dieser Schwierigkeiten wurden sehr empfindliche Experimente geplant, mit denen man hofft, Neutralinos in unseren Laboratorien nachweisen zu können. Die Idee besteht darin, das Experiment sehr tief unter der Erde durchzuführen, idealerweise in einem tiefen

Bergwerk, wo man von nahezu aller kosmischen Strahlung abgeschirmt ist. Kosmische Strahlung besteht zumeist aus Protonen oder schwereren Atomkernen. Diese haben eine starke Wechselwirkung und werden durch die dicken Gesteinsschichten davon abgehalten, in die tiefen Höhlen vorzudringen, wo das Experiment stattfindet.

Eines dieser Experimente wird in einem Kilometer Tiefe im Boulby Kali-Bergwerk in Yorkshire, ein weiteres in einem Labor neben einer Wartungsstraße abseits vom Mont Blanc Tunnel unter einer vergleichbaren Felsenmenge durchgeführt. Diese Experimente fahnden nach regelmäßigen, durch die Bewegung der Erde um die Sonne verursachten Schwankungen im kosmischen Fluss der Neutralinos. Der Effekt lässt sich vergleichen mit einem Auto, das im Regen fährt. Je nach der Geschwindigkeit und der Bewegungsrichtung des Autos trifft der Regen unter einem anderen Winkel auf die Scheibe. Die Geschwindigkeit der Erde beträgt nur zehn Prozent der durchschnittlichen Geschwindigkeit von WIMPs, daher ist der Effekt winzig – von der Größenordnung eins zu zehntausend. Im Verlauf eines Jahres sollte das Signal irgendwann ein Maximum erreichen und sechs Monate später ein jährliches Minimum. Würde man ein solches Signal entdecken, kann man sicher sein, dass es nicht von der Sonne herrührt.

Eine Gruppe von Forschern behauptet, genau diesen Effekt nachgewiesen zu haben. Ein riesiges Fass, das in seiner jüngsten Ausführung eine viertel Tonne eines flüssigen Szintillatormittels – einer verdünnten Natriumiodid-Lösung – enthält, bildet das Herz des Gran Sasso Labors in den italienischen Abruzzen. Wenn schwere WIMP-Teilchen auf die Natriumatome treffen, würden deren Rückstoßenergien winzige Lichtblitze in der Szintillatorflüssigkeit erzeugen. Seit sieben Jahren wurden hier Daten gesammelt. Die Wissenschaftler unter der Leitung von Rita Bernabei von der Universität «Tor Vergata» in Rom glauben, Anzeichen für die gesuchte jährliche Schwankung gefunden zu haben. Andere Gruppen, darunter auch kollaborierende Forscher in den USA, Frankreich und England, konnten die Ergebnisse der Italiener noch nicht bestätigen, obwohl sie für sich eine höhere Empfindlichkeit für WIMP-Signale in Anspruch nehmen. Ein definitives Ergebnis erwartet man erst in der Zukunft durch noch empfindlichere Experimente.

Natürlich gibt es keine Garantie für die Existenz von Neutralinos. Es gibt noch andere Kandidaten für die dunkle Materie, deren Massen zwischen dem Billionstel Teil der Protonenmasse und bis zu Billionen Protonenmassen liegen. Die direkten Experimente zu ihrem Nachweis sind jedoch nur für einen engen Massenbereich empfindlich: zwischen einer Protonenmasse und einigen hundert Protonenmassen. Die meisten leichteren Teilchen lassen sich durch die Ergebnisse von Beschleunigerexperimenten ausschließen. Danach müssen Neutralinos mindestens fünfzig Protonenmassen wiegen. Der untersuchte Bereich ist also sehr eng. Die Suche erinnert an den Betrunkenen, der seinen Autoschlüssel verloren hat und nur unter der nächsten Straßenlaterne sucht.

Neutralinos als Erklärung für dunkle Materie – viele Leute würden keinen Pfifferling darauf verwetten. Trotzdem hat es die Befürworter nicht davon abgehalten, nach Neutralinos zu suchen, vielleicht vergebens. Es bedarf einer außergewöhnlichen Geduld. Es kann Wochen oder gar Monate dauern, bis das Detektormaterial auf ein einziges Neutralino reagiert. Die meisten von ihnen fliegen ungehindert durch den Detektor und sogar durch die ganze Erde hindurch.

Man kann sich die Aufregung unter den anwesenden Wissenschaftlern vorstellen, wenn wieder einmal ein Ereignis nachgewiesen wurde. Es bedarf jedoch aufwendiger Simulationen, um die vielen falschen Signale herauszufiltern. Das seltene Neutralino-Signal lässt sich leicht mit anderen unwichtigen Signalen verwechseln. Selbst wenn man die meisten Quellen irrelevanter Ereignisse beseitigt hat, z. B. die kosmische Strahlung, gibt es immer noch Ereignisse, die sich nicht vermeiden lassen. Beispielsweise hat das in Felsgestein weit verbreitete Element Kalium ein radioaktiv instabiles Isotop. In der totalen Finsternis, unter einer kilometerdicken Gesteinsschicht in einem Berg oder tief unter Tage, bereitet die schwache Strahlung von zerfallendem Kalium dem Experimentalphysiker auf seiner Suche nach einem noch schwächeren Signal große Probleme.

Ein weiteres Beispiel ist die Radonemission aus Felsgestein. Diese und ähnliche Formen schwacher Radioaktivität findet man überall in Felsen und sogar in Ziegeln bzw. Backsteinen. Sogar in Backsteinhäusern ist die Radonverschmutzung nachweisbar. All diese Signale tragen zu dem allgemeinen Hintergrund bei, vor dem das WIMP-Signal zu suchen wäre. Für diesen Hintergrund sind sogar jahreszeitliche Schwankungen denkbar, beispielsweise durch Temperaturänderungen, die mit dem gesuchten Signal verwechselt werden können. Die meisten Signale irdischen Ursprungs weisen eine solche jährliche Schwankung jedoch nicht auf.

Das Signal muss sehr genau untersucht werden. Die Energie und die Richtung der außerordentlich seltenen Wechselwirkungen eines massiven Neutralinos, beispielsweise mit einem auf tiefe Temperaturen gekühlten Germaniumkristall im Detektor, zeigen charakteristische Eigenschaften, die man überprüfen muss. Die jährlichen Schwankungen bieten einen besonderen Anhaltspunkt, WIMP-Signale zu erkennen. Aber die Suche wird lang und schwierig, und es wird häufig zu einem falschen Alarm kommen. Trotzdem harren die Forscher aus und bauen immer aufwendigere Detektoren an noch abgelegeneren Plätzen unter der Erde.

Ein gewöhnliches Neutralino könnte rund hundert Protonenmassen wiegen. Stellen Sie sich vor, ein Neutralino trifft im Halo der Milchstraße auf ein zweites Neutralino. Es kommt zur Selbstzerstörung, ähnlich wie bei der Annihilation, wenn ein Proton auf ein Antiproton trifft. Doch das Neutralino-Ereignis ist weitaus heftiger, da viel mehr Masse in Energie umgesetzt wird. Bei dieser Annihilation entstehen sehr energiereiche Teilchen, beispielsweise Paare von Protonen und Antiprotonen, Elektronen und Positronen sowie Gammastrahlen. Sollten Neutralinos die vorherrschende Komponente in der dunklen Materie sein, würde man eine diffuse Gammastrahlung vermuten. Damit ergäbe sich eine weitere Möglichkeit ihres Nachweises. Derzeit werden Teleskope zur Untersuchung von Gammastrahlung und kosmischer Strahlung entwickelt, die oberhalb der Erdatmosphäre nach genau diesen Signalen suchen sollen. Allerdings erzeugen energiereiche Protonen aus der kosmischen Strahlung, wenn sie auf schwere interstellare Atome treffen, ebenfalls sekundäre Proton-Antiproton-Paare. Man muss daher das primäre Signal der Annihilation von diesem sekundären Signal unterscheiden, beispielsweise durch eine genaue Untersuchung der Energieverteilung der kosmischen Strahlung.

Ein weiteres deutliches Zeichen für das Vorhandensein von Neutralinos wäre der Nachweis von hochenergetischen Neutrinos, die ebenfalls bei der Annihilation entstünden. Eine Wechselwirkung von Neutrinos mit Materie ist selten, doch wenn es geschieht, entstehen kurze Lichtblitze. Diese sind sehr schwach, und man muss schon ein sehr großes Volumen überwachen, um diese Signale zu finden. Solche Licht-blitze beobachtet man auch in der Atmosphäre, allerdings beruhen sie hauptsächlich auf kosmischer Strahlung. Neutrinos können die Erde problemlos durchdringen und erzeugen dabei ein eindeutiges Signal, sofern man im Experiment die Richtung bestimmen kann. Der-zeit sind zum Nachweis hochenergetischer Neutrinos Experimente ge-plant, bei denen riesige Wasser- oder Eismengen überwacht werden. Das ANTARES-Experiment vor der Küste von Toulon überwacht rund ein Zehntel Quadratkilometer Mittelmeer, wobei zehn Reihen von Pho-tomultiplikatoren (sehr empfindliche Detektoren) bis zu einer Tiefe von einem drittel Kilometer unter die Meeresoberfläche reichen. Beim IceCube-Projekt am Südpol wurden solche Reihen von Photomultipli-katoren ins Eis eingebettet – bis zu einer Tiefe von 1,5 Kilometern –, wo es vollkommen dunkel ist. Diese Detektoren überwachen rund einen Kubikkilometer Eis. Die Richtung des Signals ergibt sich aus der Folge von Lichtblitzen an Detektoren in benachbarten Reihen.

Bei diesen Experimenten handelt es sich um mögliche indirekte Nachweise von Neutralinos, die entweder in der Erde oder der Sonne annihiliert sind und dabei hochenergetische Neutrinos erzeugt haben. Wie wir gesehen haben, wäre mithilfe empfindlicher Geräte bei sehr tiefen Temperaturen weit unter der Erde auch ein direkter Nachweis möglich. Dafür muss jedoch sichergestellt sein, dass eine Verunreini-gung der Signale durch die kosmische Strahlung vermieden wird. Es wird allerdings noch ein weiteres Jahrzehnt dauern, bis die heute ge-planten Experimente eine Empfindlichkeit erreicht haben, mit der sich Neutralinos direkt nachweisen lassen. Es könnte sich herausstellen, dass die ersten kritischen Beweise zur Identifikation der dunklen Mate-rie aus indirekten Signalen stammen.

Die ersten Hinweise auf die Existenz von Neutralinos könnten aber auch aus einer vollkommen anderen Richtung kommen. In den nächs-ten Jahren werden auch neue Teilchenbeschleuniger nach Neutralinos suchen können, beispielsweise der Large Hadron Collider am CERN, der 2007 in Betrieb gehen soll. Bei hochenergetischen Streuprozessen in diesen Maschinen entstehen so genannte Jets aus energiereichen Teilchen und Antiteilchen, die bei der Kollision herausgeschleudert werden. Diese Jets schießen in entgegengesetzte Richtungen. Auch wenn ein schwach wechselwirkendes WIMP unsichtbar bliebe, besäße es doch einen Impuls, der den nachweisbaren Teilchen fehlen würde. Ein einseitiger Jet wäre ein deutlicher Hinweis auf ein supersymmetrisches Teilchen und damit ein Indiz für die Existenz von Neutralinos und die WIMP-Hypothese.

Selbst der Large Hadron Collider könnte sich jedoch als zu unempfindlich erweisen. Das Problem ist, dass bei einem Zusammenprall von Hadronen ein unübersichtliches Teilchengemisch entsteht, da es sich bei Hadronen nicht um elementare, sondern um zusammengesetzte Teilchen handelt. Das schwer nachweisbare Neutralinosignal könnte unter diesen Umständen leicht übersehen werden. In diesem Fall müsste die Antwort auf einen zukünftigen Linearbeschleuniger verschoben werden, bei dem Elektronen und Positronen auf extrem hohe Energien beschleunigt werden. Eine solche Maschine könnte jedoch nicht vor 2020 gebaut werden und würde mindestens 15 Milliarden Dollar kosten. Sie könnte jedoch ein klares Signal für sehr hochenergetische Wechselwirkungen liefern, sodass Supersymmetrie nachweisbar würde.

Eine weitere Möglichkeit zur Untersuchung nichtbaryonischer dunkler Materie ergibt sich aus der Kosmologie, insbesondere aus den Überlegungen, wie die Strukturen des Universums auf sehr großen Skalen entstanden sein könnten. Simulationen solcher Prozesse deuten darauf hin, dass die dunkle Materie aus sehr schwach wechselwirkenden Teilchen besteht, die sich bereits wesentlich früher als die Baryonen abgekühlt haben. Wegen ihrer geringen Wechselwirkung konnten sie dem Strahlungseinfluss nach dem Big Bang viel früher entkommen als gewöhnliche Teilchen; daher kühlten sie sich stärker ab. Diese Teilchen würden die so genannte «kühle dunkle Materie» ausmachen. Kühle Materie dieser Art ist wesentlich instabiler gegen gravitative Kondensation als gewöhnliche Materie, die im frühen Universum vergleichsweise heiß war. Bei heißer Materie können die Druckkräfte der gravitativen Kondensation entgegenwirken. Nur kalte Materie kann ungehindert gefrieren. Da kalte Materie in unserem Universum überwiegt, bestimmt sie das lokale Gravitationsfeld und damit auch die Entstehung von Strukturen aufgrund von gravitativen Instabilitäten. Die Teilchen der Supersymmetrie könnten diese von der Kosmologie geforderten Bestandteile der «kalten dunklen Materie» sein.

6 Der unsichtbare Kosmos

Seltsam zu sagen, dass die leuchtende Welt die unsichtbare Welt ist, die leuchtende Welt ist die Welt, die wir nicht sehen. Unsere Augen aus Fleisch sehen nur Nacht.

Victor Hugo

Setze dich vor die Fakten wie ein kleines Kind, sei bereit, jede vorgefasste Meinung aufzugeben, folge ehrfürchtig der Natur, zu welchen Abgründen sie dich auch führen mag, oder du wirst nichts lernen.

Thomas Huxley

Astronomen schienen bisher ganz besonders voreingenommen zu sein. Bis vor ungefähr einem halben Jahrhundert waren unsere Augen und Teleskope auf optische Wellenlängen beschränkt. Tatsächlich aber macht der sichtbare Teil des Spektrums, das die Farben des Regenbogens von violett bis rot überdeckt, nur einen winzigen Teil des gesamten elektromagnetischen Spektrums aus. Kosmische Quellen erzeugen elektromagnetische Strahlung in einem riesigen, für das menschliche Auge größtenteils unsichtbaren Wellenlängenbereich, angefangen bei einigen Dutzend Metern bis hin zum Billionstel Teil eines Meters, von Radiowellen bis hin zu Gammastrahlen. Eine Röntgen-Aufnahme des Himmels liefert ein ganz anderes Bild, als es der Astronom im optischen Bereich in einer dunklen Nacht sieht. Und eine Infrarot-Aufnahme sieht wieder völlig anders aus.

Das Röntgen-Universum

Beobachtet man das Universum durch ein im Weltraum stationiertes Röntgen-Teleskop, so ergibt sich ein vollkommen anderes Bild, als es ein Beobachter auf der Erde sehen kann. Röntgen-Strahlung aus kosmischen Quellen wird von der Erdatmosphäre abgeschirmt. Selbst die Sonne ist während ihrer aktiven Phasen eine Röntgen-Quelle, und ohne Atmosphäre hätte dies verheerende Folgen für das Leben auf der Erde.

Vieles, das wir heute über Neutronensterne und Schwarze Löcher wissen, stammt aus Untersuchungen des Universums im Röntgenwellenbereich. Die Masse von Neutronensternen lässt sich beispielsweise mit solchen Verfahren bestimmen. Üblicherweise gibt man die Energie von Photonen in Elektronvolt oder Kiloelektronvolt an. Für das sichtbare Licht betragen die Photonenenergien einige Elektronvolt, für Röntgenstrahlen einige Kiloelektronvolt und für Gammastrahlen einige Megaelektronvolt.

Neutronensterne und Schwarze Löcher untersuchen wir im Kiloelektronvolt-Bereich mit auf Satelliten befestigten Teleskopen. Beispiele für solche Beobachtungen sind Experimente wie das Röntgenstrahlobservatorium CHANDRA der NASA oder das ESA-Projekt NEWTON, ein Röntgenstrahl-Teleskop. Beide Projekte liefern Bilder und Spektren von Objekten im Röntgenbereich.

Die meisten bekannten Neutronensterne befinden sich in unserer Galaxie. In größerer Entfernung zeigen die Hochenergiebilder des Universums riesige Kessel aus heißen Gasen. Bei den größten unter ihnen handelt es sich um Galaxiencluster, die als diffuse Röntgenstrahlquellen erscheinen. Aus den Gasreservoirs dieser Cluster haben sich die Galaxien gebildet. Die meisten Quellen im Röntgenbereich sind allerdings punktförmig. In unserer näheren Umgebung handelt es sich dabei meist um Doppelsternsysteme, bei denen ein kompakter Stern – ein Neutronenstern oder ein Schwarzes Loch – große Gasmengen von seinem Begleiterstern zu sich herüberzieht.

In den weiter entfernten Bereichen des Universums sind aktive Galaxienkerne die häufigsten Röntgenstrahlquellen. In früheren Zeiten zeigte das Universum eine emsige Aktivität. Wenn wir zeitlich zurückblicken, als das Universum noch weniger als ein Drittel seines jetzigen Alters hatte, sehen wir viele Galaxien mit aktiven Kernen. Einige dieser Kerne sind so hell, dass wir nur diese Kerne beobachten können, als würden wir in der Nacht von einer sehr hellen Lichtquelle geblendet. Heute wissen wir, dass der zentrale Motor eines aktiven Galaxienkerns in Wirklichkeit ein supermassives Schwarzes Loch ist, das sich durch Akkretion von Gasen aus seiner Umgebung ernährt.

Das infrarote Universum

Beobachtet man das Universum im sehr langwelligen Spektralbereich, sieht man hauptsächlich die Emission von Strahlung aus Staubwolken. In Bereichen, wo Sterne geboren werden, können vergleichsweise dichte und lichtundurchlässige Staubwolken die Geburtsereignisse im optischen Wellenlängenbereich vollständig verdecken. Gewöhnliches Licht wird von Staub absorbiert und gestreut. Der Staub gibt das absorbierte Licht anschließend im infraroten Bereich des Spektrums wieder ab. Auch sehr alte und kalte Sterne glühen im Infrarotbereich. Doch in erster Linie sieht man die junge Seite des Universums.

Unser Universum ist ein verstaubter Ort. Die Milchstraße ist das beste Beispiel dafür – ebenso unser Sonnensystem. Der interstellare Staub beginnt seinen Lebenszyklus in den Auswürfen alter Sterne, den roten Riesen. Im Zentrum eines Sterns erfolgen mit zunehmendem Alter die thermonuklearen Reaktionen bei immer höheren Temperaturen. Dabei entstehen Kohlenstoff und andere schwerere Elemente durch Fusionen, bis der Stern seinen Vorrat an nuklearem Brennstoff verbraucht hat. Als Folge der enormen Hitze im Zentrum schwillt die Atmosphäre des Sterns an. Der Stern wird zu einem roten Riesen. Die äußeren Schichten des Sterns werden irgendwann abgestoßen und aus dem Inneren entsteht ein weißer Zwerg. Die abgestoßene Hülle bildet dann einen so genannten planetarischen Nebel. Dieser Ausdruck geht auf William Herschel zurück, der bei solchen Objekten in den frühen Tagen des Teleskops nur vage, planetenartige Formen erkennen konnte.

Die herausgeschleuderten Gasschichten kühlen sich ab und die schwereren Elemente, die sich nicht verflüchtigen können, kondensieren zu winzigen festen Partikeln aus Graphit oder quarzartigen Stoffen. Diese bilden die Staubkörner, oder doch zumindest die harten Kerne von Staubkörnern, die man im Weltraum findet. Sie breiten sich im interstellaren Raum aus und werden gelegentlich von der oberen Atmosphäre der Erde eingefangen. Die kleinen Körner finden sich zu interstellaren Gaswolken zusammen, die sich auf so geringe Temperaturen abkühlen, dass sogar die reichlich vorhandenen, ansonsten eher gasförmigen Bestandteile auf den Staubkörnern kondensieren. Dadurch sind die harten Kerne mit einem Mantel aus verschiedenen Arten von Eis überdeckt. Ungefähr ein Prozent der Masse des interstellaren Mediums besteht aus winzigen festen Teilchen mit einem Durchmesser von ungefähr einem tausendstel des Durchmessers eines Sandkorns.

Der Raum zwischen den Sternen enthält Wolken aus diffusem Gas und Staub. Der größte Teil der interstellaren Materie befindet sich in den Wolken, allerdings gibt es auch ein alles durchdringendes interstellares Medium zwischen den Wolken. Beobachten können die Astronomen solche wolkenartigen Anhäufungen aus Gas und Staub, weil der Staub in den Wolken das einfallende Sternenlicht sowohl streut als auch absorbiert. Kürzere Wellenlängen werden dabei stärker gestreut, also verbleibt das rötere Licht. Die Streuung lässt das Licht der Hintergrundsterne röter erscheinen.

Aufgrund solcher Streuprozesse sind manche interstellare Wolken für das Sternenlicht vollkommen undurchlässig. Der Staub streut und absorbiert praktisch alle optische Strahlung. Dieses absorbierte Licht wird jedoch im Infraroten wieder abgestrahlt, daher findet man ein allgemeines Infrarotglühen von Staubwolken. Sterne bilden sich in Nebeln, die von solchen Staubwolken durchsetzt sind. Im optischen Bereich können wir die Sternentstehung oft nicht beobachten. Aufgrund der Rotation dieser Nebel formt sich der Staub zu einer Scheibe, die den in der Entstehung begriffenen zentralen Stern umgibt.

Diese Scheibe ist kalt und dicht. Der Staub sammelt sich in der Mittelebene, ähnlich wie sich Sand nach einem Sturm an bestimmten Stellen sammelt. Als sich unser Sonnensystem bildete, gab es einen solchen Staubgürtel auch um die Sonne. Die Staubkörner verschmolzen zu immer größeren Körnern, bis schließlich Felsen von der Größe winziger Asteroiden entstanden waren. Diese Felsen bezeichnet man als Planetesimale, und man vermutet in ihnen das fehlende Bindeglied zwischen den Staubkörnern und den gewöhnlichen Asteroiden und Planeten. Planetesimale sind die Bausteine des Sonnensystems; Reste von ihnen könnten heute noch im Asteroidengürtel zu finden sein.

Der Staub verschmolz schließlich zu den Planeten. Es finden sich immer noch Spuren dieses Staubs in der Ekliptik (der Ebene, in der die Bahnkurven der Planeten liegen), und in einer dunklen Nacht sehen wir die Reflektion des Sonnenlichts in diesem Staub, das so genannte

Zodiakallicht. Für einen Infrarotbeobachter würde es sich dabei um einen hell leuchtenden Lichtgürtel handeln, der rund ein Viertel des Himmels überdeckte. Der Staub wird von der Sonne erwärmt und emittiert im nahen Infrarot. Im fernen Infrarot ist der lokale Staub unsichtbar und man kann durch ihn hindurchsehen.

In der Milchstraße hindert uns die Staubansammlung in der galaktischen Ebene daran, im optischen Bereich weiter als eintausend Lichtjahre sehen zu können. Das ist nur ein Bruchteil der Distanz bis zum Zentrum unserer Galaxie. Während das optische Licht vom Staub gestreut wird, offenbart sich im Infrarotbereich alles. Wir sehen die Sterne, die den Kern unserer Galaxie umkreisen, wo sich ein supermassives Schwarzes Loch befindet. Von der Existenz dieses unsichtbaren Monsters wissen wir aus genauen Untersuchungen der beobachteten Bahnkurven dieser zentralen Sterne bei infraroten Wellenlängen.

Im fernen Universum wird die Sternentstehung durch Staubwolken verhüllt. Wir können die dichten Staubschichten nur mit infraroten Wellenlängen durchdringen. Wollen wir die Entstehungsmechanismen von Galaxien untersuchen, müssen wir das Universum daher im Infrarotbereich beobachten. Mindestens die Hälfte des gesamten Sternenlichts wird vom Staub absorbiert und anschließend wieder emittiert. Die Infrarotastronomie spielt eine wichtige Rolle in der Erforschung der Sternentstehung im Universum. Aber es gibt noch mehr zu sehen, insbesondere wenn Sterne sterben. Der Tod von Sternen erfolgt oft in Form einer gewaltigen Explosion, bei der große Mengen an Radiowellen und Gammastrahlen emittiert werden. Die Vorläufer davon sieht man jedoch im Ultravioletten.

Das ultraviolette Universum

Die Entstehung von Sternen in unserer Nähe lässt sich bei ultravioletten Wellenlängen verfolgen, bei denen die sehr heißen, massereichen Sterne den größten Teil ihrer Strahlung emittieren. Das Licht von Galaxien, in denen sich viele Sterne bilden, wird dominiert von den Beiträgen massiver Sterne und den Nebeln, die sie im Verlaufe ihrer Entwicklungsgeschichte abstoßen. Die häufigsten Atome im Universum, Wasserstoff und Helium, zeigen besonders ausgeprägte Spektraleigenschaften im Ultravioletten. Etwas Ähnliches gilt für andere häufige Elemente, etwa Kohlenstoff und Sauerstoff. Bei einem Zusammenstoß wird ein Elektron angeregt und springt in einen höheren Energiezustand. Springt das Elektron anschließend wieder in seinen niedrigsten Energiezustand zurück, kommt es zur Emission eines Photons, üblicherweise im Ultravioletten. Die größte Menge des kalten Gases im Universum befindet sich im niedrigsten Energiezustand. Wenn ein Photon auf ein Wasserstoffatom trifft und absorbiert wird, indem ein Elektron in einen angeregten Zustand springt, dann liegen die Absorptionsfrequenzen ebenfalls im Bereich des Ultravioletten.

Glücklicherweise gibt es bei der Emission auch Zwischenschritte, bei denen die Elektronen entlang einer Kaskade vom höheren in den tieferen Zustand gelangen können. Dabei werden auch Photonen im optischen Bereich emittiert, was uns die Beobachtung auf der Erde erleichtert. Für die Absorption gilt das jedoch im Allgemeinen nicht. Nur vergleichsweise seltene Elemente, wie Natrium oder Kalium, absorbieren auch bei sichtbaren Wellenlängen. Allerdings findet man auch diese Elemente im interstellaren Raum, und sie markieren oft die Grenzen der interstellaren Wolken. Das häufigste Element, Wasserstoff, ist wesentlich schwerer zu beobachten.

Bei den interstellaren und intergalaktischen Gasen in unserer Nähe lassen sich die Absorptionslinien von Wasserstoff mithilfe von Teleskopen beobachten, die im Weltraum stationiert sind. Doch für das intergalaktische Medium in großen Entfernungen sind die Absorptionslinien vom Ultravioletten in den optischen Bereich verschoben. Diese Verschiebung der Spektrallinien aufgrund der großen Entfernung bezeichnet man als Rotverschiebung. Bei sehr großen Entfernungen, also großer Rotverschiebung, findet man im Universum große Mengen an intergalaktischen Gasen, mindestens doppelt so viel wie in der näheren Umgebung. Bereits in einem sehr frühen Stadium – bei einer Rotverschiebung von vielleicht 10* – entstanden vermutlich bereits Sterne mit

---

* Je weiter eine Lichtquelle (ein Stern oder eine Galaxie) von der Erde entfernt ist, desto rötlicher erscheint ihr Licht auf der Erde, da die Lichtwellen aufgrund der Ausdehnung des Universums gestreckt werden. Das Licht ist also gegen den roten Spektralbereich verschoben. Das heißt, je größer die Rotverschiebung eines Objekts, desto älter muss es sein. Vergleicht man das Alter des Univer-

sehr großen Massen. Diese könnten das intergalaktische Gas verunreinigt haben, bevor die ersten großen Galaxien entstanden. Eine Ultraviolettansicht des Universums hält weitere Überraschungen bereit. Junge weiße Zwerge sind noch sehr heiß. Während sie im optischen Bereich nur schwach strahlen, sind sie im Ultravioletten deutlich erkennbar. Galaxien mit großen Bereichen intensiver Sternentstehung zeigen im optischen Bereich sehr gleichmäßige Spiralmuster. Im Ultravioletten sieht das jedoch ganz anders aus. Verdunklungen durch Staub spielen eine wichtige Rolle. Man erkennt helle Knoten in den Bereichen, wo sich massive Sterne bilden, und das interstellare Medium erscheint beeindruckend chaotisch, voller Blasen und Stränge. Der größte Teil dieser Emissionen stammt von Gasen mit einer Temperatur von einigen hunderttausend Kelvin. Die optische Strahlung eines Gases bei diesen Temperaturen ist vernachlässigbar im Vergleich zur ultravioletten Emission.

Das Radiouniversum

Staub ist für Radiowellen kein Hindernis. Das Radiouniversum wurde erst Mitte des zwanzigsten Jahrhunderts entdeckt. Die Milchstraße erwies sich als Rauschquelle für den Radiobereich. Gelegentlich kommt es bei der Sonne zu Ausbrüchen von Radiorauschen. Die verbesserten technischen Möglichkeiten zeigten den Astronomen, dass das gesamte Universum in ein Meer von Radiowellen getaucht ist. Die Quellen dieser Radiowellen sind vielseitig: angefangen bei Überresten alter Supernova-Explosionen über Nebel in der Umgebung schwerer junger Sterne innerhalb unserer Milchstraße bis hin zu weit entfernten Galaxien. Gewöhnliche Galaxien, wie die unsrige, erwiesen sich als vergleichsweise schwache Strahler; doch Galaxien, die sich offensichtlich in einem Zustand der Verschmelzung befanden, zählten zu den hellsten extragalaktischen Radioquellen.

Die zunehmende Erforschung des Radiowellenbereichs führte auch

sums mit einer 75-jährigen Person, so bedeutet eine Rotverschiebung vom Wert 10, dass die nachgewiesenen Beobachtungen aus dem Kleinkindalter von ungefähr zweieinhalb Jahren (drei Prozent des Gesamtalters) stammen.

zur Entdeckung neuer Phänomene. Eines der bekanntesten davon sind Pulsare. Ein Pulsar ist ein hoch magnetisierter Neutronenstern, der sich sehr rasch dreht und dabei intensive Radiostrahlen emittiert, die dem Beobachter auf der Erde wie ein kosmischer Leuchtturm erscheinen. Wir kennen mittlerweile mehrere tausend Pulsare in unserer Milchstraße, deren Rotationsperioden von einigen Sekunden bis herab zu Millisekunden reichen. Neutronensterne entstehen bei der Explosion sehr massiver Sterne. Eine dieser Explosionen ereignete sich in der jüngeren Vergangenheit und ist in historischen Aufzeichnungen belegt: Am 4. Juli 1054 kam es zu einer Supernova im Krabbennebel; chinesische Astronomen jener Zeit beobachteten über einen Zeitraum von ungefähr zwei Wochen einen «Gaststern» im Sternbild des Stiers. Heute beobachten wir, dass sich der Krabbennebel mit rund tausend Kilometern pro Sekunde ausdehnt, was mit seinem explosiven Ursprung im Jahre 1054 übereinstimmen würde. Der Neutronenstern wurde mittlerweile identifiziert, zunächst als Radiopulsar, später auch als optische pulsierende Quelle. Mit seiner charakteristischen Pulsfrequenz von 30 Millisekunden wurde der Krabbenpulsar auch im Röntgen- und Gammastrahlenbereich nachgewiesen.

Nachdem man im Sternzeichen Centaurus eine der hellsten bekannten Radioquellen entdeckt hatte, fand man an dieser Stelle im optischen Bereich das erste Beispiel zweier kollidierender Galaxien. Der Radioastronomie verdanken wir auch die Entdeckung neuer Galaxienpopulationen, so genannter Radiogalaxien, deren Emission im Radiowellenbereich tausendmal stärker ist als die unserer eigenen Galaxie. Astronomen vermuten als Quelle dieser Radioausbrüche supermassive Schwarze Löcher, die während der Verschmelzung zweier kollidierender Galaxien riesige Gasmengen verschlucken.

Das hochenergetische Universum

Im Bereich der Gammastrahlfrequenzen beobachtet man spektakuläre Ereignisse, die im Zusammenhang mit den hellsten Objekten in unserem Universum stehen. Hierbei handelt es sich im wahrsten Sinne um kosmische Leuchttürme, hochgradig gebündelte und kompakte Quellen, die weitaus heller sind als irgendein anderes, anhaltend leuchtendes Objekt. Die Quellen dieser Strahlung sind aktive galaktische Kerne und Quasare, die wir noch beschreiben werden. Überreste solcher Aktivitäten finden sich auch in den Zentren nahezu aller Galaxien in unserer Nähe. Wir vermuten dort monströse Schwarze Löcher. Natürlich kann man Schwarze Löcher nicht direkt sehen und in vielen Fällen, insbesondere bei den näher gelegenen Systemen, auch nicht indirekt. Man kann jedoch auf ihre Anwesenheit schließen, beispielsweise aus Anzeichen, die auf eine riesige Masse innerhalb eines außergewöhnlich kleinen Volumens hindeuten.

Es wurden allerdings noch energiereichere Phänomene beobachtet. Die hellsten Objekte in unserem Universum leben nur sehr kurz. Sie leuchten nur für wenige Sekunden, sind aber im Gammastrahlbereich heller als die hellsten Galaxien. Die Quellen dieser so genannten Gammastrahlausbrüche erzeugen Unmengen an hochenergetischen Photonen. Gammastrahlen haben Energien von mehreren Millionen Elektronvolt, das ist das Millionenfache der Energie von gewöhnlichem Licht und immer noch das Tausendfache von Röntgenstrahlen. Alle paar Sekunden explodiert irgendwo in unserem Universum ein Stern in einer Supernova. Ein Stern unter tausend explodiert noch weitaus heftiger als die gewöhnliche Supernova. Wir bezeichnen dies als Hypernova. In einer Hypernova kollabieren massive Sterne, die mindestens fünfundzwanzigmal so schwer sind wie unsere Sonne. Der Kern wird zu einem Schwarzen Loch und es werden riesige Mengen an Energie freigesetzt, einhundert mal mehr als bei einer gewöhnlichen Supernova, wodurch die äußeren Schichten des Sterns weggeblasen werden. In manchen Fällen kommt es zu einem heftigen Ausbruch an Gammastrahlen. Ein Teil der Ruhemasse eines Sterns verdampft innerhalb eines Augenblicks zu hochenergetischer Strahlung.

Ein Gammastrahlausbruch ist nach wenigen Sekunden vorüber, aber es folgt ein länger anhaltendes optisches Nachglühen. Die Lichtintensität eines solchen Ausbruchs ist unvorstellbar. Sie ist eine Billion Mal heller als bei einer Supernova, deren Leuchtkraft schon einer ganzen Milchstraße entspricht. Beobachten lässt sie sich hauptsächlich im Bereich der Gammastrahlen. Entdeckt wurden die kosmischen Gammastrahlausbrüche von Satelliten, die in den sechziger Jahren von den USA und der UdSSR auf der Suche nach verbotenen Kernwaffentests im Weltraum stationiert wurden. Moderne Satelliten finden ungefähr einen Ausbruch pro Tag. Vermutlich sind die Gammastrahlen sehr stark gebündelt, sodass die tatsächliche Häufigkeit einige hundertmal größer ist. Das Spektrum der Gammastrahlen zeigt die charakteristischen Merkmale der Auswürfe eines massiven Sterns, die mit rund einem Zehntel der Lichtgeschwindigkeit abgestoßen werden. Gammastrahlausbrüche lassen sich noch auf die größten Distanzen des Universums messen.

Das optische Nachglühen nach der Explosion hält für einige Wochen an. In einem Fall entdeckte man das optische Glühen praktisch gleichzeitig mit dem Gammastrahlausbruch. Bevor es wieder abschwoll, erreichte es die Helligkeit eines Sterns, den man, wäre er nur zehnmal heller gewesen, mit bloßem Auge hätte sehen können. Und doch hatte der Gammastrahlausbruch eine Rotverschiebung von 1,6. Bei dieser Entfernung haben ganze Galaxien die Helligkeit von Sternen, die rund eine Millionen Mal schwächer leuchten. Andere Ausbrüche wurden bei einer Rotverschiebung jenseits von 4 entdeckt. Es gibt gute Aussichten, mit dem Röntgenstrahlsatellit SWIFT, der im Jahr 2004 in den Weltraum geschossen wurde, noch Ausbrüche mit einer Rotverschiebung von 10 oder mehr zu finden. Bei dieser Entfernung würden wir in eine Zeitepoche zurückblicken, in der die ersten Sterne entstanden sind.

Weitere Stammgäste des hochenergetischen Universums sind Teilchen aus dem Weltraum, die wir als kosmische Strahlung bezeichnen. Hierbei handelt es sich um geladene Teilchen, gewöhnlicherweise Protonen und Elektronen, die zu enormen Energien beschleunigt wurden. Kosmische Strahlen entstehen in Sternexplosionen und werden durch Stoßwellen im interstellaren Gas auf noch höhere Energien beschleunigt. Zu den Überresten explodierender Sterne gehören auch sehr rasch rotierende und hoch magnetisierte Pulsare, die daher ausgezeichnete Beschleuniger für geladene Teilchen sind. Eine zusätzliche Beschleunigung erfolgt in den herausgeschleuderten Überresten explodierender Sterne nach einer Supernova. Das interstellare Gas wird zusammengedrückt und aufgewirbelt, und es entstehen Stoßwellen – eine ideale Umgebung zur Beschleunigung von Teilchen.

In Ballons brachte der Amerikaner Wilbur Hess in den zwanziger Jahren unbelichtete photographische Platten in die oberen Schichten der Atmosphäre. Dabei entdeckte er die kosmische Strahlung. Als er

die photographischen Platten später in seiner Dunkelkammer entwickelte, fand er zu seinem Erstaunen, dass auch die nicht direkt be-
lichteten Emulsionen Streifen aufwiesen. Diese Streifen erwiesen sich
als Spuren hochenergetischer Teilchen aus dem Weltraum, welche die
Silberemulsion ionisiert hatten. Spätere Experimente zeigten, dass die
Erde mit kosmischen Strahlen förmlich bombardiert wird; zu unserem Glück durchdringen die meisten von ihnen jedoch nicht die innere
Atmosphäre. Anderenfalls gäbe es spürbar mehr Fälle von genetischen
Mutationen und Krebs. Als wir noch keine großen Teilchenbeschleuniger hatten, war die kosmische Strahlung ein fruchtbares Jagdrevier
für Teilchenphysiker. Eines der Elementarteilchen, das Myon, dessen
Masse zwischen der des Elektrons und des Protons liegt, wurde in der
kosmischen Strahlung entdeckt. Es handelt sich um ein kurzlebiges
sekundäres Teilchen, das erst beim Zusammenstoß der kosmischen
Strahlung mit atmosphärischen Molekülen entsteht. Erst viel später
fand man Myonen auch in Teilchenbeschleunigern.

Wir sehen Myonen in der kosmischen Strahlung aufgrund des relativistischen Effekts der Zeitdilatation. Nach ihrer Entstehung in den
höheren atmosphärischen Schichten benötigen sie einige Millisekunden, bis sie die Erde erreichen. In dieser Zeit sollten sie zerfallen sein:
In seinem Ruhesystem überlebt ein Myon nur eine Mikrosekunde, bevor es spontan zerfällt. Die Myonen der kosmischen Strahlung haben
jedoch so hohe Energien, dass ihre «innere Uhr» nach der Einstein'schen
Relativitätstheorie für einen Beobachter langsamer zu gehen scheint.
Daher können wir hochenergetische Myonen beobachten, bevor sie
zerfallen, was für ruhende Myonen schon nach einer Millionstel Sekunde der Fall wäre.

Auch schwere Elemente finden sich in der kosmischen Strahlung.
Das bedeutet, die Beschleunigung muss in der Nähe eines explodierenden Sterns, vielleicht sogar bei der Explosion selbst, erfolgt sein. Die
energiereichsten Teilchen in der kosmischen Strahlung haben Energien
von einigen Milliarden ergs.* Das bedeutet, ein einziges Proton aus der
kosmischen Strahlung besitzt dieselbe kinetische Energie wie ein Stein
von einem Kilogramm, der von der Spitze des Eiffelturms fallengelas-

---

* Das *Erg* (oder *erg*) bezeichnet sowohl die Arbeit als auch die Energie oder die
Wärmemenge. Sein Maß ist 1 dyn·cm. Das entspricht 10^{-7} Joule.

sen wird. Wie schon erwähnt, schützt uns die Atmosphäre vor direkten Einschlägen der kosmischen Strahlung. Allerdings sind ultra-hochenergetische Teilchen, wie sie noch nicht einmal in den besten Teilchenbeschleunigern erzeugt werden können, sehr selten. Im Verlaufe eines Jahres trifft im Mittel nur eines dieser sehr energiereichen Teilchen innerhalb einer Fläche von einhundert Quadratkilometern auf die Erde. Jeder solche Einschlag in die oberen Atmosphärenschichten erzeugt einen Schauer von energiereichen sekundären Teilchen, einschließlich Myonen, die durch die Atmosphäre der Erde dringen können.

Experimente zur Untersuchung der ultra-hochenergetischen kosmischen Strahlung suchen nach Myonen, die in den Teilchenschauern produziert werden, oder auch nach Lichtblitzen, die entstehen, wenn die kosmische Strahlung auf die Atmosphäre trifft und in der Atmosphäre abgebremst wird. Die Detektoren bei diesen Experimenten müssen Hunderte von Quadratkilometern abdecken, um eine vernünftige Chance zu haben, die ultra-hochenergetische Strahlung nachzuweisen. Eines dieser Experimente, durchgeführt vom Observatorium Pierre Auger, besteht aus 1600 Detektoren im Abstand von jeweils 1,5 Kilometern, die insgesamt eine Fläche von 3000 Quadratkilometer in Mendoza in Argentinien abdecken. Jeder Detektor besteht aus einem Wassertank mit einer Oberfläche von 10 Quadratmetern, der von besonders reflektierenden Flächen umgeben ist. Die Detektoren registrieren Lichtblitze, die von Teilchen erzeugt werden, deren Geschwindigkeit durch die Atmosphäre oder das Wasser größer als die Lichtgeschwindigkeit in diesem Medium ist. (Nur im Vakuum besitzt Licht seine maximale Geschwindigkeit, und kein anderes Teilchen kann schneller sein. In Wasser, oder auch in Luft, ist die Lichtgeschwindigkeit geringer.) Energiereiche Teilchen wie Myonen, die bei der Wechselwirkung zwischen der kosmischen Strahlung und der Atmosphäre entstehen, fliegen daher mit Überlichtgeschwindigkeit. Als Folge davon emittieren die Wasser- oder Luftatome eine schwach blaue Strahlung, die man als Čerenkov-Strahlung bezeichnet. Man könnte diese Strahlung mit dem Knall vergleichen, den ein Überschallflugzeug beim Durchbrechen der Schallmauer erzeugt. In Wasser ist der Effekt konzentrierter und dauert nur eine Nanosekunde. Wenn die Myonen aus dem atmosphärischen Luftschauer auf das Wasser treffen, entsteht ein kurzer Blitz an Čerenkov-Strahlung, der von Photozellen aufgezeichnet wird. Das Satellitennetzwerk des GPS-Systems ermöglicht einen genauen Zeitabgleich für jeden der Detektoren, sodass der Weg der einfallenden kosmischen Strahlung in den oberen Schichten der Atmosphäre mit einer Winkelgenauigkeit von einem Drittel Grad rekonstruiert werden kann.

Die Teilchen der ultra-hochenergetischen kosmischen Strahlen werden in den Stoßwellen des intergalaktischen Mediums beschleunigt. Diese wiederum entstehen, wenn die energiereichen Auswürfe von Radiogalaxien in das umgebende Gas strömen und dabei abgebremst werden. Der energiereichste Anteil der kosmischen Strahlung beruht daher auf der exotischen Physik in den Kernen der aktivsten Galaxien. Die Bedingungen in der Umgebung supermassiver Schwarzer Löcher sind wirklich extrem, und möglicherweise hat die kosmische Strahlung mit den höchsten Energien ihren Ursprung in der Nähe solcher massiver Schwarzer Löcher.

7 Supermassive Schwarze Löcher und die Entstehung von Galaxien

Zeit ist die größte Entfernung zwischen zwei Orten.
Tennessee Williams

Ich war ein Fremder in einem fremden Land. Exodus

Die Schwarzen Löcher in der Natur sind die perfektesten mikrokosmischen Objekte in unserem Universum ... sie sind auch die einfachsten Objekte.
Subrahmanyan Chandrasekhar

Dass es Schwarze Löcher gibt, war eine Vorhersage der allgemeinen Relativitätstheorie, und sie gehören zu den seltsamsten Objekten, die wir kennen. Ein Punkt im Raum hat gewöhnlich eine Vergangenheit und eine Zukunft. Eine Explosion ist ein Beispiel für einen Punkt bzw. ein Ereignis in der Raumzeit. Die Explosion findet sowohl an einem bestimmten Punkt im Raum als auch zu einem bestimmten Zeitpunkt statt. Von Personen oder von Lichtsignalen lässt sich sagen, dass sie sich auf die Zukunft hin bewegen. Wenn ein Lichtsignal lange genug unterwegs ist, kann es theoretisch irgendwann in der Zukunft jeden anderen Punkt im Raum erreichen. Die Ausnahme zu dieser Regel gilt für Gegenstände in der Nähe eines Schwarzen Lochs. Ein Schwarzes Loch könnte man als Gebiet der Raumzeit definieren, in dem es Ereignisse gibt, von denen noch nicht einmal ein Lichtsignal entfliehen kann. Die Oberfläche eines Schwarzen Lochs ist eine Falle: Hat man die Oberfläche einmal überquert, gibt es kein Zurück mehr!

Die Größe eines Schwarzen Lochs

Der Radius eines Schwarzen Loches ist proportional zu seiner Masse. Für ein Schwarzes Loch mit der Masse der Sonne beträgt der Schwarzschild-Radius, benannt nach dem Astronomen Karl Schwarzschild, nur drei Kilometer. Supermassive Schwarze Löcher können vermutlich bis zu einer Milliarde Sonnenmassen schwer sein. Ihr Schwarzschild-Radius wäre gleich dem Durchmesser der Erdbahn um die Sonne, was nach astronomischen Standards außerordentlich klein ist. Von einem sonnenschweren Schwarzen Loch würde kein Planet aufgesaugt. Die Erde würde ebenso munter um ein Schwarzes Loch mit der Masse der Sonne kreisen wie um die Sonne selbst, denn das Gravitationsfeld bliebe bei dieser Entfernung unverändert. Ein Raumschiff in der Nähe eines Schwarzen Lochs würde einen Unterschied in der Gravitation zu einem Stern erst feststellen, wenn es sich dem Schwarzen Loch auf wenige Schwarzschild-Radien genähert hat. Die Gezeitenkräfte würden das Raumschiff auf gefährliche Weise auseinander ziehen.

Auf der Suche nach einem Schwarzen Loch

Schwarze Löcher erkennt man am Einfluss ihrer Schwerkraft auf benachbarte Sterne. Sterne mit einer Masse von mehr als 25 Sonnenmassen enden irgendwann als Schwarze Löcher. Es gibt keinen bekannten Druck, der den Kollaps eines Sternenzentrums aufhalten kann, wenn dessen Masse einige Sonnenmassen übersteigt, noch nicht einmal der Quantendruck von überlappenden Atomen oder Neutronen. Ungefähr 30 solcher schwarzer Löcher wurden in unserer Galaxie und den nächst gelegenen Nachbargalaxien als Partner in einem engen Doppelsternsystem entdeckt. Das Schwarze Loch ist in diesen Fällen seinem Begleiter so nahe, dass Materie aus der Atmosphäre des Sterns in das Schwarze Loch hinübergezogen wird, insbesondere wenn es sich um einen Riesen oder Superriesen handelt. Das angesaugte Gas bewegt sich auf Spiralbahnen und bildet dabei eine Scheibe, die langsam in das Schwarze Loch hineinfällt. Dabei erwärmt es sich und emittiert Röntgenstrahlen. Aus den charakteristischen Eigenschaften dieser Röntgenstrahlung lässt sich die Masse des dunklen Begleiters bestimmen und zeigen, dass es sich um ein Schwarzes Loch handeln muss.

Einige Galaxien besitzen riesige Kraftzentren aus Energie. In ihren Spektren findet man ausgeprägte Emissionslinien, wie sie für Gase typisch sind, deren Geschwindigkeit einige Prozent der Lichtgeschwindigkeit beträgt. Noch heller sind jedoch Quasare. Das Spektrum dieser Objekte lässt auf Turbulenzgeschwindigkeiten der Gase schließen, die bis zu 20 Prozent der Lichtgeschwindigkeit ausmachen. Quasare sind die besonders hellen Kerne von ansonsten gewöhnlichen Galaxien.

Das Feuerwerk im Zentrum von Galaxien

Man vermutet, dass die mit gewaltigen Energien verbundenen Vorgänge in Quasaren und aktiven galaktischen Kernen von supermassiven Schwarzen Löchern angetrieben werden. Das von den inneren Sternen in einer Galaxie abgestoßene Gas nährt ein zentrales massives Schwarzes Loch. Würde die Materie direkt auf das Zentrum zufallen, würde sie bis fast zur Lichtgeschwindigkeit beschleunigt, bevor sie den Schwarzschild-Radius erreicht. Da die Galaxie jedoch rotiert, hat das Gas einen Drehimpuls und fällt im Allgemeinen auf einer Spiralbahn in das Schwarze Loch. Dabei verliert es Energie und sammelt sich in einer dichten Scheibe um das zentrale Schwarze Loch. Das Gas ist dabei so heiß, dass es im Röntgenbereich strahlt. Durch diese Strahlung verliert das Gas noch mehr Energie und seine Bahn nähert sich dem Schwarzen Loch, bis es schließlich am Ereignishorizont des Schwarzen Lochs – dem «point of no return» – verschwindet.

Quasare sind intensive Quellen von Röntgenstrahlung, die von dem Gas in der Nähe des Schwarzen Lochs emittiert wird. Aber auch Zusammenstöße von Sternen haben einen wichtigen Einfluss auf die Eigenschaften des zentralen Schwarzen Lochs. In dem dichten Kern einer Galaxie «hocken» die Sterne dichter aufeinander, und die Überreste von Sternkollisionen sind vermutlich eine zusätzliche Nahrungsquelle für das Schwarze Loch.

Ein «Tropfen» von einem Hundertstel Sonnenmasse pro Jahr genügt bereits für eine gewaltige Aktivität um das zentrale Schwarze Loch herum. Das ist nur ein winziger Teil der vielfachen Sonnenmassen an Gasen, die jährlich bei der Sternentstehung in einer Galaxie wie der Milchstraße verbraucht werden. Ungefähr ein Prozent aller Spiralgalaxien zeichnen sich durch einen extrem hellen Kern – einen «aktiven galaktischen Kern» – aus, der von einem supermassiven Schwarzen Loch angeheizt wird. Nach dem Astronomen Carl Seyfert nennt man solche Galaxien auch Seyfert-Galaxien.

Quasare sind noch weitaus heller. Ihre zentralen supermassiven Schwarzen Löcher verschlucken Hunderte von Sonnenmassen pro Jahr und strahlen dabei Unmengen an Energie ab. Die Emission eines Quasars entspricht dem Licht von über eintausend Milchstraßen, aber sie stammt aus einem Gebiet mit einem Durchmesser von wenigen Lichtminuten, kleiner als unser Sonnensystem. Wir haben eine Vorstellung von der Ausdehnung dieses Gebiets, weil die Quasaremissionen im Verlauf von Stunden, teilweise sogar Minuten schwanken. Kohärente Schwankungen mit so kurzen Zeitskalen sind aber nur möglich, wenn der Emissionsbereich entsprechend kompakt ist.

Die aktive Phase kann nicht lange andauern – vielleicht nur ein Prozent des gegenwärtigen Alters des Universums –, andernfalls würde weitaus mehr Energie abgestrahlt, als sich erklären lässt. Die Energiequelle eines Quasars besteht ebenfalls in der Akkretion von Gasen an supermassiven Schwarzen Löchern. Die meisten Galaxien haben in der Vergangenheit eine aktive Phase durchgemacht und sollten daher in ihrem Zentrum über massive Schwarze Löcher verfügen. Bei 99 Prozent der heutigen Galaxien sind die Zentren unscheinbar und leuchten vergleichsweise schwach. Ihr zentrales supermassives Schwarzes Loch muss vollkommen träge sein und saugt kaum noch weitere Materie in sich hinein.

Quasare sind im nahe gelegenen Universum selten, waren jedoch vor langer Zeit wesentlich stärker verbreitet. Mittlerweile wurden Quasare mit Rotverschiebungen jenseits von 6 entdeckt. Es handelt sich dabei um die leistungsstärksten direkten Anhaltspunkte, die wir bisher vom frühen Universum haben. Je weiter wir in die Vergangenheit blicken, desto mehr nimmt die Anzahl der Quasare zu. Als das Universum rund ein Viertel seiner gegenwärtigen Größe hatte, gab es so viele Quasare, dass wir vermuten, jede Riesengalaxie habe in der Vergangenheit in ihrem Zentrum einen Quasar beherbergt.

Heute ist das alles nur Erinnerung. In der Umgebung der zentralen Schwarzen Löcher ist es ruhiger geworden – aus welchen Gründen auch immer; vielleicht warten sie auf frische Nahrung. In den Zentren nahe gelegener Galaxien wurden supermassive Schwarze Löcher gefunden. Sie alle sind heute vergleichsweise passiv. Nur durch ihren Einfluss auf die Bahnkurven naher Sterne können wir indirekt auf ihre Anwesenheit schließen.

Der Nachweis supermassiver Schwarzer Löcher

Genaue Untersuchungen der Zentren nahe gelegener Galaxien ließen auf sehr große Materiekonzentrationen schließen, bei denen es sich nur um Schwarze Löcher handeln kann. Die Bewegungen von Gaswolken oder Sternen nehmen in der Distanz eines Lichtjahres zu den Zentren der Galaxien rasch zu. Das deutet auf riesige Massen hin, die sich nicht durch eine erhöhte Sternendichte erklären lassen: Diese Sterne würden kollidieren. Die einzig sinnvolle Interpretation ist ein zentrales supermassives Schwarzes Loch. Das vielleicht interessanteste Ergebnis ist, dass die Masse der kugelförmigen Komponente aus alten Sternen eng mit der Masse des Schwarzen Lochs zusammenhängt.

Die Riesengalaxie Messier 87 besitzt ein zentrales Schwarzes Loch von drei Milliarden Sonnenmassen, während die Andromedagalaxie lediglich über ein zentrales Schwarzes Loch mit rund einer Million Sonnenmassen verfügt. In unserer Milchstraße konnte man in fünfjähriger Beobachtungszeit die dreidimensionalen Bahnkurven der Sterne innerhalb der Distanz von einem tausendstel Parsec zum Zentrum rekonstruieren. Je näher man dem Zentrum kommt, desto schneller bewegen sich die Sterne um dieses Zentrum herum. Die Auswertungen dieser Ergebnisse deuten auf ein Schwarzes Loch in unserer Milchstraße mit einer Masse von ungefähr drei Millionen Sonnen hin.

Nur ein supermassives Schwarzes Loch kann für die Massenkonzentration im Zentrum verantwortlich sein. Und obwohl dieses riesige Schwarze Loch von Sternen und Gaswolken umgeben ist, ist es praktisch unsichtbar, ebenso wie die vielen supermassiven Schwarzen Löcher in den nahe gelegenen Galaxien: Nur ihre gravitativen Fußspuren verraten sie.

Die schwache Leuchtkraft der supermassiven Schwarzen Löcher in unserer galaktischen Umgebung ist erstaunlich. Man würde im Röntgenbereich eine intensive Strahlung durch akkretierte Gaswolken erwarten. Normalerweise sollte ein Schwarzes Loch seine Umgebung erhellen. Die Gase sammeln sich auf einer Scheibe, werden durch den Sog der Schwerkraft des Schwarzen Lochs aufgeheizt und komprimiert; dabei entsteht Röntgenstrahlung. Im Falle unserer Galaxie und der Andromedagalaxie lässt sich jedoch keine Röntgenstrahlung von einfallenden Gasen beobachten. In der gegenwärtigen Epoche des Universums sind supermassive Schwarze Löcher überraschend passive Objekte.

Die Korrelation zwischen der Masse des zentralen Schwarzen Lochs und dem Anteil alter Sterne der Galaxie bedeutet, dass die Bildung supermassiver Schwarzer Löcher eng mit der Entstehung der Galaxie zusammenhängt. Die gasreiche Umgebung in der Entstehungsphase einer Galaxie bietet ideale Voraussetzungen für die Bildung Schwarzer Löcher. Nicht bekannt ist jedoch umgekehrt der Einfluss, den das supermassive Schwarze Loch auf die dunkle Materie sowie den Prozess der Galaxienentstehung hat. Hier wird noch heftig spekuliert. Es könnte sein, dass sich die Schwierigkeiten im Zusammenhang mit der Modellierung der dunklen Materie bei der Galaxienentstehung lösen lassen, wenn man die Physik Schwarzer Löcher in entsprechender Weise berücksichtigt.

Das brodelnde Universum

Versuchen wir in groben Umrissen die Einzelteile zusammenzusetzen, die unser Bild von der Entstehung der Galaxien und der supermassiven Schwarzen Löcher beschreiben. Nach dem gegenwärtigen Stand der Kosmologie hat sich das Universum aus einem auf allen Skalen sehr homogenen und isotropen Zustand hin zu einem Zustand entwickelt, der statistisch gesehen immer noch homogen und isotrop ist, der jedoch, bis hin zu einigen zehn Megaparsec, großräumige Strukturen aufweist.

Die Entstehung einer Hierarchie von Strukturen wird durch eine Folge von Verschmelzungen bestimmt. Zunächst verschmelzen Zwerggalaxien miteinander und bilden massivere Systeme. Schließlich entstehen aus diesen größeren Strukturen Cluster und Supercluster. All dies gilt für die Halos mit der dunklen Materie. Verschmelzungen praktisch ohne jeden Verlust an Energie und die Entstehung von Clustern sind Merkmale der dunklen Materie. Die kalte Materie bildet hierarchische Strukturen und mit zunehmendem Alter werden die Halos immer massiver. Der Anteil an baryonischer Masse entspricht ungefähr 15 Prozent der Masse, die in Form von dunkler Materie vorliegt.

Die baryonische Komponente besteht aus Gasen, die sehr viel Energie abstrahlen und kalte Zentren bilden, welche in die massiven Halos eingebettet sind. Schließlich fragmentieren die baryonischen Gase zu Sternen. Zusammenstöße zwischen Halos spielen in der Theorie der Galaxienentstehung eine vorherrschende Rolle und sind von besonderer Heftigkeit.

Zwei der wichtigsten Faktoren für die Entstehung von Galaxien sind die Rate und die Effizienz, mit der Gase zu Sternen werden. Zusammenstöße von Gaswolken spielen hier eine zentrale Rolle. Gerade die irregulären Galaxien lassen oft deutlich erkennen, dass die Entstehung von Sternen durch Gezeitenkräfte zwischen eng benachbarten Galaxien sowie durch Verschmelzungen von Galaxien ausgelöst wird. Unter dem Einfluss schwacher Gezeitenkräfte verbinden sich Wolken zu Wolkenclustern. Die Folgen der heftigen Prozesse bei einer Verschmelzung sind jedoch weitaus drastischer. Gaswolken kollidieren und es kommt zu Stoßwellen; dadurch werden die Wolken teilweise zusammengedrückt und fragmentieren schließlich zu Sternen.

Nach einigen galaktischen Jahren stellt sich auch auf größeren Skalen wieder eine gewisse Regularität ein, und es bildet sich entweder eine Scheibengalaxie oder eine elliptische Galaxie. In den Scheiben entstehen ständig neue Sterne, während sich in den kugelförmigen Sternhaufen die Sterne schon vor langer Zeit gebildet haben und daher überwiegend sehr alt sind. Es scheint zwei verschiedene Formen der Sternentstehung zu geben. Scheiben erfordern einen ständigen Nachschub an Gasen, wodurch eine niedrige und vergleichsweise ineffektive Rate der Sternentstehung aufrechterhalten wird, die allerdings lange andauert. Scheiben bilden sich in Umgebungen mit niedriger galaktischer Dichte, wo es nur selten zu Verschmelzungen kommt. Andererseits entstehen elliptische Galaxien in einem Starburst, und die Sternentstehungsphase ist nach einigen hundert Millionen Jahren beendet. Gezeitenkräfte und Verschmelzungen bestimmen, in welcher Form sich in diesen Galaxien Sterne bilden. Elliptische Galaxien entstehen hauptsächlich bei Verschmelzungen in dichteren Umgebungen.

Bei großen Verschmelzungen werden die Gase in ein kompaktes Zentrum mit einem Durchmesser von wenigen hundert Parsecs getrieben. Der anschließende Starburst vollzieht sich zunächst hinter dem Schleier des umgebenden Staubs. Kleinere Verschmelzungen und Zusammenstöße führen zu Stoßwellen und unterstützen die Sternentstehung. Das Gas wird weiter nach innen getrieben und bildet zentrale Ausbuchtungen.

Dieses moderne Bild der von Kollisionen getriebenen Entstehung von Galaxien wird durch mehrere Beobachtungen unterstützt. Irreguläre Galaxien bilden rund ein Prozent aller heutigen Galaxien, werden aber mit zunehmender Rotverschiebung immer dominanter. Sehr hell leuchtende Infrarotgalaxien sind heute selten, waren aber in der Vergangenheit weitaus häufiger. Sie deuten auf frühere oder auch teilweise noch anhaltende Verschmelzungen hin. Die Sternentstehungsrate in besonders hell leuchtenden Infrarotgalaxien ist so, wie man es für elliptische Formationen erwarten würde. Beispiele von Starbursts in unserer Nähe zeigen ein helles Profil im nahen Infrarot, der charakteristischen Strahlung elliptischer Galaxien.

Die Energiedichte des diffusen Hintergrunds im entfernten Infrarot ist vergleichbar mit derjenigen der optischen Hintergrundstrahlung, und da sie früher erzeugt wurde, hat es den Anschein, als ob der größte Teil der Sternentstehung im Universum sich hinter einem Staubschleier vollzogen hat. Bei einem Starburst entstehen viele massive Sterne, die vergleichsweise früh in einer Supernova sterben und dabei «Superwinde» erzeugen. Durch diese Superwinde klären sich die Staubschleier auf. Außerdem reichern sie das Medium zwischen den Clustern an, und es bleiben metallarme Kugelhaufen von Sternen zurück. In den Überresten größerer Verschmelzungen, insbesondere in den langen Auswüchsen aufgrund der Gezeitenkräfte, scheinen manchmal elliptische Zwerggalaxien ebenso wie einige Kugelhaufen aufzutauchen. In den Bereichen mit einer niedrigeren Dichte entstehen Scheiben, die durch den unablässigen Nachschub metallarmer Gase am Leben erhalten werden. Diese Gase stammen aus Verschmelzungen von Zwergsatelliten, aus denen das Gas durch Gezeitenkräfte herausgezogen wird.

Supermassive Schwarze Löcher scheinen eng mit der Entstehung der zentralen Balken oder den kugelförmigen zentralen Ausbuchtungen in Galaxien zusammenzuhängen. Man erkennt dies aus der Beziehung zwischen der Masse des Schwarzen Lochs und den Geschwindigkeiten der Sterne innerhalb der Kugel. Die zentralen Schwarzen Löcher entstehen sehr wahrscheinlich bei Kollisionen und Verschmelzungen, bei denen Gase in das Zentrum der Galaxie getrieben werden. Von diesen Gasen ernähren sich die Schwarzen Löcher auch. Es wäre denkbar, dass die Rückwirkung aus einer früheren Quasarphase auf die Protogalaxie für das Zusammenspiel verantwortlich ist, durch das sich die Masse des Schwarzen Lochs selbst reguliert. Die Wachstumsphase des Schwarzen Lochs und die Quasarphase dürften daher gleichzeitig ablaufen. Tatsächlich steigt die Anzahl der Quasare ebenso wie die der ultrahellen Infrarotgalaxien, die durch Verschmelzung entstanden, mit zunehmender Vergangenheit rasch an. Die Epoche der hellen Quasare scheint mit der des Großteils der Sternentstehung im Universum zusammenzufallen. Diese erreichte vor ungefähr acht Milliarden Jahren einen Höhepunkt.

Das Wachstum der Schwarzen Löcher hängt sicherlich eng mit der Verschmelzung gasreicher Galaxien zusammen. Sie liefern die Rohstoffe für die Akkretion und damit den Brennstoff für das Schwarze Loch. Die Verschmelzung zentraler massiver Schwarzer Löcher ist die plausibelste Erklärung für die Entstehung supermassiver Schwarzer Löcher. Diese können mehrere Milliarden Sonnenmassen wiegen.

In einer frühen Phase der Galaxien sind sehr viele Sterne entstanden und auch wieder gestorben. Dabei wurden riesige Mengen an gasförmigen Überresten erzeugt. Diese Gase fielen in das Zentrum der Galaxien und fütterten das zentrale Schwarze Loch. Durch diese Akkumulation der Materie aus seiner Umgebung ist das Schwarze Loch gewachsen. Als unsere Galaxie noch jung war, muss das Feuerwerk rund um das zentrale Schwarze Loch wirklich spektakulär gewesen sein. Es waren die äußeren Anzeichen eines wilden Fressgelages.

Dieses vereinfachte Bild, das die Formen von Galaxien und das Wachstum supermassiver Schwarzer Löcher durch die Verschmelzungen von Galaxien erklärt, wird sowohl durch die Theorie als auch durch Beobachtungen unterstützt. Simulationen von größeren Verschmelzungen gasreicher Scheiben zeigen, dass die Gezeitenkräfte in den verschmelzenden Systemen tatsächlich Gase in die zentralen Regionen treiben. Die Dichte nimmt derart zu, dass die Gasverteilung gravitativ instabil wird und vermutlich vermehrt in Sterne fragmentiert. Man konnte Doppelradiojets nachweisen, die auf ein Doppelsystem aus supermassiven Schwarzen Löchern, dem Vorläufer einer Verschmelzung, schließen lassen. Quasare, die im Radiobereich besonders «laut» erschallen, gedeihen anscheinend prächtig in der Umgebung reicher Cluster. Dort bietet der Nachschub an Gasen aus dem Reservoir zwischen den Clustern einen vorzüglichen Brennstoff für das supermassive Schwarze Loch im Herzen der zentralen Riesengalaxie.

Mangels Rechenkapazitäten ist die Simulation eines Starburst nach hydrodynamischen Gesetzen heute noch nicht möglich, doch die Entstehung von Sternen innerhalb von Galaxienscheiben lässt sich auch theoretisch modellieren, wenn man die beobachtete Korrelation zwischen der Sternentstehungsrate und der Gasdichte berücksichtigt. Verstehen lässt sie sich durch die Instabilität der gasreichen Sternenscheiben aufgrund ihrer eigenen Schwerkraft. Die Natur liefert uns den Wirkungsgrad für die Umwandlung von Gas in Sterne. Die Einbeziehung dieser Korrelation reduziert den Rechenaufwand zur Simulation von Modellen der Scheibengalaxienentstehung erheblich. In Galaxienclustern sind die Ausbuchtungen im Zentrum der Galaxien oft mehr ausgeprägt, da die gasreichen Galaxien durch die gegenseitigen Gezeitenkräfte stärker zermürbt werden.

Das Verschmelzungsmodell lässt sich aber auch einfach durch seinen Erfolg rechtfertigen, die beobachtete Anzahl und Dichte von Scheibengalaxien und elliptischen Galaxien in unterschiedlichen Epochen des Universums zu erklären. Tatsächlich ist die Form einer Galaxie oft nicht leicht zu identifizieren, daher ordnet man Galaxien nach ihrer spektralen Energieverteilung. Die Häufigkeit optischer Galaxien, infraroter Galaxien sowie der Galaxien, die im Submillimeterbereich strahlen, lässt sich sehr gut reproduzieren. Auch die Vergangenheit der Sternentstehung in unserem Universum und das diffuse Hintergrundlicht im optischen bis hin zum Submillimeter-Bereich lassen sich gut erklären. Verschmelzungen scheinen ein Schlüsselelement unserer Vergangenheit zu sein.

8 Cluster und ihre Entstehung

Auf der einen Seite gibt es jene jungen und enthusiastischen, aber vollkommen verantwortungslosen Kosmologen und theoretischen Physiker, die imaginäre Universen erfinden, die weder einen wissenschaftlichen noch einen künstlerischen Wert haben. Diesen Leuten fehlt die richtige Einstellung gegenüber der Knappheit definitiv bekannter Tatsachen und die Einsicht, dass ohne solche Tatsachen alle Spekulationen ziemlich nutzlos sind … Andererseits gibt es viel zu viele Beobachter, insbesondere jene, denen die größten Teleskope zur Verfügung stehen, deren Kenntnisse im Bereich der fundamentalen Physik sehr dürftig sind … Die Interpretationen haben allzu oft einen autistischen Charakter statt einen wissenschaftlichen.

Fritz Zwicky

Wollen wir die Vergangenheit sinnvoll erforschen, müssen wir uns mit den Galaxien beschäftigen. Sie sind Fossile aus der Vergangenheit, denn ihre Eigenschaften haben sich seit ihrer Entstehung nur wenig verändert. Galaxiencluster sind vergleichsweise unverfälschte Ansammlungen von Galaxien. Auch die Cluster haben sich seit ihrer Geburt kaum verändert, außerdem enthalten sie die von den Galaxien in ihrer Jugend abgestoßenen Reste. Alle Galaxien innerhalb eines Clusters sind mehr oder minder Zeitgenossen, anders als eine zufällige Ansammlung von Galaxien. Die Untersuchung von Galaxiencluster ist daher ein wichtiger Schritt bei unserer Erkundung der Vergangenheit.

Die schonungslose Anziehung der Gravitation bringt Galaxien zu Clustern zusammen. Der schweizerische Astronom Fritz Zwicky war einer der Pioniere hinsichtlich der Katalogisierung von Galaxien und der Untersuchung von Clustern. Er war ein unkonventioneller Zeitgenosse, der gelegentlich radikale Ideen äußerte, von denen immerhin viele dem Test der Zeit standgehalten haben. So vermutete Zwicky als erster die Existenz von so genannten nuklearen Kobolden. Diesen Namen verwendete er für das, was wir heute Neutronensterne nennen, die bei weitem dichtesten bekannten Sterne. Ein Neutronenstern ist eine

Materiekugel von der Masse der Sonne, zusammengedrückt allerdings auf einen Bereich von der Größe der Stadt Paris. Die Sonne hat einen Radius von rund einer halben Million Kilometern und ihre mittlere Dichte entspricht der von Wasser, also rund einem Gramm pro Kubikzentimeter. Bei einem Neutronenstern wurde die Masse auf wenige Kilometer zusammengepresst, und ein Teelöffel Neutronensternmasse wiegt ungefähr zehn Milliarden Tonnen. Zwicky hatte sicherlich eine blühende Phantasie, aber er behielt Recht: Unsere Galaxie enthält rund eine Milliarde Neutronensterne, die sich in ihren jungen Jahren an ihrer einzigartigen gleichmäßigen Radioemission erkennen lassen.

Auf Zwicky geht auch unsere Vorstellung von dunkler Materie zurück. Er konnte zeigen, dass Galaxiencluster hauptsächlich aus einer Form von Materie bestehen, die für die Astronomen unsichtbar ist. Cluster sind die größten Entitäten im Universum, die durch ihre eigene Gravitation zusammengehalten werden. Für die Kosmologen sind sie wichtige Laboratorien, an denen sie ihre Spekulationen über die Natur der dunklen Materie testen können. Wie wir weiter unten noch beschreiben werden, sind sie auch außerordentlich nützlich, wenn man das Universum und seine kosmische Vergangenheit untersuchen möchte. Selten hat Zwicky seine Ideen bis hin zu quantitativen Vorhersagen verfolgt. Es könnte sein, dass die dunkle Materie und die Entstehung von Galaxienclustern die einzigen Ausnahmen sind. Viele seiner Ideen landeten im Abseits, und Zwicky blieb zeitlebens ein Außenseiter für das astronomische Establishment. Er schloss eine seiner Abhandlungen über die Entstehung von Galaxienclustern mit der Bemerkung ab: «Nachdem Pythagoras sein berühmtes Theorem entdeckt hatte, schlachteten die Griechen 150 Ochsen und veranstalteten ein Fest. Seit jenen glücklichen Zeiten jedoch brüllen die Ochsen, wenn jemand etwas vollkommen Neues vorbringt.»

Wie kommt es zur Ausbildung von Strukturen unter dem Einfluss der Gravitation? Dies ist der Schlüssel, um die Entstehung von Galaxienclustern zu verstehen. Cluster sind manchmal noch sehr jung; einige befinden sich immer noch im Entstehungsprozess. Und Cluster sind die größten abgeschlossenen Systeme im Universum. Sie werden von ihrer eigenen Gravitation zusammengehalten, ebenso wie Galaxien. Doch anders als Galaxien sind Cluster vergleichsweise einfache und wenig entwickelte Systeme. Sie haben viel von ihrer ursprünglichen dunklen Materie behalten. Daher sind sie unsere besten kosmologischen Laboratorien.

Man vermutet, dass das intergalaktische Gas in Clustern eine Temperatur von rund einhundert Millionen Grad hat. Messen kann man dies über die Röntgenstrahlemission. Es stellt sich heraus, dass Galaxiencluster riesige Mengen an diffusem Gas enthalten – tatsächlich enthalten Cluster um ein Vielfaches mehr Masse in Form von Gasen, als an Sternen zu finden ist.

Auch Galaxien enthalten sehr viel interstellares Gas, zumindest, wenn sie nicht im Gravitationsfeld reicher Cluster gefangen sind. Die Masse des interstellaren Mediums entspricht ein bis zehn Prozent der Gesamtmasse der Sterne. Es ist mit Gasen angereichert, die von Sternen während verschiedener Entwicklungsphasen abgestoßen wurden. Ein wesentlicher Anteil der interstellaren Gase in einem Cluster wird durch die Gravitationseinflüsse der Galaxien herausgefegt. Hauptsächlich zwei Effekte führen zu Gasverlusten. Einer beruht auf dem enormen Druck, der entsteht, wenn Galaxien mit Überschallgeschwindigkeiten durch das heiße diffuse Medium rasen. Ein zweiter Einfluss rührt von Supernova-Explosionen massiver Sterne her. Sie heizen das interstellare Gas auf, sodass große Mengen von der Galaxie als heißer Wind herausgeblasen werden. Diese Gase sammeln sich im intergalaktischen Medium, das zu einer Art Müllhalde für den Abfall aus den Galaxien wird.

Befindet sich eine Galaxie in der Nähe anderer Galaxien, beispielsweise in einem Galaxiencluster, dann wird das Gasreservoir im Halo durch die Wechselwirkung mit der unmittelbaren Umgebung aufgewühlt. In einem großen Cluster kommt es häufig zu Kollisionen zwischen Galaxien, allerdings bei relativen Geschwindigkeiten, die für eine Verschmelzung zu hoch sind. Die stellaren Systeme durchdringen einander wie Geister eine Wand. Das gilt jedoch nicht für die Gaswolken. Sie kollidieren. Das Gas erwärmt sich und verteilt sich im intergalaktischen Medium. Große Galaxiencluster enthalten daher oft riesige Mengen an heißen interstellaren Gasen. Ihre Masse übertrifft die Masse der Sterne um ein Vielfaches. Für Milliarden von Jahren bleiben sie sehr heiß. Wir beobachten das diffuse Gas als verdünntes Plasma, das Röntgenstrahlen emittiert und sich in den Bereichen innerhalb des Clusters ausgebreitet hat.

Das Gas in den Clustern hat eine Temperatur von hundert Millionen Kelvin und die emittierte Röntgenstrahlung entspricht einer Energie von mehreren Kiloelektronvolt. Trotz dieser enormen Temperatur, vergleichbar mit der Temperatur im Zentrum der Sonne, besitzt das Gas einen Druck, der kleiner ist als das perfekteste Vakuum, das sich auf der Erde herstellen lässt. Allerdings ist das Gas über einen Bereich von vielen Millionen Lichtjahren verteilt. Seine Masse entspricht rund einhundert Billionen Sonnenmassen. Beobachtet man den Himmel im Röntgenbereich, so sind solche Cluster eine der häufigsten Quellen. Ihr Ursprung liegt in den entferntesten Gebieten des Universums. Die hohe Temperatur der Gase beruht auf dem starken Gravitationsfeld der Cluster. Die Galaxien und die einzelnen Gaszentren bewegen sich mit Geschwindigkeiten von mehreren tausend Kilometern pro Sekunde ungeordnet durcheinander.

Für die Gase äußert sich diese ungeordnete Bewegung einfach in ihrer Temperatur. Die Bewegungen der massiven Teile, also der Galaxien, messen wir aus der Doppler-Verschiebung, die Bewegungen der Gase aus dem Röntgenstrahlspektrum, dem wir auch die Temperatur des Gases entnehmen können. Die zufälligen Bewegungen der Gaszentren stimmen perfekt mit den gewöhnlichen Bewegungen der Galaxien überein. Wäre das Gas zu kalt, würde es ins Zentrum fallen; wäre es zu heiß, würde es aus dem Cluster entweichen. Die Gravitation heizt das Gas auf und die Clusterbildung drückt es zusammen. Erstaunlich ist allerdings die riesige Menge an Gas. Die Entstehung von Galaxien ist ein sehr ineffizienter Prozess. Nur ungefähr zehn Prozent des Gases wird letztendlich in Sterne umgewandelt.

Unerwartete Ergebnisse fand man, als man das diffuse Clustergas mit einer neuen Generation besonders aufwendiger moderner Röntgenstrahl-Teleskope untersuchte. Die heiße Gaskomponente bildet keine homogene Kugel, sondern ist in vielen Bereichen hochgradig strukturiert. Man erkennt an dem Gas noch die Zeichen vergangener Clusterverschmelzungen. Die Mischungszeiten innerhalb des Gases sind sehr lang, insbesondere in den äußeren Bereichen. Man erkennt oft sekundäre Strukturen weit weg vom Zentrum: Verklumpungen und Fasern – die typischen Überreste von Verschmelzungen. Man sieht auch riesige Blasen und dazu gehörige Fronten von Stoßwellen aus einer zentralen Radiogalaxie.

Cluster sind vergleichsweise junge Strukturen. Einige von ihnen sind immer noch im Entstehungsprozess begriffen. Die Zeit, die eine Druckwelle in dem Gas für die Durchquerung eines Clusters benötigt, beträgt manchmal über eine Milliarde Jahre. Im Nachhinein sind solche Strukturen also nicht überraschend. Das Gas zeigt Spuren der Vergangenheit. Die Temperatur des Gases kann in unterschiedlichen Bereichen des Clusters verschieden hoch sein, da noch nicht genügend Zeit zur Durchmischung zur Verfügung stand.

Das diffuse Clustergas ist angereichert mit schweren Elementen, die aus Supernova-Explosionen stammen müssen. Dabei entstehen Eisen und andere Elemente, die in das interstellare Medium der Galaxien geschleudert werden. Stoßen solche Galaxien zusammen, erwärmt sich das interstellare Medium und wird in den Cluster hinausgeschleudert. Die Menge an Clustergas nimmt zu und es beginnt zu akkumulieren. Dabei wird sein Druck wesentlich höher als der des interstellaren Gases, dessen Temperaturen im Bereich von 10 000 Kelvin oder weniger liegen. Bewegt sich eine Galaxie durch den Cluster, stößt das Clustergas mit dem interstellaren Gas der Galaxie zusammen. Der dabei ausgelöste Stoßdruck reißt noch mehr interstellares Gas heraus und trägt zum Clustermedium bei. Auf diese Weise wird das Gas innerhalb des Clusters mit schweren Elementen wie Eisen angereichert.

Diese Elemente lassen sich mit Röntgenstrahl-Teleskopen nachweisen. Ein Eisenkern, der nur von einem Elektron umkreist wird, emittiert ebenso wie ein Wasserstoffatom eine Emissionslinie, allerdings ist wegen der hohen Ladung des Eisenkerns das Energieniveau des Elektrons wesentlich höher als beim Wasserstoffatom. Röntgenstrahl-Teleskope können diese Eisenlinie nachweisen, und aus der Intensität können wir schließen, dass der Anteil von Eisen in dem Medium innerhalb des Clusters ungefähr ein Drittel davon ausmacht, was wir, im Vergleich zum Wasserstoff, in der Sonne vorfinden. Das ist in jedem Fall eine große Menge an Eisen. Das Gas wurde gründlich angereichert – vermutlich durch Sterne, die schon vor langer Zeit gestorben sind. Um diese Mengen erklären zu können, müssen ungefähr dreimal mehr Supernovae explodiert sein und ihre Abfälle in das Clustermedium gedrückt haben, als man aus der Häufigkeit der Sterne erwarten würde. Vor langer Zeit müssen weitaus mehr Sterne entstanden und wieder gestorben sein, als sich heute beobachten lässt.

Wie wiegt man einen Galaxiencluster?

Der intergalaktische Raum in einem Cluster enthält noch mehr dunkle Materie als man sie in den Halos der Galaxien beobachtet. Diese dunkle Materie kann wie eine Gravitationslinse wirken und das Licht dahinter liegender Galaxien ablenken. Durch diesen Effekt können Astronomen die Verteilung der dunklen Materie innerhalb des riesigen Bereichs, der von einem Cluster eingenommen wird, aufzeichnen. Galaxiencluster sind durchsichtig. Man kann durch die Cluster hindurch weit entfernte Galaxien im Hintergrund erkennen. Wenn das Licht dieser Galaxien einen Cluster durchdringt, wird es von dem Gravitationsfeld beeinflusst. Nach Einsteins allgemeiner Relativitätstheorie wird der Raum durch die Masse des Clusters gekrümmt, und so verhält es sich auch mit dem Weg der Lichtstrahlen aus dem Hintergrund.

Befindet sich die weit entfernte Galaxie genau hinter der geometrischen Mitte des Clusters, wird ihr Licht zu einem Ring verformt, den man auch Einstein-Ring nennt. Der Radius des Einstein-Rings ist ein Maß für die Stärke des Gravitationsfelds des Clusters. In realistischeren Fällen ist das Bild der dahinter liegenden Galaxie bogenförmig. Oft erkennt man sogar mehrere Bögen. Die bogenförmigen Galaxien sind sicherlich kein Teil des Clusters, da ihre Rotverschiebung und damit auch ihre Fluchtgeschwindigkeit viel höher als die des Clusters sind. Wir sehen den Effekt einer riesigen Gravitationslinse. Die Rotverschiebung ist ein Maß für die Entfernung, und daraus können wir schließen, dass die durch die Linse abgebildete Galaxie eine viel größere Entfernung hat als der Cluster selbst. Ort und Größe des Bogens zusammen mit der Rotverschiebung erlauben die Bestimmung der Masse des Clusters.

Die Masse eines Clusters lässt sich noch durch zwei weitere Verfahren messen. In einem Fall misst man die Rotverschiebungen der einzelnen Galaxien des Clusters. Jede Galaxie hat eine etwas andere Geschwindigkeitskomponente entlang der Sichtlinie zum Cluster. Der Mittelwert ist die Rotverschiebung des Clusters, aber die Streuung der Rotverschiebungen sagt uns etwas über die ungeordneten Bewegungen der einzelnen Galaxien. Daraus können wir auf das Gravitationsfeld des Clusters schließen. Die Galaxien werden von der Gravitation des gesamten Clusters zusammengehalten, andernfalls würde der Cluster aufbrechen. Aus den Bewegungen der einzelnen Galaxien, insbesondere ihrer kinetischen Energie, können wir berechnen, welche Masse der Cluster insgesamt haben muss, damit die Galaxien nicht auseinanderdriften.

Ein zweites Verfahren nutzt die Röntgenstrahlemission der heißen Gase, die den Cluster durchdringen. Die Röntgenstrahlen deuten auf eine Temperatur von rund zehn Millionen Kelvin, woraus wir den Druck des Gases ermitteln können. Doch da sich das Gas in einem Gleichgewichtszustand zur Gravitation befindet – weder fällt es in sich zusammen noch dehnt es sich aus –, erhalten wir ebenfalls ein Maß für die Masse des Clusters.

Alle drei Verfahren zur Bestimmung der Clustermasse stimmen innerhalb der bekannten Ungenauigkeiten überein und lassen darauf schließen, dass Cluster mit dunkler Materie förmlich vollgepackt sind. Vielleicht zwei Prozent der Masse eines Clusters befindet sich in den Sternen der Galaxien und rund zehn Prozent macht das diffuse Gas aus. Der Rest ist dunkel, und da er mit den üblichen Verfahren nicht beobachtet wird, kann er nicht vorwiegend aus Baryonen bestehen.

Die Hierarchie der Materieverteilung

Selbst wenn wir keine eindeutigen Systeme ausmachen können, beobachten wir Anhäufungen von Materie. Erst die aufwendige Zählung von Millionen von Galaxien brachte den Durchbruch. Shane und Wirtanen vom Lick Observatory zählten eine Million Galaxien mit einer Helligkeit von bis zu 19 Magnituden und einer Entfernung von bis zu einer halben Milliarde Lichtjahre. Sie benötigten dafür zehn Jahre. Dreißig Jahre später wurde die Zählung mit einer Laser-getriebenen Maschine automatisiert, und zwei Gruppen von Astronomen in Edinburgh und Cambridge konnten in der so genannten APM-Vermessung («automated plate-measuring machine») zehn Millionen Galaxien zählen. Diese Vermessung zeigte, dass die Verteilung der Galaxien in unserem Universum überall und in alle Richtungen dieselbe Dichte hat: Das Universum ist gleichförmig und isotrop. Handelt es sich dabei um eine optische Täuschung?

Aus den Spektren gewöhnlicher, weit entfernter Galaxien konnten die Astronomen, allen voran Vesto Slipher vom Lowell-Observatorium in Arizona, in den frühen zwanziger Jahren des letzten Jahrhunderts schließen, dass sich diese Galaxien systematisch von uns entfernen. Im Vergleich zum Spektrum einer gewöhnlichen Quelle im Laboratorium war das Spektrum dieser Galaxien zu längeren und röteren Wellenlängen verschoben. Wie wir weiter unten noch beschreiben werden, fand Edwin Hubble eine interessante Beziehung: Diese Fluchtgeschwindigkeit einer Galaxie ist umso größer, je weiter sie von uns entfernt ist. Später erkannte man hierin das Ergebnis der Expansion des Universums.

Das von Hubble entdeckte universelle Gesetz bedeutet, dass man die Entfernung einer Galaxie aus dem Spektrum ihres Lichts, insbesondere der Rotverschiebung irgendeiner Spektrallinie bestimmen kann. Die Rotverschiebung misst die Fluchtgeschwindigkeit – wie schnell sich die Galaxie von uns weg bewegt. Das lässt sich über die Hubble'sche Beziehung zwischen Entfernung und Fluchtgeschwindigkeit des expandierenden Universums in einen Abstand übersetzen. Auf diese Weise können wir dreidimensionale Karten erstellen, in denen die gemessenen Entfernungen von mehreren zehntausend Galaxien aufgezeichnet werden. Sie bestätigen die Homogenität auf sehr großen Skalen, deuten allerdings sowohl auf leere Gebiete als auch auf Supercluster bei kleineren Skalen. Die Grenzen der größten Teleskope (die eine Helligkeit von 29 Magnituden nachweisen können) liegen bei einer Entfernung von rund zehn Milliarden Lichtjahren. Nach Schätzungen der Astronomen gibt es in diesem Bereich rund eine Milliarde oder mehr Galaxien.

Wir brauchen jedoch mehr als nur Bilder. Wir brauchen auch die Spektren, um die Rotverschiebung zu bestimmen und das Universum ausmessen zu können. Tatsächlich benötigen wir rund eine Million Rotverschiebungen, wenn wir aussagekräftige Untersuchungen zur Struktur des Universums durchführen wollen. Anfang 2006 wurde eine solche Vermessung abgeschlossen. Im Rahmen des anglo-australischen Projekts «Two-Degree-Field-Survey» wurden rund 250 000 Rotverschiebungen von Galaxien ausgemessen. Eine zweite Vermessung, die «Sloan Digital Sky Survey», ist gegenwärtig dabei, rund eine Million Galaxienspektren auszuwerten.

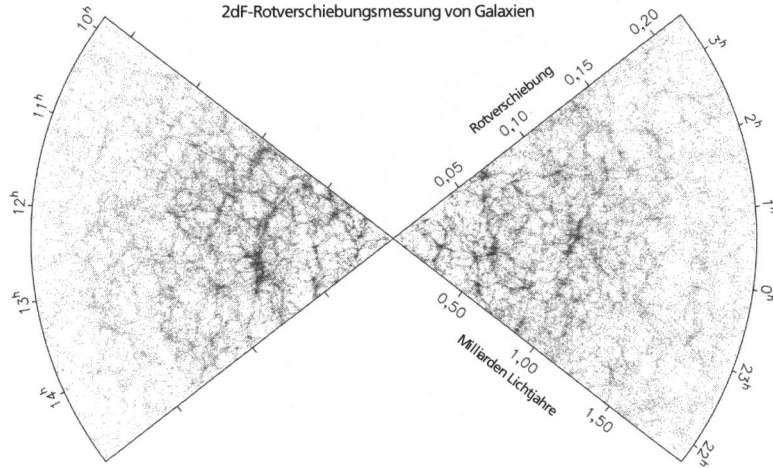

2dF-Rotverschiebungsmessung von Galaxien

Abbildung 3: Rotverschiebungsmessung von Galaxien, ermittelt mit der *two degree field camera* des Anglo-Australischen Teleskops

Von Gasen bis zu Omega

Ein Cluster ist das größte Objekt im Universum, das unter seiner eigenen Gravitation zusammengehalten wird. Es ist ein einfaches Objekt, bei dem nur die Schwerkraft eine Rolle spielt. Der größte Teil der Clustermasse, rund 80 Prozent, ist dunkel. Der Rest verteilt sich auf die Gase, die rund 15 Prozent ausmachen, und die Sterne mit einem Anteil von nur wenigen Prozent. In einem Cluster gibt es weitaus mehr Gas als Sterne.

Wir können annehmen, dass die Menge an Gas, die wir in einem Cluster sehen, zusammen mit den Sternen bereits den gesamten Baryonengehalt des Clusters ausmachen und dass sich dieser seit der Synthetisierung der Baryonen im Big Bang nicht mehr verändert hat. Die tatsächliche Baryonendichte kennen wir aus unserer Interpretation der Häufigkeiten der leichten Elemente. Wir können diese Situation ausnutzen und die Dichte der nichtbaryonischen Materie im Universum bestimmen.

Gewöhnlich drückt man die mittlere Materiedichte im Universum durch den kritischen Wert für ein flaches Universum aus. Wir bezeichnen die Dichte relativ zum kritischen Wert für ein flaches Universum als Omega (Ω). Es deutet vieles darauf hin, dass die Dichte der nichtbaryonischen Materie im Universum ungefähr ein Drittel von Ω ist. Wäre Ω gleich eins, befände sich das Universum gerade an der Grenze zu einem in der fernen Zukunft kollabierenden Universum. Wäre Ω größer als eins, würde das Universum früher kollabieren. Wäre Ω kleiner als eins, würde es sich für alle Zeiten ausdehnen. Tatsächlich hat es den Anschein, als ob Ω ungefähr ein Drittel ist. Das Universum wird sich also für alle Zeiten ausdehnen.

Clusterzählungen

Eine derart wichtige Schlussfolgerung bedarf einer Verifikation. Ein entsprechender Test wird möglich, wenn wir die Anzahl der Cluster in Abhängigkeit von ihrer Entfernung, also vom Blick in die Vergangenheit, bestimmen. Ein Universum nahe seiner kritischen Dichte befindet sich in einem sehr empfindlichen Gleichgewicht. Wir erwarten, dass die Gesamtenergie in einem bestimmten Gebiet erhalten ist. Die Gesamtenergie eines in die Luft geworfenen Steins wird durch den Abwurf festgelegt und ändert sich nicht. Natürlich wird die Bewegungsenergie kleiner, am höchsten Punkt der Bahnkurve sogar null, doch dafür nimmt die potenzielle Energie zu und gleicht den Unterschied aus. Die Summe aus kinetischer und potenzieller Energie bleibt unverändert. Auch für das Universum finden wir, dass sich die Gesamtenergie nicht verändert und aus zwei Anteilen besteht: der kinetischen Energie zur Galaxienbewegung und der gravitativen potenziellen Energie. Es zeigt sich, dass diese beiden Energieanteile nahezu gleich sind und entgegengesetzte Vorzeichen haben. Tatsächlich wäre die Gesamtenergie in einem flachen Universum, in dem Ω exakt eins ist, gleich null.

In einem solchen Universum sind die kinetische und die gravitative potenzielle Energie gerade im Gleichgewicht. Das bedeutet jedoch, dass jede lokale Verdichtung der Materie instabil ist, denn in der Nähe dieser Verdichtung überwiegt die potenzielle Energie über die kinetische Energie. Das Gegenteil gälte für ein Loch, bzw. für ein Gebiet, in dem sich weniger Materie als im Mittel befindet: Dort würde ein Überschuss an kinetischer Energie herrschen. Ein Zuviel an Materie zieht weitere Materie aus der Umgebung an und erhöht sich dadurch noch. Aus einem lokalen Defizit an Materie wird weitere Materie abgezogen und es leert sich weiter. Das wäre nicht der Fall bei einem Universum, dessen Materiegehalt weit unterhalb der kritischen Dichte liegt. Der Überschuss an kinetischer über die gravitative Energie bedeutet in diesem Fall, dass Materieverdichtungen langsamer wachsen. Doch selbst in einem solchen Fall überwiegt bei einer ausreichend dichten Materieansammlung immer die Anziehung gegenüber den expansiven Tendenzen der Umgebung.

Dieses Anwachsen von Materieverdichtungen, indem weitere Materie aus der Umgebung angezogen wird, bezeichnen wir als gravitative Instabilität. Diese Instabilität ist dafür verantwortlich, dass immer mehr Strukturen im Universum entstehen und die vorhandenen Strukturen, sofern sie eine vorgegebene Masse überschreiben, sich weiter ausdehnen. Die Astronomen finden Galaxiencluster noch in sehr großen Entfernungen, die auf der Zeitachse einem Zeitpunkt entsprechen, als das Universum rund die Hälfte seiner gegenwärtigen Ausdehnung hatte. Ihre Anzahl ist klein, aber in einem Universum, das sich nahe der kritischen Dichte befindet, sollten massive Galaxiencluster in einer solchen Entfernung praktisch ein Ding der Unmöglichkeit sein. In einem solchen Universum erfolgt das Wachstum von Clustern zu schnell, und in großen Entfernungen sollte es kaum massive Cluster geben. Die Wachstumsinstabilität bedeutet, dass die meisten von ihnen erst in jüngerer Zeit entstanden sind: Bei sehr großen Distanzen wären sie viel zu selten, um beobachtet werden zu können. In einem unterkritischen Universum hingegen ist das Wachstum in jüngerer Zeit verzögert, und damit müssen die Cluster früher entstanden sein als in einem Universum nahe der kritischen Dichte. Wenn Ω ungefähr ein Drittel ist, lässt sich die beobachtete Häufigkeit der Cluster verstehen. Damit haben wir einen unabhängigen Hinweis auf ein Universum mit unterkritischer Dichte.

Die Zufallsbewegungen von Galaxien

Die bislang erfolgreiche Annahme eines niedrigen Ω wird durch eine weitere Folgerung aus der Entstehung von Clustern unterstützt. Wenn Galaxien sich zu Clustern zusammenfinden, wird ihre Bewegung zufällig. Wäre Ω in der Nähe von eins, würde sich der volle Einfluss der Gravitation bemerkbar machen, und die Zufallsbewegungen wären sehr groß. Sie betragen bis zu tausend Kilometern pro Sekunde und mehr. Derart schnelle Bewegungen lassen sich leicht messen, da sie die Entfernungsbestimmungen nach dem Hubble'schen Ausdehnungsgesetz untergraben. Durch die Vermessung der Galaxien im Rahmen des «Two Degree Field Survey»-Projekts mit einer Viertel Million ausgemessener Rotverschiebungen konnten die Astronomen den Hubble-Fluss mit noch nie dagewesener Genauigkeit aufzeichnen. Die Schlussfolgerung lautet: Neben der systematischen Fluchtgeschwindigkeit aufgrund der Ausdehnung des Universums gibt es noch eine Zufallskomponente. Solche Zufallsbewegungen werden von den Astronomen traditionell als Pekuliarbewegungen relativ zur systematischen Ausdehnung des Universums bezeichnet. Diese Pekuliarbewegungen haben gewöhnlicherweise einen Wert von rund 300 Kilometern pro Sekunde. Das lässt sich verstehen, wenn Ω ein Drittel ist.

Das intergalaktische Medium

Wie wir gesehen haben, sind Quasare kosmische Leuchtfeuer, die den intergalaktischen Raum erleuchten. Es handelt sich um die lichtstärksten Objekte im Universum, und man vermutet, dass sie eine Übergangsphase während der frühen Stadien der Galaxienentstehung darstellen. Das Licht dieser weit entfernten Quasare wird durch intergalaktische Gase teilweise absorbiert. Man findet jedoch nicht ein gleichförmig verteiltes intergalaktisches Medium, sondern einzelne Wolken aus Gas. Ein diffuses intergalaktisches Medium würde den gesamten Raum zwischen dem Quasar und unserer Galaxie ausfüllen. Das Absorptionslicht in der Nähe des weit entfernten und hochgradig rotverschobenen Quasars wäre ebenfalls stark rotverschoben, während das Licht, das näher an unserer Galaxie von dem Medium absorbiert würde, eine geringfügigere Rotverschiebung aufweisen würde. Das Ergebnis wäre ein kontinuierliches Band der Absorption. Im Gegensatz dazu erzeugen einzelne Wolken aus intergalaktischem atomaren Gas enge Spektrallinien. Wasserstoffatome absorbieren Licht bei ganz bestimmten Wellenlängen. Durch Messung der charakteristischen Wellenlängen lässt sich Wasserstoff und lassen sich auch andere chemische Elemente eindeutig identifizieren. Erstaunlicherweise wurde das zweithäufigste Element im Universum, Helium, erstmals im Sonnenspektrum entdeckt. Das häufigste kosmische Element, Wasserstoff, erzeugt die stärkste dieser Absorptions- oder Spektrallinien im intergalaktischen Gas, das den Raum zwischen den Galaxien durchsetzt. Diese charakteristische Spektrallinie, bekannt als Lyman-Alpha (α), hat gewöhnlich eine Wellenlänge von 121,5 Nanometern und liegt im fernen Ultraviolettbereich. Mit auf der Erde stationierten Teleskopen wäre diese Linie unmöglich zu beobachten. Würde Strahlung mit diesen Energien die Erdoberfläche ungehindert erreichen, würde es Lebensformen in der uns bekannten Form kaum geben. Glücklicherweise schirmt uns die Atmosphäre der Erde ziemlich effektiv vor der Ultraviolettstrahlung ab. Wenn wir jedoch Quasare beobachten, ist das Licht rotverschoben. Die Lyman-α-Linie ist zu längeren Wellenlängen hin verschoben, wo wir sie tatsächlich auf der Erde beobachten können.

Solche scharfen Linien bei der Wellenlänge von Lyman-α findet man tatsächlich im Spektrum weit entfernter Quasare. Sie beruhen auf unzähligen Wasserstoffgaswolken entlang der Sichtlinie zu diesen Quasaren, genauso wie interstellare Gaswolken für die Absorptionslinien im Licht nahe gelegener Sterne verantwortlich sind. Man beobachtet auch Absorptionslinien von schwereren Elementen, doch aus der Lyman-α-Linie lernen wir, dass der größte Teil des absorbierenden Materials aus dem häufigsten Element im Universum besteht, nämlich Wasserstoff. Das absorbierende Gas befindet sich in Fasern, Flächen oder Wolken, und alles in allem macht es einen beträchtlichen Teil der Baryonen in unserem Universum aus. Diese absorbierenden Wolken zeigen jedoch eine geringe Verschmutzung durch schwerere Elemente. Sie enthalten nur wenige Metalle. Ihr metallischer Anteil beträgt rund ein Hundertstel von dem, was man in den diffusen Gasen in großen Galaxienclustern findet. Es gibt auch keinerlei Anzeichen für lokale Anhäufungen. Das spricht für eine vergleichsweise homogene Verteilung im gesamten Raum, eine Verteilung, die nicht die dichteren, weiter entwickelten Bereiche des Universums bevorzugt. Diese Wolken scheinen aus dem anfänglichen Stoff zu bestehen, aus dem sich später die Galaxien gebildet haben.

9 Ein nahezu flacher Raum

Geneigte Linien können (wie Lieben) in jedem Winkel
aufeinander stoßen; doch unsere Linien sind wahrlich
so parallel, dass sie sich, obwohl unendlich, nie treffen
können.   Andrew Marvell

Derzeit deutet in der Kosmologie vieles auf ein unendliches Universum
hin. Die Geometrie unseres Universums ist nahezu Euklidisch, und der
Raum ist dreidimensional. In einem Euklidischen Raum bleiben parallele Linien immer parallel und erstrecken sich nach Unendlich. In einer
zweidimensionalen Analogie lässt sich sagen, unser Universum ist flach
wie ein Blatt. Doch mathematisch gesehen ist ein Blatt unendlich; und
genau so ist unser Universum.

In Wirklichkeit werden wir nie beweisen können, dass der Raum
exakt Euklidisch oder flach ist. Bestenfalls können wir zeigen, dass der
Raum nahezu flach ist. Das Universum kann sehr, sehr groß sein, aber
wir werden nie mit Sicherheit sagen können, es sei unendlich. Statt seine Größe zu bestimmen, können wir seine Geometrie ausmessen. Dabei handelt es sich um lokale Messungen und man könnte sich vorstellen, dass sie zumindest im Prinzip leichter durchzuführen sind als eine
globale Messung der Raumkrümmung.

Gravitation ist Geometrie

Um den Ursprung dieser weit reichenden Schlussfolgerung verstehen
zu können, müssen wir ins Russland des neunzehnten Jahrhunderts zu
Nicolai Lobatschewskij zurückgehen. Lobatschewskij erkannte, dass es
drei Möglichkeiten für die Geometrie eines homogenen und isotropen
Raums gibt. Ist der Raum flach (Euklidisch) oder negativ gekrümmt
(hyperbolisch), wie die Fläche eines Sattels, dann muss er unendlich
sein. Nur wenn der Raum positiv gekrümmt ist, wie die Oberfläche einer Kugel, kann er endlich sein. Im Sinne der allgemeinen Relativitätstheorie von Einstein ist die Gravitation in Wirklichkeit eine Krümmung

des Raums. Das Gravitationsfeld der Sonne wird durch eine leichte Krümmung des umgebenden Euklidischen Raums ersetzt. Der Effekt davon ist, dass gerade Linien, wie sie von Lichtstrahlen entfernter Sterne durchlaufen werden, nicht mehr länger gerade sind. Wir müssen unsere Euklidische Vorstellung von Geometrie aufgeben. Parallele Linien sind nicht länger parallel. Die Abweichungen mögen klein sein, aber sie sind messbar. Im Rahmen der allgemeinen Relativitätstheorie lässt sich eines der wichtigsten Probleme in der Physik angehen: der Ursprung unseres Universums.

Zu Beginn des einundzwanzigsten Jahrhunderts deuten praktisch alle astronomischen Beobachtungen darauf hin, dass der Raum nahezu flach ist. Die Geometrie des Universums ist Euklidisch. Dieses Ergebnis steht am Himmel geschrieben, und ablesen können wir es in Form eines kleinen Peaks in der Winkelverteilung der Temperaturschwankungen in der kosmischen Mikrowellenhintergrundstrahlung.

Die Theorie des Big Bang war eine Folgerung aus der allgemeinen Relativitätstheorie. Das Universum dehnt sich aus und befindet sich dabei auf einer unsicheren Gradwanderung: auf der einen Seite die kinetische Energie, die eine weitere Ausdehnung unterstützt, auf der anderen Seite die potenzielle Energie der Gravitation, die schließlich zu einer Kontraktion führen könnte. Liegt die Materiedichte unterhalb eines kritischen Wertes, der von den Kosmologen als Ω definiert wird, dehnt sich das Universum für immer aus. Die kritische Dichte ist genau bekannt und hängt von der Hubble-Konstante ab, deren Wert bei 70 Kilometern pro Sekunde pro Megaparsec liegt – mit einer vermuteten Ungenauigkeit von zehn Prozent. Doch die tatsächliche Materiedichte des Universums ist nicht genau bekannt. Der größte Teil davon ist dunkle Materie und daher außerordentlich schwierig nachzuweisen. Wenn das Universum unterhalb der kritischen Dichte liegt, wird es sich nach der allgemeinen Relativitätstheorie für immer ausdehnen – und die Geometrie des Raumes ist negativ gekrümmt. Man spricht in diesem Fall von einer hyperbolischen Geometrie: In zwei Dimensionen würde die Geometrie einer sattelförmigen Fläche gleichen. Ein unterkritisches Universum, das sich für immer ausdehnt, hat eine positive Energie. Ein Universum oberhalb der kritischen Dichte hat eine negative Gesamtenergie. Das bedeutet, es gibt mehr gravitative potenzielle Energie als kinetische Energie. Ein Universum mit kritischer Materiedichte hat die Energie null. Einsteins Theorie stellt eine Beziehung her zwischen der Energie des Universums und der Natur seiner Geometrie. Nur ein Universum mit kritischer Materiedichte ist Euklidisch. Die Beobachtungen deuten gegenwärtig in starkem Maße auf eine unterkritische Materiedichte hin. Der Großteil der Materie, ungefähr 90 Prozent, ist dunkel, doch mithilfe der Effekte der Schwerkraft können wir die Dichte messen. Wir haben schon verschiedene Verfahren erläutert, die alle auf eine Materiedichte hindeuten, die bei rund einem Drittel des kritischen Werts liegt, mit einem Unsicherheitsfaktor von höchstens 2. Aufgrund einer besonderen Schwierigkeit, der dunklen Energie, können wir daraus trotzdem nicht schließen, dass sich das Universum für immer ausdehnen wird. Die dunkle Energie ist eine Quelle für eine abstoßende Kraft, die der Gravitation entgegenwirkt. Wie Einstein gezeigt hat, sind Energie und Masse äquivalent, und dunkle Energie ist im Grunde genommen so etwas wie eine Quelle von negativer Masse.

Von der Theorie geleitet

Einstein hatte 1917 das Konzept der dunklen Energie in Verkleidung der kosmologischen Konstanten eingeführt, um den attraktiven Einfluss der Schwerkraft der Materie auszugleichen und ein zeitlich unveränderliches Universum zu ermöglichen, das weder kollabiert noch expandiert. Wie wir gesehen haben, musste die Theorie vom statischen Universum sterben. 1929 entdeckte Hubble die Ausdehnung des Universums. Die Theoretiker griffen an, allerdings war Einstein zunächst überhaupt nicht überzeugt. Weder Einstein noch Hubble konnten mit der Vorstellung eines expandierenden Universums etwas anfangen. Im Jahre 1927 hörte Einstein von Lemaître und dessen neuer Theorie eines expandierenden Universums, und er antwortete: «Vos calculs sont corrects, mais votre physique est abominable.» («Ihre Berechnungen sind richtig, doch ihre physikalische Einsicht ist grauenhaft.»)[1] Trotzdem war Einstein einer der ersten, der sich den Daten beugte. Im Jahre 1930 akzeptierte er das Hubble'sche Expansionsgesetzes, und später soll er zugegeben haben, dass die Einführung der kosmologischen Konstante einer der größten Fehler seines Lebens gewesen sei.

Theorien haben jedoch die Eigenart zurückzuschlagen. Ist die Büchse der Pandora einmal geöffnet, lässt sie sich kaum wieder schließen. Die dunkle Energie geriet nie in Vergessenheit, und die kosmologische Konstante tauchte von Zeit zu Zeit immer wieder auf, um irgendwelchen überraschenden Effekten Rechnung zu tragen, die meist mit zunehmender Beobachtungsgenauigkeit wieder verschwanden. Die erste wirkliche Wiederbelebung kam von Seiten der Theorie. Im Jahre 1981 führte die Theorie eines inflationären Universums zu weit reichenden Einsichten in den Big Bang, den ersten seit den zwanziger Jahren des letzten Jahrhunderts. Nach dieser Theorie durchlief das Universum nach 10^{-35} Sekunden einen grundlegenden Wandel, einen Phasenübergang, und expandierte für eine kurze Periode außerordentlich rasch. Das hatte zur Folge, dass die Geometrie des Universums geglättet und flacher wurde. Nach der Theorie der Inflation müsste das Universum genau die kritische Dichte haben. Doch wie wir gesehen haben, addieren sich die gewöhnliche und die dunkle Materie nicht zu dem kritischen Wert. Für die Differenz könnte die kosmologische Konstante einspringen, falls es die inflationäre Phase wirklich gegeben hat. Ein Einspruch kam jedoch von Seiten der Beobachtungen.

Die Bedeutung von Beobachtungen

Ließe sich die Geometrie des Universums direkt ausmessen, könnten wir das Problem der dunklen Materie umgehen und die inflationäre Vorhersage der Flachheit testen. Gewöhnlich dauern wissenschaftliche Ballonflüge einen halben Tag. Bevor der Ballon mit dem Teleskop an Bord den Empfangsbereich der Bodenstation verlässt, holt man ihn wieder herunter. Insbesondere am Südpol kann man jedoch wegen der zirkumpolaren Winde einen Ballon bis zu zwei Wochen fliegen lassen und dann landet er möglicherweise wieder ganz in der Nähe des Abflugorts. Langzeitballonflüge haben mittlerweile eine Empfindlichkeit erreicht, die mit Satellitenexperimenten vergleichbar ist, allerdings zu erheblich niedrigeren Kosten.

Das bringt uns zum BOOMERANG Langzeitballonexperiment. Entwickelt wurde es für die Untersuchung der kosmischen Mikrowellenhintergrundstrahlung mit einer nie zuvor erreichten Genauigkeit.

Eine internationale Gruppe von Astronomen unter der Leitung von Paolo deBernardis von der Universität Rom und Andrew Lange vom California Institute of Technology führte das Experiment 1999 am Südpol durch. Bei einem zehntägigen Flug um den Südpol überdeckte BOOMERANG mit seinen Messungen 2,5 Prozent des Himmels mit einer Winkelauflösung von 15 Bogenminuten. Laut der Theorie sollte es in der kosmischen Mikrowellenhintergrundstrahlung kleine Temperaturschwankungen geben, die mit den Punkten der Galaxienentstehung zusammenhängen. Diese Schwankungen wurden tatsächlich 1992 vom COBE-Satelliten in der vermuteten Stärke entdeckt, jedoch bei einer weitaus größeren Winkelauflösung von sieben Grad. BOOMERANG sollte auf kleinerer Skala nach einem Signal suchen, das für das Verständnis der Strukturentstehung von Bedeutung war. Zum ersten Mal wurden die Fluktuationen abgebildet.

Ähnliche Ergebnisse erhielt man auch aus gewöhnlichen Ballonflügen. Ein vergleichbares Experiment mit Namen MAXIMA war zwar empfindlicher, flog aber nur für wenige Stunden über Nordamerika. Die Kosten für die dabei gewonnenen Abbildungen der Fluktuationen betrugen nur rund zehn Prozent des Langzeitballonexperiments. Allerdings wurden die MAXIMA-Ergebnisse erst eine Woche nach den konkurrierenden experimentellen Ergebnissen von BOOMERANG bekannt gegeben. Zumindest teilweise kann man die geringeren Zuschüsse für wissenschaftliche Projekte für diese Verzögerung verantwortlich machen. Es wäre nicht das erste Mal.

Die weitaus größere Auflösung von BOOMERANG im Vergleich zu COBE erlaubte einen fundamentalen Test hinsichtlich der Natur der Fluktuationen. Die primordialen Fluktuationen, also die ursprünglichen Fluktuationen kurz nach dem Big Bang, wurden durch die Astrophysik des frühen Universums auf der Skala von rund einem Grad verstärkt. Dem entspricht, wie weit sich eine durch den Strahlungsdruck getriebene Fluktuation im frühen Universum ausbreiten konnte. Eine obere Grenze für diese Entfernung ist durch das Alter des Universums bei der letzten Streuung, rund 300 000 Jahre nach dem Big Bang, gegeben. Diese so genannte Streufläche, oder der Horizont des Universums bei der letzten Streuung der Strahlung an Materie, hat eine physikalische Skala von ungefähr 30 Megaparsecs. Die Entfernung der letzten Streufläche von uns beträgt ungefähr 6000 Megaparsecs. Daraus können wir schließen, dass die charakteristische Winkelskala in einem flachen Universum bei 45 Bogenminuten liegt. Die Theorie sagt aufgrund der Einflüsse der Gravitation eine Verstärkung um einen Faktor drei voraus. Genau dieser Effekt wurde von BOOMERANG gemessen. Die Ergebnisse bestätigen somit den primordialen Ursprung der Fluktuationen.

Das wichtigste Ergebnis folgte jedoch aus der genauen Bestimmung der Winkelskala dieses Peaks. Die physikalische Skala für den Horizont des Universums bei der letzten Streuung übersetzt sich am beobachteten Himmel in eine Winkelskala, die von der Krümmung des Universums abhängt. Wäre das Universum negativ gekrümmt, wie in einem Universum mit geringerer Dichte, würde sich der vorhergesagte Peak zu kleineren Winkelskalen verschieben. Das Gravitationsfeld des Universums wirkte in diesem Fall wie eine Linse.

Der von BOOMERANG gemessene Peak in den Fluktuationen entspricht exakt den Erwartungen für ein flaches Universum. Dieses Ergebnis deutet darauf hin, dass die Dichte innerhalb weniger Prozent beim kritischen Wert liegen muss. Die Bestätigung für die Flachheit des Universums war jedoch nicht das einzige Ergebnis von BOOMERANG. Der vorhergesagte Peak, wie man ihn bei einem flachen Universum erwartete, liegt bei einer Winkelskala von 45 Bogenminuten. Doch die BOOMERANG-Daten erlauben eine Auflösung bis zu 15 Bogenminuten. Nach der Theorie sollte es ein zweites Signal geben, das auf wellenartige Schwingungen in den durch den Strahlungsdruck getriebenen Fluktuationen zurückzuführen ist. Es entspricht den Knoten der Welle, die bei 45 Bogenminuten ihr Maximum hat. Auch diese Vorhersage zeigte sich in den Daten als zweiter, kleiner Peak: Die Amplitude ist kleiner als die des ersten Peaks, da sich die Rotverschiebung der Strahlung im Verlauf der Zeit, welche die Knotenwelle braucht, um an der Horizontskala des Universums sichtbar zu werden, leicht verändert.

Gerade die BOOMERANG-Daten zeigten das ewige Auf und Ab in der Astronomie. Die erste große Überraschung war, dass der zweite Peak niedriger ausfiel als erwartet. Eine Woche nach der Veröffentlichung der ersten BOOMERANG-Daten liefen die Internetserver auf Hochtouren mit Spekulationen darüber, weshalb das so sein könnte. Die bevorzugte Erklärung lautete, die Baryonendichte sei doppelt so groß wie der Wert, der sich aus der primordialen Synthese der leichten Elemente in den ersten Minuten nach dem Big Bang ergibt. Eine erhöhte Baryonendichte würde die kürzeren Wellenlängen in den Schallwellen dämpfen und die Amplitude der Peaks bei kleineren Winkelskalen herabsetzen.

Das ist nicht die einzige Erklärung, doch sie führte zu neuen Vorhersagen. Wenn sich die Baryonendichte verdoppelt, wie es zunächst den Anschein hatte, dann würde sich auch das Verhältnis von Baryonen zu nichtbaryonischer dunkler Materie verdoppeln. Es läge dann bei rund 20 Prozent. Ein solch hoher Baryonenanteil bedeutet, dass die Eigengravitation der Baryonen eine wichtige Rolle spielt. Die in der Strahlung beobachteten Oszillationen würden sich über die Gravitation auf den dominanten dunklen Teil der Materie übertragen. Auf sehr großen Skalen können wir aus den Galaxien Rückschlüsse auf die dunkle Materie ziehen. Damit könnte es so etwas wie einen «baryonischen Fußabdruck» in den Dichtefluktuationen geben, die bei den Galaxienvermessungen wie dem 2DF-Projekt und dem Sloan Digital Sky Survey gemessen wurden. In diesen Vermessungen würden sich Schwingungen, die von Baryonen induziert sind, in der dreidimensionalen Struktur der Galaxienverteilung äußern, und zwar bei Skalen, die in der Größenordnung des Horizonts bei der letzten Streuung, ungefähr einhundert Megaparsecs, liegen. Die gegenwärtigen Daten zeigen deutliche Anzeichen für solche Fluktuationen. Der Effekt scheint vorhanden zu sein, allerdings mit einem sehr starken Rauschen.

Doch alles änderte sich wieder mit der nächsten großen Überraschung in den Daten zur kosmischen Mikrowellenhintergrundstrahlung. Diesmal stammte der Vorstoß im Frühjahr 2001 von einem Neueinsteiger auf diesem Gebiet, dem DASI-Experiment am Südpol, das von Wissenschaftlern der Universität Chicago geleitet wurde. DASI ist ein Radiointerferometer aus 13 Trichtern mit einem Durchmesser von jeweils 20 Zentimetern. Das Experiment besteht aus einer bestimmten Anordnung kleiner Teleskope, die zusammen eine große Antenne simulieren, deren Auflösung allerdings von der Größe der einzelnen Trichter bestimmt wird. Die Blendenöffnung ist durch die Größe der Anordnung gegeben, und das Interferometer misst den Mikrowellenhintergrund bei einer Radiofrequenz von 30 GHz. Damit für die Temperaturunterschiede die fantastische Empfindlichkeit von 1 zu 100 000 erreicht werden konnte, musste das Experiment zur Reduzierung des Atmosphäreneinflusses auf einer Bergspitze aufgebaut werden.

Die Messgenauigkeit von DASI übertraf BOOMERANG, und der zweite Peak wurde in genau der vorhergesagten Stärke gefunden. Kurz danach berichtete BOOMERANG von einer Überarbeitung der früheren Ergebnisse unter Einbeziehung weiterer Daten, und nun war auch hier alles wieder in Ordnung.

Im Jahr 2002 veröffentlichten drei bodenstationierte Interferometerexperimente (DASI, CBI und VSA) neue Messdaten zu den Fluktuationen in der kosmischen Mikrowellenhintergrundstrahlung mit hoher Winkelauflösung. Die Winkelverteilung der Fluktuationen stimmte perfekt mit den ursprünglichen Daten überein. Zusätzlich konnte die Auflösung in der Winkelskala noch verbessert werden.

Eines dieser Experimente, das VSA («Very Small Array»), arbeitet mit einem Teleskop aus 14 Antennen von je 14 Zentimetern Durchmesser. Es steht in einer Höhe von 2400 Metern in Teneriffa und erreicht eine hohe effektive Blendenöffnung. Geleitet wird es von Wissenschaftlern des Cavendish-Laboratoriums an der Cambridge University. Ein zweites Experiment, das CBI (Cosmic Background Interferometer), steht unter der Leitung einer Gruppe von Wissenschaftlern vom California Institute of Technology. Es besteht aus einer Anordnung von 13 Antennen mit je einem Durchmesser von 90 Zentimetern und befindet sich auf 5080 Meter Höhe im Atacama-Plateau in Chile, einem der trockensten Plätze der Erde. Wegen der größeren Antennen hat das CBI eine wesentlich höhere Winkelauflösung als das VSA. Die große Höhe und, was Chile betrifft, die geringe Luftfeuchtigkeit machen diese Plätze für die Mikrowellenastronomie besonders geeignet, da die Einflüsse der Atmosphäre gering gehalten werden. In diesen Experimenten wurde der Himmel bis zu einem Flächenwinkel von 100 Grad weit ab von der galaktischen Ebene untersucht.

Die Kosmologen hatten sich bereits über die Erfolge der Mikrowellenhintergrundexperimente von BOOMERANG und MAXIMA gefreut. Doch die neuen Experimente besaßen eine noch höhere Winkelauflösung: Während die Ballonexperimente Winkel bis zu 15 Bogenminuten abtasteten, lieferten die Interferometerexperimente Daten bis zu einer Bogenminute und damit noch mehr Information über die Physik des sehr frühen Universums.

Die älteren Experimente hatten die Zeichen für die Schwingungen bis hin zum dritten Peak gefunden. Die neueren Experimente haben dieses Bild bestätigt, wobei das CBI-Experiment das Bild zu noch kleineren Skalen erweitern konnte. Die Daten zeigen das Vorhandensein einer vierten Oszillation bei Skalen von einigen Bogenminuten, genau wie es von der Theorie vorhergesagt wurde.

Die einzige Überraschung von CBI war ein Überschuss an Strahlung bei einer Winkelskala von einer Bogenminute. Das ist etwas größer als man es vermutet hätte, wenn der Hauptbeitrag zu diesen Fluktuationen von Galaxienclustern stammt. Das Gas innerhalb der Cluster streut die kosmischen Mikrowellenphotonen und erzeugt dadurch eine spektrale Verzerrung mit einer charakteristischen Form. Das führt bei Frequenzen unterhalb von 150 GHz zu einer Verringerung im kosmischen Mikrowellenhintergrundfluss und zu einer Erhöhung bei höheren Frequenzen. Dieser nach den russischen Astrophysikern Rashid Sunyaev und dem verstorbenen Yaakov Zeldovich benannte Effekt wurde vorher nur für einzelne Cluster beobachtet, wo er vergleichsweise hoch war und bis zu einem Tausendstel eines Kelvin ausmachte. Im kosmischen Mikrowellenhintergrund entspricht das einer Fluktuation von eins zu 3000. Zum ersten Mal berichtete CBI jedoch auch von einer Messung des integrierten Effekts für alle Cluster in einer Sichtlinie, der bei 30 GHz nur einen Effekt von 15 Mikrokelvin ergab. Das ist wesentlich kleiner, als wenn man auf einen bestimmen Cluster schaut, weil das Gas innerhalb der nicht beobachteten Cluster nur einen Teil des projizierten Strahls auf eine beliebige Richtung am Himmel ausfüllt.

Doch dann kam das ACBAR-Teleskop. Es befindet sich am Südpol und ist eine Zusammenarbeit zwischen Berkeley und der Case Western Reserve Universität. Dieses Teleskop misst ebenfalls die Fluktuationen in der kosmischen Mikrowellenhintergrundstrahlung bei Größenordnungen von Bogenminuten, allerdings bei höheren Frequenzen zwischen 150 und 274 GHz. Es handelt sich um eine Anordnung von Detektoren, die besonders empfindlich für Infrarotstrahlung (Wärmestrahlung) sind: so genannte Bolometer, die im Submillimeterbereich messen und eine Winkelauflösung im Bereich von Bogenminuten haben. Die Messungen bei zusätzlichen Frequenzen sind wichtig, denn die Streuung der Mikrowellenstrahlung an heißen Gasen hängt von der beobachteten Frequenz ab. Bei 220 GHz verschwindet der Effekt, und bei höheren Frequenzen erwartet man insgesamt eine Zunahme durch das heiße Clustergas. Der Sunyaev-Zeldovich-Effekt erhöht die Energie von kälteren Photonen und macht sie zu heißeren Photonen mit einer höheren Frequenz. Die ACBAR-Daten bestätigten die früheren Ergebnisse hinsichtlich des Einflusses unbeobachteter Galaxiencluster.

Ein neuer Bereich tat sich auf, als man die Polarisation in der kosmischen Mikrowellenstrahlung messen konnte. Im Jahr 2002 beobachtete DASI das erste Polarisationssignal. Die effektive Polarisation beruht auf der unsymmetrischen Streuung von Licht an Elektronen, einem so genannten Quadrupolmuster. Auch bei einer zufälligen Verteilung der Elektronen kommt es zu diesem Effekt, wenn die Lichtquelle selbst nicht isotrop ist. Im vorliegenden Fall zeigt die Quelle, nämlich die kosmische Mikrowellenhintergrundstrahlung, eine Quadrupolanisotropie. Mit den Daten von DASI untersucht man die Ionisierungsgeschichte des Universums, denn gerade die freien Elektronen sind für die Streuung verantwortlich. Während das Universum in späteren Zeiten nur hauptsächlich atomares Gas enthielt, waren die Gase zu Beginn noch ionisiert. Wir messen also den Übergang, bei dem der größte Teil der Polarisation entstand.

Die nächste dramatische Entwicklung kam im März 2003. Wie schon beschrieben, untersuchte ein neues Satellitenexperiment, das erste seit COBE, die kosmische Mikrowellenhintergrundstrahlung und erstellte dabei Karten von bisher unerreichter Auflösung vom gesamten Himmel. WMAP tastet den Himmel bei Radiowellenlängen ab. Die Auflösung von COBE betrug sieben Grad, die Auflösung von WMAP beträgt ein Viertel Grad. Die Genauigkeit der neuen Messungen ist so hoch, dass man deutlich die drei von der Theorie vorhergesagten Peaks in den Temperaturschwankungen auf verschiedenen Winkelskalen erkennen kann.

Man hat die Hoffnung, aus der Intensität und der Lage der Peaks sowie der Art des Abfalls eine noch größere Zahl exakter Parameter des kosmologischen Modells entnehmen zu können. Das Universum muss flach sein, andernfalls hätte die Krümmung der Lichtstrahlen seit deren letzter Streuung die Lage der Peaks verschoben. Damit steht die Gesamtdichte von Materie und Energie im Universum fest. Das Universum befindet sich, mit einer Ungenauigkeit von fünf Prozent, bei der kritischen Dichte und ist damit räumlich flach. Aus dem Verhältnis von ungeraden zu geraden Peak-Stärken lässt sich die Baryonendichte bestimmen, da die Baryonen für die Ausdünnung relativ zu den Wellenkämmen verantwortlich sind. Dieser Wert beträgt vier Prozent, wiederum mit einer Unsicherheit von zehn Prozent. Das entspricht exakt dem Wert, den man aus der Synthese von Helium, Deuterium und Lithium in den ersten Minuten des Big Bang erwarten würde. Die Materiedichte ergibt sich aus der absoluten Höhe des ersten Peaks. Sie macht 30 Prozent der kritischen Dichte aus, mit einer Unsicherheit von maximal 20 Prozent. Das Spektrum der Dichteschwankungen ergibt sich aus der Stärke des Peaks im Vergleich zur Fluktuationsstärke auf sehr großen Winkelskalen. Die Fluktuationen in der Dichte entsprechen genau den Vorhersagen aus dem Modell der Inflation in seiner einfachsten Form. Und auch der Abfall der Fluktuationen, die Abnahme in der Peak-Höhe mit kleineren Winkelskalen, bestätigt eine fundamentale Vorhersage der Theorie. Wir beobachten hier die Spuren von akustischen Fluktuationen in der kosmischen Mikrowellenstrahlung, die bereits 1967 zum ersten Mal vorhergesagt wurden. Diese Fluktuationen hielten sich in der dunklen Materie und nahmen dort zu, und sie führten schließlich zu der heute beobachteten Galaxienverteilung des Universums auf großen Skalen.

In der Astronomie scheint es unvermeidbar, dass jede neue Beobachtung auch neue Fragen aufwirft. Wie wir gelernt haben, ist das Universum flach. Zweifellos wird diese Entdeckung zu neuen Experimenten anregen und zu neuen Einsichten in die Natur des Universums führen. Die erste dieser Entdeckungen umgibt uns. Das Universum wird von dunkler Energie dominiert, der modernen Reinkarnation der kosmologischen Konstanten.

10 Dunkle Energie und das expandierende Universum

Ich denke, ein Vakuum ist immer noch um ein Vielfaches besser als das meiste von dem Zeug, mit dem die Natur es ersetzt.
Tennessee Williams

Es widerspricht jeder Vernunft zu sagen, es gebe ein Vakuum oder einen Raum, in dem sich absolut nichts befindet.
René Descartes

Supernovae sind so etwas wie perfekte Bomben. Eine Supernova ist heller als eine Milliarde Sonnen. Wenn Sterne sterben, werden sie so hell, dass man sogar in entfernten Galaxien einzelne Sterne erkennen kann. Das legt nahe, Supernovae zur Messung von Distanzen zu verwenden. Die für diesen Zweck geeignetsten Supernovae sind die hellsten und gleichmäßigsten. Es handelt sich um Supernovae vom Typ Ia, und sie werden durch leichtere Sterne ausgelöst.

Explodierende Sterne

Am 24. Februar 1987 wurde die erste Supernova in unserer Nähe seit dem Jahr 1604 beobachtet. Sie ereignete sich in einer Entfernung von ungefähr 170 000 Lichtjahren in der Großen Magellan'schen Wolke. Ihr Vorläufer war ein blauer Superriese, zwanzigmal massiver als die Sonne und selbst so hell wie 100 000 Sonnen. Während der Explosion nahm seine Helligkeit nochmals um das Hundertfache zu, und er wurde sogar für das bloße Auge leicht sichtbar. Das Zentrum eines massiven Sterns war zu einem Neutronenstern zusammengestürzt, nachdem der Brennstoff verbraucht war. Als die Materie unter dem enormen Druck zusammengepresst wurde und einen Ball aus Neutronen bildete, wurden unvorstellbare Mengen an Energie freigesetzt, hauptsächlich in Form von Neutrinos, die in der Reaktion Proton + Elektron → Neutron + Neutrino entstanden waren. Diese Neutrinos wurden an den inneren Schichten des Vorläufersterns gestreut, bevor es zu einer riesigen Explosion kam. Der radioaktive Zerfall von instabilen Kobaltisotopen –

zunächst zu Nickel, anschließend zu Eisen – heizte die sich ausdehnende Schale weiter an und nährte so die optische Helligkeit für über ein Jahr.

Nach der optischen Supernova, genannt 1987A, erhielten drei Gruppen von Physikern einen Weckruf. Sie befanden sich tief unter der Erde in Laboratorien, die als Supernova-Neutrino-Teleskope gedacht waren. Nach der Auswertung der Daten stellte sich heraus, dass ungefähr drei Stunden, bevor die optische Explosion sichtbar geworden war, Neutrinos nachgewiesen worden waren. Neutrinos haben eine so schwache Wechselwirkung, dass nur eine Handvoll von Ereignissen aufgezeichnet worden war, doch diese deuteten zweifelsfrei auf die Entstehung eines Neutronensterns in der Supernova-Explosion. Viele Neutronensterne werden als Radio- oder Röntgenpulsare entdeckt, und man findet Reste früherer Supernova-Explosionen. Einer der jüngsten Pulsare ist der Neutronenstern im Krabbennebel, der in einer Explosion im Jahre 1054 entstanden ist.

Man unterteilt Supernovae in mehrere Typen. Die Vorläufersterne, die in der Explosion zu Neutronensternen werden, haben zwischen zehn und zwanzig Sonnenmassen. Wir bezeichnen die zugehörigen Supernovae als vom Typ 2, da sie weniger hell sind. Das Spektrum einer Supernova vom Typ 2 deutet auf ein reichhaltiges Gemisch an Elementen hin, die während der Explosion herausgeschleudert werden. Durch die thermonuklearen Reaktionen im Kern wurde die Hülle des Vorläufersterns auch mit schweren Elementen angereichert, wie Kohlenstoff, Silizium, Sauerstoff und Eisen. Zusammen mit großen Mengen an Wasserstoff und Helium werden diese in den Weltraum hinausgeschleudert. In der Nähe des Neutronensterns gibt es auch eine intensive Neutronenstrahlung, wodurch noch schwerere Elemente wie Uran, Barium und Europium entstehen. Diese seltenen Elemente findet man in alten Sternen, und sie zeugen von deren Verunreinigung mit Überresten von Supernovae in der fernen Vergangenheit.

Sterne mit weniger als acht Sonnenmassen enden meist als planetarische Nebel, die den größten Teil ihrer Hülle abstoßen und weiße Zwerge von ungefähr drei Viertel der Sonnenmasse zurücklassen. Das wird auch das Schicksal unserer Sonne sein. Viele Sterne befinden sich in Doppelsternsystemen und werden schließlich zu Paaren weißer Zwerge. Die Verschmelzung eines solchen Zwergenpaares ist ein äußerst heftiges Ereignis. Ein weißer Zwerg besteht aus Kohlenstoff und Sauerstoff. Beide würden sich hervorragend als Brennstoff eigenen, allerdings befinden sie sich in einem weißen Zwerg gewöhnlich unter sehr hohem Druck; dabei bilden die Atome ein Kristallgitter. Unter diesen Umständen ist die thermische Energie unbedeutend und Kernreaktionen können nicht stattfinden. Doch die Situation ändert sich, wenn das Material durch eine Verschmelzung aufgeheizt wird. Kohlenstoff und Sauerstoff können nun in einer thermonuklearen Reaktion mit uneingeschränkter Heftigkeit zu Eisen verbrennen. Dabei wird so viel Energie freigesetzt, dass der weiße Zwerg auseinander gerissen wird und die Überreste, angereichert mit Eisen und Spuren von Kohlenstoff und Sauerstoff, abgestoßen werden. In diesem Fall ist kein Wasserstoff vorhanden.

Nun ist alles bereit für die hellste Variante einer Supernova, Typ 1a. Ein weißer Zwerg wird instabil gegen einen Kollaps, wenn seine Masse 1,4 Sonnenmassen überschreitet. Dieses Ergebnis wurde zum ersten Mal von dem indisch-amerikanischen Astrophysiker Subrahamanyan Chandrasekhar in den dreißiger Jahren des letzten Jahrhunderts berechnet. Damals war seine Idee so radikal, dass ihm zunächst niemand glaubte. Ein solcher Kollaps wäre durch nichts aufzuhalten. Der Stern implodiert unter seiner eigenen Gravitation. Zunächst wird der Kern zu reinem Eisen, dem stabilsten der Elemente hinsichtlich seiner nuklearen Eigenschaften. Doch der Kollaps ist so kraftvoll, dass das Eisen unter dem immensen Druck in Neutronen, Protonen und Neutrinos zerfällt. Plötzlich wird eine riesige Menge an Energie frei, von der ein Teil durch Neutrinos weggetragen wird. Der gesamte Stern explodiert als Supernova. Nach der Theorie sollte die bei einem solchen Kollaps freigesetzte Energiemenge bei verschiedenen Formen der Supernovae vom Typ 1a im Wesentlichen gleich sein, da die Menge an Kernenergie durch die maximale Masse bestimmt ist, die ungefähr einer Sonnenmasse entspricht.

Diese Explosionen sind verheerend und hinterlassen nichts als eine Gaswolke, die sich mit rund sieben Prozent der Lichtgeschwindigkeit ausbreitet und deren Spektrum sich durch das fast völlige Fehlen von Wasserstofflinien auszeichnet. Supernovae des Typs 1a sind ungefähr zehnmal heller als solche vom Typ 2, und ihr Spektrum ist am Vorherrschen von Eisen und dem Fehlen von Wasserstoff leicht erkennbar. Es handelt sich um die häufigste Art einer Supernova. Während der Explosion wird ein Teil des Eisens in ein radioaktives Isotop von Nickel umgewandelt. Das optische Licht entsteht durch die Energie, die beim Zerfall von Nickel frei wird. Dieses Isotop entsteht in einer großen und ziemlich genau bekannten Menge während des Kollapses der äußeren Schichten des Kerns des weißen Zwergs. Das instabile Nickelisotop zerfällt zu Eisen und rund sieben Zehntel einer Sonnenmasse an Eisen werden herausgeschleudert, während der Kern in einem Ausbruch von Neutrinos explodiert. Die Spektren der Supernovae zeigen, dass die herausgeschleuderte Materie hauptsächlich aus Eisen und anderen schweren Elementen besteht. Aus den genannten Gründen sollte die Helligkeit bei einer Supernova von diesem Typ immer auf den gleichen Wert ansteigen und anschließend mit derselben Rate langsam abklingen. Die Abnahme der Helligkeit wird vermutlich durch den radioaktiven Zerfall bestimmt, denn bei dieser Supernova gleicht sie einem radioaktiven Zerfall. Trägt man die Helligkeit als Funktion der Zeit auf, so sollte die Form praktisch immer dieselbe sein. Der einzige Unterschied besteht in der wahrgenommenen Helligkeit: Je weiter die Supernova von uns entfernt ist, desto schwächer erscheint sie uns.

Es gibt noch einen dritten Typ von Explosionen, der Sterne mit einer Masse von über 25 Sonnenmassen ereilt. Der Kern sammelt dabei während der abschließenden Implosion so viel Masse, dass sich ein Schwarzes Loch bildet. Im Vergleich zu einer gewöhnlichen Supernova-Explosion wird über einhundert Mal mehr Energie freigesetzt. Wir bezeichnen diese Ereignisse, wie bereits erwähnt, als Hypernovae, und sie sind möglicherweise für die Erzeugung von einigen der sehr seltenen Elemente mit besonders vielen Neutronen verantwortlich. Glücklicherweise sind Hypernovae sehr selten. Hypernovae werden mit den hellsten Objekten im Universum in Verbindung gebracht, den Gamma Ray Bursts. Intensive Ausbrüche von Gammastrahlen mit einer Energie wie bei einer Supernova, allerdings von der Dauer von weniger als einer Minute, werden in Bereichen beobachtet, wo massereiche Sterne entstehen. Die gemessenen Rotverschiebungen liegen bei 6 und mehr. Im Prinzip kann man mit dem optischen und infraroten Nachglühen dieser Objekte eine Umgebung erkunden, in der sich die ersten massiven Sterne im Universum bildeten, bei Rotverschiebungen von 20 und darüber hinaus.

Supernovae vom Typ 1a wurden in nahe gelegenen Galaxien beobachtet, deren Entfernung bekannt ist, und es sieht so aus, als ob nicht nur die Zerfallsrate des sichtbaren Lichts, oder die Lichtkurve, immer die gleiche ist, sondern, innerhalb einer guten Näherung, auch die gesamte abgestrahlte Energie. Das bedeutet, wir können die Entfernungen weit entfernter Supernovae aus ihrer Helligkeit bestimmen.

Supernovae als Entfernungsmesser

Insbesondere wenn sie sich aufgrund ihrer Lichtkurve und dem Spektrum als einem bestimmten Typ zugehörig erwiesen hat, setzt eine Supernova immer dieselbe Menge an Energie frei. Die Helligkeit erreicht ungefähr einen Monat nach der Explosion des Sterns ihr Maximum. Die maximale optische Helligkeit ist beim jeweiligen Supernova-Typ immer konstant, und sie entspricht der Helligkeit von einer Milliarde Sonnen, sodass man sie aus sehr großen Entfernungen beobachten kann. Supernovae sind daher ideale Hilfsmittel, um sehr große Distanzen im Universum zu bestimmen.

In der Praxis muss man Supernovae an nahen Galaxien, deren Entfernung mit anderen Methoden bestimmt wurde, kalibrieren. Allerdings kommt es, wie bereits erwähnt, in den Galaxien in unserer näheren Umgebung nur selten zu Supernova-Explosionen, und so kennen wir kaum mehr als ein halbes Dutzend solcher Fälle. Die Entfernung zu diesen Galaxien misst man mithilfe bestimmter veränderlicher Sterne, die aufgrund ihrer Natur sehr genaue Entfernungsmessungen ermöglichen. Meist handelt es sich bei diesen Veränderlichen um Cepheiden, die sowohl in der Milchstraße als auch in den näher gelegenen Galaxien untersucht werden können. Für Cepheiden findet man eine enge Beziehung zwischen der Periode, mit der sie sich verändern, und ihrer absoluten Helligkeit. Sie bilden daher so genannte «Standardkerzen», deren Entfernung sich ziemlich genau bestimmen lässt.

Sobald einmal für das halbe Dutzend nahe gelegener Galaxien die beobachteten Supernovae über die Cepheiden kalibriert wurden, können wir die Distanzen zu Galaxien vermessen, die tausend oder mehr Megaparsecs von uns entfernt sind, mit anderen Worten, einen wesentlichen Teil des beobachtbaren Universums. Tatsächlich wurden Supernovae in Galaxien mit einer Rotverschiebung jenseits der eins beobachtet, was einer Entfernung von ungefähr 10 Milliarden Lichtjahren entspricht. Weiße Zwerge explodieren gewöhnlich in einer Supernova, deren Spektrum kaum Spuren von Wasserstoff zeigt. Das stimmt oft mit den Eigenschaften der zugehörigen Galaxie überein, die ein spätes Entwicklungsstadium hat und zu den roten elliptischen Galaxien gehört. In einer solchen Galaxie sind in der jüngeren Vergangenheit nur wenige Sterne entstanden, sodass kaum massive Vorläufersterne für eine Supernova mit Kernkollaps zur Verfügung stehen. Die von Hubble abgeleitete Expansionsbeziehung bis zu einer Fluchtgeschwindigkeit von tausend Kilometern pro Sekunde wurde mittlerweile mithilfe von Supernovae auf mehr als das Hundertfache ausgedehnt.

Wir sind heute in der Lage, Supernovae zu untersuchen, die so weit von uns entfernt sind, dass wir bei den jeweiligen Galaxien Abweichungen vom Hubble-Gesetz feststellen können. Solche Abweichungen würde man für das Friedmann-Lemaître-Modell des Universums erwarten. Wäre das Universum leer, würde es sich mit Lichtgeschwindigkeit ausdehnen und immer dieselbe Geschwindigkeit haben, gleichgültig wie weit wir in die Vergangenheit zurückblicken. Doch mit einem zusätzlichen Materiegehalt muss sich das Universum in seiner Ausdehnung verzögern.

Ein bemerkenswertes Ergebnis tauchte im Jahr 1998 auf. Messungen von Entfernungen mithilfe Supernovae des Typs 1a bei sehr hohen Rotverschiebungen zeigten Anzeichen für eine Abschwächung der Helligkeit von ungefähr 20 Prozent. Nachdem nahe liegendere Erklärungen, etwa eine Abschwächung der Helligkeiten durch Staub, ausgeräumt worden waren, blieb als einfachste Erklärung, dass dieser Effekt auf eine Beschleunigung in der Expansion des Universums zurückzuführen sei. Wenn sich die Ausdehnung des Universums beschleunigt, dann hat eine sehr weit entfernte Galaxie mit einer bestimmten Rotverschiebung eine größere Entfernung zu uns als eine Galaxie mit derselben Rotverschiebung in einem sich gleichmäßig ausdehnenden Universum. Verglichen mit dem realistischeren Fall eines Universums mit verlangsamter Ausdehnung, wäre ihre Entfernung sogar noch größer. Um diesen Effekt beobachten zu können, muss man in eine Zeit zurückblicken, als das Universum noch die Hälfte der heutigen Größe hatte. Und selbst dann beträgt der Entfernungsunterschied nur zehn Prozent, was für die wahrgenommene Helligkeit einen Unterschied von zwanzig Prozent ausmacht.

Sollte es eine kosmologische Konstante geben, entspräche dies einer Art von Antigravitation, und es gäbe eine Beschleunigung. Die beobachtete Beschleunigung entspricht genau einem räumlich flachen Universum, bei dem zwei Drittel der kritischen Dichte auf das Konto der dunklen Energie (oder Vakuumenergie) gehen, die mit der kosmologischen Konstante zusammenhängt. Das Alter eines solchen Universums wäre ungefähr $1/H_0$ (wobei H_0 die Hubble-Konstante ist), oder 15 Milliarden Jahre.

Heute verbinden wir die kosmologische Konstante mit der Energiedichte des räumlichen Vakuums. Auf dem Niveau der Quantentheorie ist das Vakuum alles andere als leer; es ist eine brodelnde Masse virtueller Teilchen, die paarweise auftauchen und wieder verschwinden, zu kurz, um gemessen zu werden, und im Einklang mit dem Unbestimmtheitsprinzip.

Da die virtuellen Teilchen und Antiteilchen paarweise entstehen und verschwinden, ändert sich die Ladung nicht. Es muss jedoch einen Einfluss auf die Energiedichte geben, da die Quantenbewegungen eine Art von Druck und Energie darstellen. Das seltsame und alles andere als intuitive Ergebnis ist, dass der Druck des Vakuums negativ ist.

Für ein Vakuum, in dem es von virtuellen Teilchen nur so wimmelt, muss es eine solche Energie geben. Drückt man ein Gas aus virtuellen Teilchen zusammen, nimmt der Druck ab. Es gibt weniger virtuelle Teilchen, die zu dem Druck beitragen können, da die Anzahl der virtuellen Teilchen durch das Volumen bestimmt wird. Wird das Volumen klein genug, impliziert die von Heisenberg geforderte Unbestimmtheit im Ort der Teilchen, dass keine Teilchen übrig bleiben. Die Vakuumenergie wurde im Labor gemessen. Die Grundzustandsenergie von Atomen ist durch die Anwesenheit der virtuellen Teilchen im Vakuum leicht verändert, und man findet für das Vakuum einen negativen Druck.

Nach der Einstein'schen allgemeinen Relativitätstheorie sind Energie und Druck gleichzeitig Quellen von Gravitation. Gewöhnlich wirkt der Druck in einer kollabierenden Gaswolke einem Kollaps zunächst entgegen. In der Nähe von Schwarzen Löchern unterstützt der Druck tatsächlich den Kollaps. In extremen Gravitationsfeldern ist gewöhnlicher Druck eine Quelle der Anziehung. Doch für das Vakuum gilt genau das Umgekehrte. Das Vakuum hat einen negativen Druck und wirkt abstoßend. Die Vakuumenergie ist wie eine Form von Antigravitation. Daher ist die Beschleunigung eine eindeutige Vorhersage der kosmologischen Konstante.

Die Schlussfolgerung der Beschleunigung aus der geringeren Helligkeit weit entfernter Supernovae ist ein wichtiges Ergebnis. Damit es allgemein akzeptiert wird, müssen alle anderen Erklärungen sorgfältig ausgeschlossen werden. Könnte die verringerte Helligkeit bei großer Rotverschiebung im Vergleich zu niedriger Rotverschiebung ein Artefakt von irgendwelchem Staub sein? Gewöhnliche interstellare oder atmosphärische Moleküle oder Staubwolken absorbieren und streuen blaues Licht stärker als rotes Licht. Aus diesem Grund erscheint die Sonne bei Sonnenuntergang rot, und der Himmel ist blau. Man findet jedoch keine Farbunterschiede, und man müsste schon eine seltsame und einzigartige Form der Absorption postulieren, bei der Staub Licht aller Wellenlängen gleichermaßen absorbiert. Doch selbst eine solche gleichförmige Absorption scheint ausgeschlossen zu sein. Je weiter man schaut, desto größere Schwankungen würde man in den maximalen Helligkeitsamplituden von Supernovae erwarten, da der Staub nicht vollkommen gleichmäßig im gesamten Raum verteilt ist. Die Astronomen finden jedoch keine offensichtlichen Schwankungen in den Helligkeitsmaxima, auch nicht in sehr weit entfernten Galaxien.

Ein ernst zu nehmender Einwand ist jedoch die Möglichkeit, dass Supernovae selbst einer Evolution unterliegen, sodass sie sich bei großen Entfernungen nicht mehr als vertrauenswürdige Standardkerzen erweisen. Tatsächlich vermutet man aus theoretischen Gründen große Unterschiede in den Eigenschaften von Supernovae, je weiter man in die Vergangenheit blickt. In diesem Fall wären bei sehr großen Rotverschiebungen die Beobachtungen aus einem erheblichen Bereich des Universums systematisch verändert. Doch auch die Supernovae in unserer Nähe finden in unterschiedlichen Umgebungen statt, sowohl mit überwiegend alten als auch überwiegend jungen stellaren Populationen, und wir haben schon früher erwähnt, dass keine systematischen Unterschiede in der absoluten Helligkeit beobachtet wurden.

Die Ergebnisse aus der Supernova-Forschung deuten auf eine Dominanz der dunklen Energie im Vergleich zur Materie und stehen im

Einklang mit den Ergebnissen aus der Untersuchung der kosmischen Mikrowellenhintergrundstrahlung für ein flaches Universum bei kritischer Dichte. Sie entsprechen ebenfalls den beobachteten Häufigkeiten von Clustern, durch welche die Materiedichte auf ein Drittel des kritischen Werts festgelegt wird. Die Kosmologen sind glücklich, denn es winkt ein widerspruchfreies kosmologisches Modell. Der Umstand, dass zwei Experimente vollkommen unabhängig voneinander den wichtigsten unerwarteten Parameter, den Anteil an dunkler Energie, bestätigt haben, gibt allen Grund zu der Annahme, dass wir der endgültigen Lösung der Kosmologie näher kommen. Eines der beiden Experimente, die Supernova Beobachtungen, misst die Beschleunigung, also den wichtigsten Hinweis auf die Vakuumenergie, direkt. Der Mikrowellenhintergrund sagt uns, dass es neben der «kalten» dunklen Materie noch etwas anderes geben muss, und das ist mit großer Wahrscheinlichkeit dunkle Energie.

Dunkle Energie

Die Kosmologen haben sich um 180 Grad gedreht und sind schließlich bei einem Wert für die kosmologische Konstante gelandet, der um rund 30 Prozent kleiner ist als der ursprünglich von Einstein angenommene Wert für ein statisches Universum. Man kann die kosmologische Konstante als eine konstante Energiedichte des Vakuums interpretieren, die erst in jüngerer Zeit gegenüber der Massendichte des Universums die Oberhand gewonnen hat. Es ist nicht möglich, diese Form der Energie direkt zu beobachten, deshalb bezeichnet man sie als dunkle Energie. Die Materiedichte nimmt mit zunehmender Ausdehnung des Universums ab. Als das Universum ungefähr ein Viertel seiner gegenwärtigen Größe hatte, wurde die dunkle Energie zum ersten Mal mit der Materiedichte vergleichbar. Daraus lässt sich schließen, dass das Universum von einer Phase der Verzögerung unter dem Einfluss der gravitativen Anziehung der Materie in eine Phase der Beschleunigung unter dem Einfluss der gravitativen Abstoßung der dunklen Energie überging.

Dunkle Energie ist ein seltsamer Stoff. Sie ist gleichmäßig verteilt und sie wird auch immer gleichmäßig verteilt bleiben. Es wird nie zu Anhäufungen wie bei der gewöhnlichen Materie unter dem Einfluss der Gravitation kommen. Die dunkle Energie besitzt nichts außer einer Energiedichte und Druck. Wie wir gesehen haben, ist negativer Druck abstoßend und führt, sobald er einmal überwiegt, zu einer Beschleunigung der Ausdehnung des Universums. Die dunkle Energie macht rund zwei Drittel der Energiedichte des Universums aus.

Es gibt keine komplizierte Erklärung für die dunkle Energie: Man kann sie einfach als einen Beitrag zur Vakuumenergie ansehen. Die dunkle Energie ist absolut gleichförmig verteilt und wird immer so bleiben. Sie ist nur über ihren Einfluss auf die Ausdehnungsbeschleunigung des Universums nachweisbar. Demgegenüber kann dunkle Materie sich auch verdichten, und das reicht aus, um die Astronomen sehr beschäftigt zu halten.

11 Das Allheilmittel der kalten, dunklen Materie

O dunkle, dunkle Nacht. Sie alle streben zur Dunkelheit,
die leeren interstellaren Räume, das Leere zum Leeren.
T.S. Eliot

Es gibt nur ein Richtiges, doch die Möglichkeiten für
das Falsche sind unendlich. *Thomas Henry Huxley*

Der größte Teil der Materie im Universum ist dunkel. Im Gegensatz zur dunklen Energie können wir dunkle Materie «sehen», da sie Strukturen bilden und sich verdichten kann. Dunkle Materie lässt sich nachweisen. Sie macht ungefähr ein Drittel der gesamten Masse-Energie-Dichte des Universums aus.

Der Anteil der dunklen Materie

Die Verteilung der kosmischen Masse lässt sich am besten im Vergleich zur kritischen Dichte für ein räumlich flaches Universum, dem Einstein-de-Sitter-Modell, ausdrücken. Diese Dichte hängt lediglich von der Hubble-Konstante ab, die mit ausreichender Genauigkeit bekannt ist. Die kritische Dichte entspricht 200 Milliarden Sonnenmassen pro Kubikmegaparsec. Es ist ganz nützlich, diese Zahl mit der Dichte des Sternenlichts zu vergleichen. Ausgedrückt in Einheiten der Sonnenhelligkeit macht sie rund einhundert Millionen Sonnenlichtintensitäten pro Kubikmegaparsec aus. Befände sich das Universum bei der kritischen Dichte, betrüge das Verhältnis von Masse zu Lichtintensität ungefähr tausend Sonnenmassen pro solare Lichtintensität. Das gibt eine klare Vorhersage für ein abgeschlossenes Universum.

Tatsächlich wird weitaus weniger gemessen. Die ersten vagen Hinweise auf ein Vorherrschen der dunklen Materie auf großen Skalen erhielt man bereits 1933 aus der Beobachtung von Galaxienclustern. Doch die ersten verlässlichen Werte beruhten auf den Rotationskurven von Galaxien, bei denen man die Drehrate als Funktion des Abstands vom Zentrum der Galaxie angibt. Hier fand man die ersten Beweise für die Dominanz von dunkler Materie in gewöhnlichen Galaxien, insbesondere in unserer eigenen Milchstraße. Die Rotationskurven für große Spiralgalaxien sind bei großen Entfernungen im Allgemeinen flach, was darauf hindeutet, dass die Masse mit wachsendem Abstand vom Galaxienzentrum zunimmt.

Die Rotationskurven von Galaxien werden mit besonderen Techniken im Radiowellenbereich gemessen. Dabei nutzt man charakteristische Eigenschaften im Spektrum aus, beispielsweise die 21-Zentimeter-Linie von atomarem Wasserstoff. Außerdem verwendet man Emissionslinien von Wasserstoffatomen im optischen Bereich. Die Radiowellenmethode ist sehr empfindlich gegenüber atomaren Gasen geringer Dichte, aber sie hat keine hohe Auflösung. Andererseits liefern die optischen Messungen zwar eine ausgezeichnete Auflösung, sie können jedoch nur dichte, von schweren Sternen ionisierte Gaswolken ausmachen. Die Kombination funktioniert gut. Man erhält übereinstimmende Ergebnisse, und man findet dunkle Materie auf allen Skalen bis zu einhundert Kiloparsecs. Seit den ersten Messungen, bei denen die kinetischen Energien der Clustergalaxien mit den potenziellen Energien verglichen wurden, hat man beträchtliche Fortschritte erzielt. Die Clustermasse ergibt sich aus der Bedingung, dass die Galaxien nicht auseinander fliegen und der Cluster sich auflöst. Die Zufallsbewegungen der Clustergalaxien lassen sich aus der mit optischen Verfahren gemessenen Streuung ihrer Radialgeschwindigkeiten erschließen.

Wie schon erwähnt, lassen sich die dynamischen Messungen der Clustermasse durch zwei unabhängige Verfahren bestätigen. Eines dieser Verfahren beruht auf Röntgenstrahlmessungen des heißen Gases innerhalb der Cluster. Das Gas hat eine Temperatur von rund zehn Millionen Kelvin, die mit der Röntgenstrahlspektroskopie bestimmt wird. Innerhalb des Gases sind zwei entgegengesetzt gerichtete Kräfte gerade im Gleichgewicht: die expansive Kraft des Gasdrucks und die anziehende Kraft der Eigengravitation des Clusters. Wenn wir für das Gas ein solches «hydrostatisches Gleichgewicht» annehmen, können wir die Clustermasse bestimmen.

Die zweite Methode nutzt den Gravitationslinseneffekt eines Clusters für das Licht von Galaxien im Hintergrund. Die Gravitationslinse verzerrt das Bild der Galaxie. Eine ideal kreisförmige Linse – ein dazwischen liegender Galaxiencluster oder auch eine massive Galaxie – würde das Bild der Hintergrundgalaxie zu einem Ring verzerren. Gewöhnlicherweise findet man statt des Rings mehrere konzentrische Bögen. Größe und Entfernung dieser Bögen ist ein Maß für den dunklen Materiegehalt der Linse. Alle drei Methoden messen die Verteilung der dunklen Materie auf großen Skalen und geben übereinstimmend einen Wert von 300 Sonnenmassen pro solare Luminosität. Die ausgemessenen Bereiche umfassen mehrere Millionen Lichtjahre. Auf noch größeren Skalen scheint es keine Strukturen mehr zu geben, die durch ihre eigene Gravitation zusammengehalten werden. Beim Virgo-Galaxiencluster findet man immer noch Galaxien, die sich vom Zentrum entfernen, deren Fluchtgeschwindigkeit jedoch durch die Gravitation gebremst wird. Irgendwann werden diese Galaxien in den Virgo-Cluster fallen. Durch Messungen der Bewegungen von Galaxien im Bereich des Virgo-Superclusters, des größeren Virgo-Clusters, lässt sich die Dichte der dunklen Materie auf Skalen bis zu 20 Megaparsecs bestimmen.

Auf noch größeren Skalen bis zu 100 Megaparsecs bestimmt man die Dichte der dunklen Materie über die Schwankungen in den Zählraten der Galaxien. Unter anderem dazu dienen die großen Vermessungen der Rotverschiebungen der Galaxien. Durch Mittelung über zufällig gewählte Kugeln lassen sich Verdichtungen in der Galaxienhäufigkeit feststellen. Die Verteilung der Materie auf sehr großen Skalen sollte mit dem beobachteten Licht korreliert sein. Schwankungen in den Materiedichten sind eine Quelle der Gravitation, die zu Abweichungen in der Hubble-Ausdehnung führen. Diese zeigen sich als Zufallsbewegungen von Galaxien oder Galaxienclustern. Befände sich das Universum bei einer kritischen Dichte, würde man große Schwankungen im Hubble-Fluss, insbesondere in den Pekuliargeschwindigkeiten der Galaxien und den Bewegungen von Clustern beobachten, die in der Größenordnung von tausend oder mehr Kilometern pro Sekunde lägen. Doch die beobachteten Zufallsbewegungen der Galaxien betragen nur rund 300 Kilometer pro Sekunde.

Die Schwankungen im Hubble-Fluss deuten auf einen Wert für das Masse-Licht-Verhältnis von 300 Sonnenmassen pro solare Luminosität hin, ungefähr ein Drittel des kritischen Wertes für ein geschlossenes

Universum. Das stimmt ziemlich gut mit dem Masse-Licht-Verhältnis überein, das man aus den Galaxienclustern gewonnen hat. Ähnliche Schlussfolgerungen ergeben sich auch aus den winzigen Verzerrungen in den Bildern sehr stark rotverschobener Hintergrundgalaxien. Diese Auswertungen sind rein statistisch, und man spricht in diesem Fall von einem schwachen Gravitationslinseneffekt.

Eine weitere Methode beruht auf der Auswertung der zeitlichen Entwicklung der Rotverschiebung in Abhängigkeit von der Cluster-dichte. Die Häufigkeit von Clustern mit einer Masse oberhalb einer gegebenen Schwelle nimmt nur langsam mit der Expansion des Universums zu. Für ein Universum mit kritischer Dichte sagt die Theorie der Clusterentstehung eine rasche Zunahme in der Häufigkeit massiver Cluster vorher, da in einem solchen Universum die Dichtefluktuationen wegen der gravitativen Instabilität größer sind. Dieser Effekt sollte in der jüngeren Vergangenheit systematisch unterdrückt sein, wenn die Dichte des Universums unterhalb des kritischen Werts liegt.

Das Bottom-up-Universum

Der *Ab-initio*-Zugang zur Erklärung der Strukturen auf großen Skalen war sehr erfolgreich. Man beginnt mit winzigen Dichtefluktuationen in der kalten Materie auf sehr kleinen Skalen. Während der inflationären Phase werden diese Fluktuationen zu Skalen aufgeblasen, die dem Horizont zu einer Epoche entsprechen, als die Dichten von Materie und Strahlung gleich waren. Zufälligerweise entspricht diese Epoche gerade einer Skala, innerhalb derer sich die Masse eines Galaxienclusters befindet. Nachdem das Universum durch seinen Materiegehalt dominiert worden war, wurden diese Fluktuationen gravitativ instabil und sammelten Materie aus der Umgebung an. Damit kam es unmittelbar vor unserer heutigen Epoche zur Entstehung von Galaxienclustern.

Die Strukturentstehung folgt einer Bottom-up-Hierarchie. Schwankungen in der Materiedichte sind auf kleineren Skalen größer. Kleine Objekte kondensieren zuerst, anschließend die zunehmend größeren Strukturen. Das muss nicht zwingend so sein. Man könnte sich auch eine Top-down-Entstehung von Strukturen vorstellen. Alles hängt von den anfänglichen Dichteschwankungen ab, aus der die Struktur erwachsen ist. Die Beobachtungen favorisieren eindeutig ein Bottom-up-Bild des Universums. Galaxiencluster, die massereichsten Objekte, die durch ihre eigene Gravitation zusammengehalten werden, besitzen eine wesentlich geringere Dichte und sind jünger als Galaxien. Die mittlere Dichte entspricht der des Universums zu einer Zeit, als sich Galaxiencluster gebildet haben. Galaxien entstanden mit Sicherheit vor den Clustern. Das ist die wesentliche Aussage der Bottom-up-Theorie.

Die Entstehung von Strukturen vom Kleinen zum Großen wurde ausgiebig simuliert, gewöhnlich im Zusammenhang mit einem von kalter Materie dominierten Universum. Für dunkle Materie ist die Theorie gut formuliert und lässt sich in numerischen Simulationen modellieren. Kleine Wolken, dargestellt durch Anhäufungen von Punktmassen, wachsen aufgrund der gravitativen Anziehung und verschmelzen zu größeren Wolken. Es entsteht eine Hierarchie von Strukturen, da nicht alle Substrukturen wieder ausgelöscht werden.

Dieses Bild einer hierarchischen Strukturentstehung hat einige Erfolge zu verzeichnen. Es erklärt beispielsweise, wie sich Galaxien zu Clustern zusammenfinden. Die Ergebnisse von Simulationen von Strukturen auf großen Skalen unterscheiden sich kaum von tatsächlichen Vermessungen. Auf den größten Skalen mit bis zu Hunderten von Megaparsecs, wo man die besten Vergleiche anstellen kann, lassen sich die Dichtefluktuationen in der Galaxienverteilung messen. In einem von dunkler Energie dominierten Universum entstehen die beobachteten Strukturen auf natürliche Weise. Die Häufigkeit der Galaxiencluster ist ein guter Test für diese Strukturen auf großen Skalen. Die leuchtende Materie führt uns auf die dunkle Materie. Die Zufallsbewegungen der Galaxiencluster vor dem Hintergrund des expandierenden Universums deuten auf Unregelmäßigkeiten in der Verteilung der dunklen Materie. Rechnet man das in den Galaxien beobachtete Licht mit einer universellen Proportionalitätskonstante in den Gehalt an dunkler Materie um, so entspricht das Ergebnis genau den Zufallsbewegungen der Cluster sowie den beobachteten Beschleunigungen der Galaxien in den Clustern. Es gibt keinen Grund, auf den größten Skalen einen höheren Anteil an dunkler Materie im Vergleich zur sichtbaren Materie anzunehmen. Wir benötigen zur Erklärung der Beobachtungen jedoch die dunkle Energie, allerdings erst, wenn wir uns der Skala des Horizonts im Bereich von Gigaparsecs nähern. Auf großen Skalen sagt uns die dunkle Materie, dass die Materiedichte des Universums gleich einem Drittel des kritischen Werts ist. Aus diesen Modellen, bei denen wir von großen zu kleinen Skalen vordringen – den so genannten Top-down-Modellen –, können wir schließen, dass die Galaxien zu einem Zeitpunkt entstanden sind, als das Universum rund ein Zehntel seiner gegenwärtigen Größe besaß.

Simulationen nähern sich der kosmologischen Wahrheit

Die Vorgänge bei der Entstehung von Strukturen sind so kompliziert, dass wir auf numerische Simulationen zurückgreifen müssen, um viele der Beobachtungen überprüfen zu können. Der Erfolg der Theorie liegt in der Erklärung vieler Eigenschaften des beobachteten Universums. Besonders zu betonen sind in diesem Zusammenhang die Intensität und die Verteilung der Schwankungen im kosmischen Mikrowellenhintergrund sowie die Eigenschaften von Galaxienclustern. Simulationen zur Entstehung von Clustern können die Form und Dichteverteilung von Galaxienclustern erfolgreich reproduzieren.

In einer gewöhnlichen Simulation kollabiert eine massive Gaswolke unter dem Einfluss ihrer eigenen Gravitation. Anfänglich wird die Wolke noch durch ihren Gasdruck gehalten, doch durch die freie Abstrahlung verliert das Gas Energie. Die Wolke kollabiert weiter und bildet einen konzentrierten Gasball, der im Röntgenspektrum glüht, da seine Temperatur bei einigen zehn Millionen Kelvin liegt. Die Wolke ist in einen Cluster von Tausenden von Galaxien eingebettet und macht rund zehn Prozent der Clustermasse aus.

Solche numerischen Simulationen können die Verteilung der im Röntgenbereich sichtbaren Gase innerhalb des Clusters reproduzieren. Auf größeren Skalen durchdringt intergalaktisches Gas das Universum. Auch dieses intergalaktische Medium können wir beobachten, weil es das Licht weit entfernter Quasare absorbiert. Man findet ionisierten Wasserstoff in Fasern und schwachen Inhomogenitäten, sowie in riesigen Wolken aus atomarem Wasserstoff mit der Masse einer ganzen Galaxie. Durch die Berücksichtigung der Gase in den Simulationen ha-

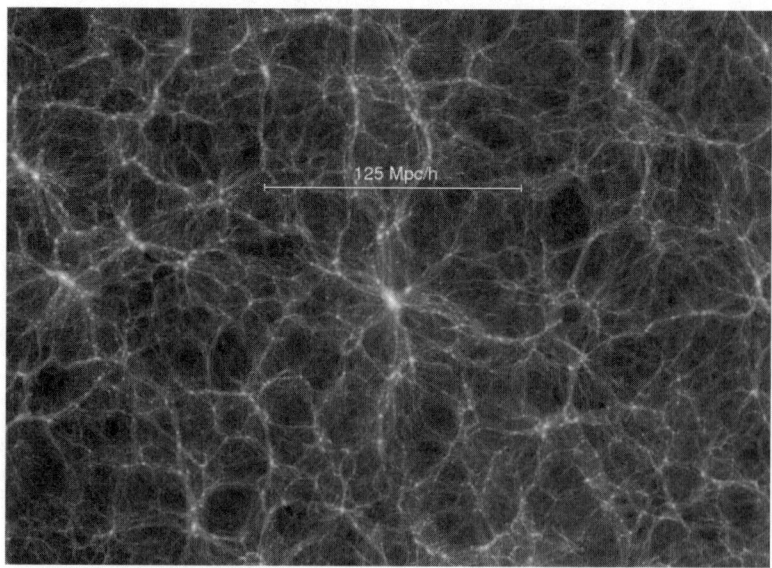

Abbildung 4: Eine Simulation des Universums zeigt die Verteilung der dunklen Materie auf sehr großen Skalen.

ben wir eine überzeugende Erklärung für die Verteilung des intergalaktischen Gases gefunden.

Die Entstehung von Galaxien hat sich in Simulationen als weniger erfolgreich erwiesen. Große Klumpen aus kalter dunkler Materie verschmelzen hierarchisch und bilden die dunklen Halos der Galaxien. Einige der Unterstrukturen überleben, doch es bedarf einer hohen Auflösung in der Simulation, um die Wechselwirkungen und die Entwicklung der Klumpen verfolgen zu können. Die Simulationen zur Entstehung von Sternen sind noch komplexer, da der Rückfluss an Energie in das Gas aus entstehenden und sterbenden Sternen berücksichtigt werden muss. Für eine wirklichkeitsnahe Simulation sind die rechnerischen Anforderungen zu groß, um mit heutigen Computern durchgeführt werden zu können. Will man trotzdem numerische Untersuchungen anstellen, ist man zu Kompromissen gezwungen, und man kann nie ganz sicher sein, ob man den Ergebnissen wirklich trauen kann.

Die Berücksichtigung der Drehung

Weshalb drehen sich Galaxien? Das war eine der ersten Fragen, die sich die Astronomen stellten, als sie vor ungefähr zweihundert Jahren zum ersten Mal die wunderbaren Spiralnebel auflösen konnten. Rotation war für die beobachteten Muster die nahe liegendste Erklärung. Es bedurfte jedoch der modernen dynamischen Messungen, um diese Erklärung mithilfe ausgeklügelter Abbildungen im optischen Bereich sowie im Radiofrequenzbereich zu bestätigen.

Optisches Licht stammt von Ansammlungen massiver junger Sterne, deren Ultraviolettstrahlung die umgebenden Wasserstoffwolken, in denen die Sterne geboren wurden, ionisiert. Wird die anschließende Emission in einem Spektrometer untersucht, findet man hauptsächlich Spektrallinien zu leuchtenden Wasserstoff- und Sauerstoffgasen. Die erwarteten Wellenlängen der Linien sind aus Labormessungen für die Gase im Ruhezustand bekannt. Die beobachteten Spektrallinien sind sowohl rot- als auch blauverschoben, je nachdem welche Seite der Galaxie man relativ zum Zentrum beobachtet. Der Grund dafür sind die Doppler-Verschiebungen infolge der Rotation der Galaxie: Die Linien aus dem Gas, das sich auf einer Seite von uns wegbewegt, sind zum Roten verschoben, die Linien aus dem Gas auf der anderen Seite, die sich auf uns zu bewegt, hingegen zum Blauen. Ein ähnliches Verfahren verwendet man für die Strahlung im Radiowellenbereich, die den interstellaren Wolken aus atomarem und molekularem Gas entstammt, und man erhält ähnliche Ergebnisse.

Die Drehung der Galaxien geht auf eine Zeit zurück, als nur Gaswolken vorlagen, die zu den ersten Sternen kontrahierten. Die Wolken hatten sehr unregelmäßige Formen. Daher kam es zu anziehenden Kräften zwischen benachbarten Wolken, die jede einzelne Wolke in Drehung versetzten, wobei jedoch insgesamt kein Drehmoment erzeugt wurde. Bei diesen Kräften handelte es sich um Gezeitenkräfte, die den jungen Galaxien ein Drehmoment übertrugen.

Bis in die achtziger Jahre glaubte man, dass der Drehimpuls während der anschließenden Kontraktion der sich bildenden Galaxie erhalten bliebe. Wie ein Tänzer bei einer Pirouette, der sich schneller dreht, wenn er die Arme eng an den Körper zieht, würde sich auch die kontrahierende Wolke schneller drehen. Die Kontraktion hört auf, wenn die Gravitation und die Fliehkräfte sich gegenseitig aufheben, und man erhält eine rotierende Scheibe. Auf diese Weise hoffte man die Größe der beobachteten Spiralgalaxien erklären zu können, bei denen es sich im Grunde genommen um unterschiedlich schnell rotierende Sternenscheiben handelt.

Als dann in den neunziger Jahren die komplexen numerischen Simulationen eine höhere Auflösung erlaubten, wurde jedoch offensichtlich, dass der größte Teil des Drehimpulses von dem kondensierenden Gas abgegeben und auf die Halo übertragen wird. Dichte Klumpen aus Baryonen sinken in die zentralen Bereiche der sich formenden Galaxie und verlieren dabei an Drehimpuls. Verklumpungen in der dunklen Halo stören durch ihre Gezeitenkräfte die Scheibe ebenfalls und erschweren die Übertragung des Drehimpulses. Das Ergebnis der Simulationen war, dass die Scheibengrößen eindeutig um rund einen Faktor fünf zu klein sind.

Die Simulationen brachten noch ein weiteres Problem zutage. Die Verteilung der dunklen Materie in Zwerggalaxien mit einer niedrigen Oberflächenhelligkeit, bei denen die dunkle Materie überwiegt, ließ sich nicht wirklich erklären. Man untersucht dabei die Rotation der Galaxien und findet im Allgemeinen weiche Kerne. Die Simulationen zur dunklen Materie ergeben jedoch eindeutig eine hohe zentrale Konzentration, die nicht dem vermuteten Gehalt an dunkler Materie bei den beobachteten Galaxien gleicht. Die Theorie kann die beobachteten Kerne dieser Zwerge mit einer niedrigen Oberflächenhelligkeit nicht erklären. Vielleicht lässt sich das Problem lösen, wenn es uns möglich sein wird, genauere Simulationen mit einer höheren Auflösung durchzuführen, bei der sämtliche Wechselwirkungen zwischen der baryonischen Materie und der dunklen Materie berücksichtigt werden. Bisher ist das noch nicht der Fall.

Doch es gibt auch gute Nachrichten. Bei der Simulation verschmelzender Galaxien (einschließlich ihrer Gase) fand man, dass die Übergangszustände bei der Verschmelzung wie stark irreguläre Galaxien aussehen können. Man sieht die Ausbildung von Gezeitenschwänzen und Spiralarmen. Auch wenn es im Allgemeinen nicht möglich ist, die Natur solcher Objekte aus prinzipiellen Überlegungen vorherzusagen, lassen sich doch geeignete Anfangsbedingungen festsetzen und die

Ergebnisse der Simulation am Computer mit den beobachteten Beispielen vergleichen. Beispiele verschmelzender Galaxien in unserer Umgebung sind vergleichsweise selten. Im frühen Universum waren Verschmelzungen jedoch vermutlich weitaus häufiger. Verschmelzungen sind ein unvermeidbares Nebenprodukt bei der Entstehung hierarchischer Strukturen. Wir lernen viel über den Menschen, indem wir kranke Leute studieren. Ganz ähnlich sind die pathologischen Fälle von irregulären und gestörten Galaxien oft die interessantesten. Da Verschmelzungen in der fernen Vergangenheit häufiger stattfanden, können wir nach ihnen beispielsweise auf den Hubble-Bildern Ausschau halten. Sie liefern uns die hohe Auflösung, aufgrund derer wir die Auswirkungen der Gezeitenkräfte beobachten können, die für Verschmelzungen vorhergesagt werden. Man kann auch nach der freigewordenen Energie suchen. Bei einer Verschmelzung entsteht eine helle Radiogalaxie bzw. es kommt zu einem starken Ausbruch an Sternenbildung, also zu einem Starburst.

Hell leuchtende elliptische Galaxien haben im Durchschnitt mehr Masse in ihren Sternen und ein stärkeres Gravitationsfeld als hell leuchtende Spiralgalaxien. Entsprechend massiver sind auch ihre Halos. Man vermutet, dass sie erst in jüngerer Zeit entstanden sind. Elliptische Galaxien haben jedoch vorwiegend ältere Sternpopulationen. Eine Erklärung findet man in der Annahme, dass elliptische Galaxien aus großen Verschmelzungen entstanden sind und dass in dieser Zeit ein sehr großer Anteil der Gase zu Sternen umgewandelt wurde. Das kann relativ schnell geschehen sein, bei einem direkten Zusammenstoß in weniger als der Zeit, in der sich eine Druckwelle durch die gesamte Galaxie ausgebreitet hat. Das Gas wird komprimiert und kühlt sich ab, dabei verliert es kinetische Energie und fällt in die inneren Bereiche des verschmelzenden Systems. Hier kommt es zu einer effizienten Sternentstehung und nur wenig Gas bleibt übrig.

Das Ergebnis ist eine kugelförmige Sternverteilung wie in der inneren Ausbuchtung einer Spiralgalaxie oder einer elliptischen Galaxie. Im Gegensatz dazu laufen die Prozesse in den Scheiben der Spiralgalaxien weitaus ruhiger ab. Scheiben sind kalt und zerbrechlich. Ein langsamer Einfall kleiner Gaswolken oder eine gelegentliche kleinere Verschmelzung mit einer Zwerggalaxie liefern einen ausreichenden Nachschub an Gasen, aus denen sich die Scheibe bildet. Ein langsamer Gasnachschub in einer Umgebung mit niedriger Dichte führt zu einer anhaltenden Sternentstehung, die allerdings eine geringe Effizienz hat. Dieses Modell erklärt zumindest, weshalb elliptische Galaxien rot und Spiralgalaxien blau sind.

Mit den größten Teleskopen können die Astronomen in die Zeit zurückblicken und die jungen Phasen der Galaxien beobachten. Man hat die Entwicklung unmittelbar vor Augen. Die Morphologie der Galaxien ändert sich für große Entfernungen, insbesondere wenn man sie mit der außergewöhnlichen Auflösung des Hubble-Teleskops untersucht. Die Galaxien mit sehr hohen Rotverschiebungen passen gut in das Schema einer hierarchischen Strukturentstehung. Man findet einen deutlichen Anstieg in der Population von blauen, irregulären Galaxien bei schwächeren Helligkeiten. All das stimmt mit einem Modell der Galaxienentstehung überein, bei dem frühe Verschmelzungen und starke Gezeitenwechselwirkungen eine wichtige Rolle spielen. Die Beobachtungen sehr weit entfernter Galaxien können als qualitativer Erfolg der hierarchischen Galaxienbildungstheorie betrachtet werden.

Die meisten Baryonen sind dunkel

Nur ungefähr zehn Prozent der dunklen Materie im Universum ist baryonisch. Moderne Messungen der Häufigkeiten von Helium, Deuterium und Lithium stehen im Einklang mit den Vorhersagen aus der Big-Bang-Theorie. Heute, nachdem die Temperatur der kosmischen Mikrowellenhintergrundstrahlung sehr exakt gemessen wurde, erlauben die beobachteten Häufigkeiten der leichten Elemente eine genaue Aufstellung der primordialen Baryonenhäufigkeit.

Es gibt drei weitere unabhängige Bestätigungen für den Anteil der Baryonen an der Materie im Universum. Die Schwankungen in der kosmischen Mikrowellenhintergrundstrahlung messen die Baryonendichte zu einem Zeitpunkt, als die Strahlung das letzte Mal an der Materie gestreut wurde – also ungefähr 300 000 Jahre nach dem Big Bang, das entspricht einer Rotverschiebung von 1000. Weitere Bestimmungen stammen aus Untersuchungen des intergalaktischen Mediums zu zwei verschiedenen Epochen. Bei sehr hohen Rotverschiebungen, als das Universum nur ein Viertel seiner heutigen Größe hatte, sieht man in der Absorption der Spektren von Quasaren Wolken und Fasern aus intergalaktischem neutralem Wasserstoff. Kennt man noch den ionisierenden Photonenfluss, der sich direkt aus dem Emissionsspektrum der Quasare bestimmen lässt, kann man auf die Gesamtmenge an intergalaktischem Gas schließen. Bei geringer Rotverschiebung finden wir aus dem Röntgenstrahlemissionsfluss für den Anteil an heißem Gas innerhalb der Cluster einen Wert von rund 10 Prozent der gesamten Clustermasse. Da Cluster aufgrund ihrer großen Masse ihren ursprünglichen baryonischen Anteil vermutlich erhalten haben, kann man auch auf den baryonischen Anteil des Universums in unserer Nähe schließen. Alle Verfahren stimmen im Rahmen der üblichen Ungenauigkeiten überein. Wir finden für die Baryonendichte ungefähr vier Prozent der kritischen Dichte.

Es gibt jedoch auch Probleme. Die bekannten Quellen-Sterne und diffuse intergalaktische Gase können nur die Hälfte der vorhergesagten Baryonenanteile erklären. Nochmals die gleiche Menge an Baryonen fehlt uns im heutigen Baryonenhaushalt. Ungefähr die Hälfte der Baryonen, die es einmal gegeben hat, lassen sich heute einfach nicht direkt beobachten. Zusätzlich zu dem Problem der dunklen Materie, das sich auf die nichtbaryonische Materie bezieht, haben wir also auch ein Problem mit der dunklen baryonischen Materie. Und schließlich gibt es noch die supermassiven Schwarzen Löcher. Sie sitzen in den Zentren der Galaxien, tragen vergleichsweise wenig zum Haushalt der dunklen Materie bei, könnten aber einen wesentlichen Einfluss auf die Entstehung der Galaxien gehabt haben.

12 Anfänge

Evolution … ist eine Veränderung von einer indefiniten, inkohärenten Homogenität zu einer definiten, kohärenten Heterogenität.
Herbert Spencer

Einige nennen es Evolution, andere nennen es Gott.
William Carruth

Für die Astronomen der Antike, und im Grunde genommen bis zu den ersten drei Jahrzehnten des zwanzigsten Jahrhunderts, war das Universum statisch. Es war undenkbar, sich eine zeitliche Veränderung des Universums, insbesondere eine mögliche Expansion vorzustellen. Selbst Edwin Hubble, der die Beziehung zwischen der Rotverschiebung und der Entfernung entdeckte, war zeitlebens nicht davon überzeugt, dass das Universum sich ausdehnt. Doch dessen ungeachtet erfolgte ein Paradigmenwechsel. Zu viele Tatsachen ließen sich durch die Annahme eines expandierenden Universums erklären. Innerhalb weniger Jahrzehnte wurde das Hubble-Gesetz Bestandteil der allgemeinen Kosmologie. Wie kam es zu diesem radikalen Wechsel in unserer Vorstellung vom Kosmos?

Der Vorhang vor dem Big Bang lüftet sich

Die Annahme eines Universums, das im Mittel gleichförmig und isotrop ist, wurde als kosmologisches Prinzip bekannt. Sie führte zu einer beträchtlichen Vereinfachung der Gleichungen des Gravitationsfelds. Im Jahre 1917 entwarf Einstein ein statisches kosmologisches Modell, das nur durch die Einführung einer abstoßenden Kraft am Kollaps durch die Gravitation gehindert werden konnte. Diese abstoßende Kraft wird durch die kosmologische Konstante ausgedrückt, zu der es in der Newton'schen Gravitation kein Gegenstück gibt und die nur auf kosmologischen Skalen von Bedeutung ist. In moderner Sprechweise identifizieren wir die kosmologische Konstante mit der Vakuumenergie, der so genannten dunklen Energie. Sie ist gleichförmig im Raum verteilt und für die beobachtete Beschleunigung des Universums verantwortlich.

Im Jahre 1917 gab es jedoch keinen Grund, an irgendetwas anderes als ein statisches Universum zu glauben. Tatsächlich hatte Einstein jedoch die einzige wirkliche kosmologische Lösung der Feldgleichungen, die dem kosmologischen Prinzip genügt und keiner kosmologischen Konstanten bedarf, übersehen. Sein Fehler wurde bald berichtigt. Die Geschichte des Big Bang beginnt mit dem russischen Mathematiker Alexander Friedmann. Er arbeitete als Meteorologe und machte seine Beobachtungen oft aus sehr hoch fliegenden Ballons. Es gab sogar einen Zeitpunkt, wo er den Höhenweltrekord für einen bemannten Flug hielt. Friedmann starb 1925 mit 36 Jahren, angeblich an einer Lungenentzündung, die er sich nach einem solchen Beobachtungsflug zugezogen hatte. Zwei Jahr zuvor, im Jahre 1923, hatte Friedmann entdeckt, was Einstein übersehen hatte: die Möglichkeit eines expandierenden Universums. Unabhängig von ihm stieß im Jahre 1927 ein junger belgischer Priester, Georges Lemaître, auf ähnliche Ergebnisse.

Innerhalb von drei Jahren hatte Edwin Hubble, ein ehemaliger Rechtsanwalt, der von seinem Beruf gelangweilt war, die Entfernungen der näher gelegenen Galaxien bestimmt. Schon vorher hatte Vesto Slipher vom Lowell-Observatorium in Flagstaff die Geschwindigkeiten gemessen. Er hatte die Spektren von Galaxien und insbesondere die Spektrallinien beobachtet, die durch die Absorption von Atomen in den Atmosphären der vielen Sterne entstehen, die zusammen das Spektrum einer Galaxie ausmachen. Dabei war ihm aufgefallen, dass bei vielen nahe gelegenen Galaxien diese Linien, im Vergleich zu den Wellenlängen von Atomen in Ruhe, systematisch zu roten Wellenlängen hin verschoben waren. Diese Spektralverschiebung beruht auf dem Doppler-Effekt, den wir schon im Zusammenhang mit den Messungen der stellaren Bewegungen erwähnt haben. Er erlaubt die Bestimmung der Fluchtgeschwindigkeit ganzer Galaxien.

Um 1920 beobachtete Hubble am Mount-Wilson-Observatorium veränderliche Sterne. Er konnte ihre mittleren Helligkeiten als Entfernungsstandards nutzen und daraus die Entfernung der Galaxien bestimmen. Um die Entfernung messen zu können, muss für eine Klasse von Sternen bekannt sein, dass sie alle dieselbe absolute Leuchtstärke haben. Es gibt in Wirklichkeit zwar keine Sterne, die sich genau so verhalten, aber veränderliche Sterne kommen der Sache am nächsten, wenn wir die Periode ihrer Veränderung mit ihrer Helligkeit in Beziehung setzen können. Eine Klasse von hellen Veränderlichen, die so genannten Cepheiden, zeigen ein besonderes Muster in ihren Veränderungen, und sie sind die idealen Hilfsmittel zur Entfernungsmessung. Diese besonders hellen und großen Sterne schwellen periodisch an und wieder ab. Ihre Helligkeit nimmt während des Anschwellens zu, und ihre mittlere Helligkeit ist proportional zur Periode dieser Oszillation.

Die Astronomin Henrietta Leavitt hatte außerordentlich gewissenhaft eine große Gruppe von Cepheiden untersucht, die sich alle in der großen Magellan'schen Wolke befanden. Sie konnte die Beziehung zwischen der Helligkeit und der Periode nachweisen, da diese Sterne alle dieselbe Distanz zu uns haben. Auch in der Milchstraße wurden viele Cepheiden gefunden. Mithilfe dieser Beziehung konnte man die Größe der Milchstraße bestimmen und anschließend die Abstände zu den nächst gelegenen Galaxien.

Hubble kam zu dem überraschenden Ergebnis, dass die Fluchtgeschwindigkeit einer Galaxie umso größer ist, je weiter sie von uns weg ist. Eine Galaxie wird jedoch durch ihre Eigengravitation zusammengehalten und ist vollkommen stabil. Mit der Ausdehnung des Raums entfernt sich das Massenzentrum der Galaxie von uns, doch die Galaxie selbst ist im Vergleich zu ihrer Umgebung so dicht, dass ihr Inneres von der Raumausdehnung nicht betroffen ist. Einsteins Theorie führte zu der Interpretation, dass sich der Raum ausdehnt; die Galaxien selbst dehnen sich jedoch nicht aus.

Erst viel später prägte der Kosmologe Fred Hoyle, ein entschiedener Anhänger der von Singularitäten freien Steady-state-Theorie, für die Vorstellung eines sich ausdehnenden Universums den Begriff «Big Bang», weil das Universum seinen Ursprung in einer punktförmigen Singularität unendlicher Dichte hat. Doch diese Singularität wurde als mathematisches Artefakt interpretiert, als eine Unvollständigkeit innerhalb der physikalischen Beschreibung, die erst ein halbes Jahrhundert später ausgefüllt wurde. Nach der Einstein'schen Theorie der Gravitation ist der Raum gleichförmig, unbeschränkt, und er dehnt sich aus. Es gibt keinen Mittelpunkt und keinen Rand des Raums. Die notwendige Folgerung aus einem sich ausdehnenden Raum ist erstaunlich: Alles begann irgendwann aus einem singulären Zustand extremer Dichte.

Die Geburt der physikalischen Kosmologie

Nach der Big-Bang-Theorie muss sich das Universum ausdehnen. Diese Vorstellung galt in den frühen Jahrzehnten des zwanzigsten Jahrhunderts als so radikal, dass viele, einschließlich Hubble, sie niemals wirklich akzeptierten. Seit 14 Milliarden Jahren streben die Galaxien wie nach einer Explosion auseinander. Was war der Auslöser für den Paradigmenwechsel zu einem sich ausdehnenden Universum? Die Bestätigung dieser Idee kam schrittweise. Heute gibt es drei Beweisstücke für eine Big-Bang-Theorie, die auf einen sehr weit zurückliegenden und unglaublich dichten und heißen Anfangszustand deuten.

Das erste und wichtigste Beweisstück ist die Expansion des Universums. Keine andere Erklärung war jemals überzeugender. Das Universum dehnt sich aus, daher gab es irgendwann einen sehr dicht zusammengepressten Zustand. In den siebziger Jahren des letzten Jahrhunderts zeigten Stephen Hawking und Roger Penrose, dass eine Vergangenheitssingularität oder ein Zustand von nahezu unendlicher Dichte nach dem damaligen Verständnis von Gravitation unvermeidbar ist. Nur die Möglichkeit einer kosmologischen Konstante erlaubte ein Schlupfloch in ihrer Argumentation.

Die Anzeichen für eine Ausdehnung des Raums wurden immer überzeugender. Im Nachhinein ist es bemerkenswert, wie der junge Forscher Georges Lemaître, damals praktisch ein Außenseiter in den Reihen der professionellen Astronomen, aus der Expansion des Universums eine der größten Vorhersagen der modernen Physik machte. Er formulierte eine Relation zwischen der Fluchtgeschwindigkeit einer weit entfernten Galaxie und ihrer Entfernung. Im Jahre 1929 bestätigte Hubble diese Beziehung zwischen der Rotverschiebung und der Entfernung. Sie wurde bald als das Hubble-Gesetz der Proportionalität zwischen der Fluchtgeschwindigkeit und dem Helligkeitsabstand bekannt.

Hubble verwendete die jeweils hellsten Sterne in weit entfernten Galaxien als seine wichtigsten Entfernungsindikatoren. Er untersuchte einen Bereich, der in den Virgo-Galaxiencluster hineinreicht. Heute wissen wir, dass die Entfernungsindikatoren von Hubble teilweise fehlerhaft waren, da er Sterne nicht von Gebieten aus ionisiertem Gas unterscheiden konnte. Wir wissen ebenfalls, dass in dem Bereich zwischen uns und dem Virgo-Cluster, wo die Hubble'schen Galaxien lagen, die Galaxien großen Zufallsbewegungen unterliegen. Die Gleichförmigkeit des Universums erkennt man erst jenseits des Virgo-Clusters. Trotzdem verkündete Hubble im Jahre 1929 seine Entdeckung des Gesetzes zwischen Rotverschiebung und Entfernung. Die Rotverschiebung beruht auf dem Doppler-Effekt und äußert sich für eine Galaxie, die sich von uns entfernt – in einer systematischen Verschiebung der Spektrallinien zu längeren Wellenlängen. Blauverschiebungen würden eine Annäherung bedeuten; nur einige der nächst gelegenen Galaxien zeigen ein blauverschobenes Spektrum.

Wie wir gesehen haben, wurde die allgemeine Rotverschiebung der Galaxien in den ersten Jahrzehnten des zwanzigsten Jahrhunderts entdeckt. Je schwächer die Galaxie zu sehen ist, umso ausgeprägter ist im Mittel die Rotverschiebung. Um die Beziehung zwischen Entfernung und Rotverschiebung besser zu verstehen, wandten sich die Beobachter an die theoretischen Kosmologen. Doch die kannten die Möglichkeit der Rotverschiebung nur für ein de-Sitter-Universum. Das de-Sitter-Modell der Kosmologie ist ein seltsames Gebilde. Es handelt sich um ein leeres Universum, in dem die Entfernung sehr rasch mit der Rotverschiebung zunimmt. Die Beziehung zwischen der Entfernung und der Rotverschiebung in diesem Modell ist nicht linear. Aus diesem Grund scherte sich Hubble auch nicht viel um die Theorie. Für ihn hatten die Daten Vorrang. Er bestimmte die Entfernungen neu – mit einer größeren Genauigkeit als seine Vorgänger – und schloss auf die lineare Abhängigkeit, die wir heute als das Hubble-Gesetz kennen. Bis zu seinem Tod wollte Hubble die Ausdehnung des Universums nicht recht akzeptieren, trotz der Vorhersagen von Lemaître und vor ihm von Friedmann. Doch nur wenige Jahre nach Hubbles Veröffentlichung griff die kosmologische Gemeinschaft das Hubble-Gesetz auf und schloss, dass der Raum sich ausdehnen muss.

Im Nachhinein ist es schwierig nachzuvollziehen, wie Hubble auf ein lineares Gesetz schließen konnte, bedenkt man die großen Unsicherheiten in den Galaxienabständen und die Tatsache, dass Hubble nur ein kleines Volumen des Universums ausgemessen hatte. Die Hubble-Konstante (H_0) wird in Einheiten der Geschwindigkeit pro Entfernung gemessen und ist im Grunde genommen eine inverse Zeit.

Hubble kam auf einen Wert von 600 Kilometern pro Sekunde pro Megaparsec. Der heutige Wert von H_0 ist um eine Größenordnung kleiner und liegt bei 70 Kilometern pro Sekunde pro Megaparsec, mit einer Unsicherheit von ungefähr zehn Prozent. Die daraus abgeleitete Zeitskala $1/H_0$ ist ein Maß für das Alter des Universums, sofern es keine Verzögerung (oder Beschleunigung) gegeben hat. Aus Hubbles Messungen ergab sich für das Universum ein Alter von 1,5 Milliarden Jahren, was weit weniger war als das bekannte Alter der Erde. Aus diesem Grund waren viele Astronomen zunächst etwas zurückhaltend, die Interpretation von einem expandierenden Universum zu akzeptieren.

Was hat sich geändert? Zunächst waren die Kosmologen sehr erfinderisch. Unter dem Einfluss von Lemaître wurde die von Einstein postulierte kosmologische Konstante, die ein statisches Universum ermöglichen sollte, erneut eingeführt. Viel Beachtung erhielt ein Hybrid-Modell von Eddington und Lemaître, wonach sich das Universum zunächst in einer statischen und beliebig lang anhaltenden Phase befunden hatte, bevor es zu expandieren begann. Lemaître bewies die Möglichkeit der Galaxienentstehung in einem solchen Universum. Eine Variante war ein expandierendes Universum, das aufgrund der kosmologischen Konstanten eine ausgedehnte Leerlaufphase durchmachte, bevor schließlich die Ausdehnung einsetzte. Solche Vorstellungen halfen, den Übergang von einem statischen zu einem expandierenden Universum psychologisch zu erleichtern. Außerdem erhöhten sie das Alter des Universums beträchtlich.

Das wichtigste aber war eine neue Entfernungsskala. Man erkannte den wesentlichen Fehler von Hubble, der die hellsten Sterne mit riesigen Wolken aus ionisiertem Gas verwechselt hatte, so genannte HII-Bereiche. In erster Linie war Allan Sandage dafür verantwortlich, dass nach 1960 eine neue Entfernungskalibrierung vorgenommen wurde, die von den hellsten Sternen und den HII-Bereichen in den Galaxien als Standardkerzen Gebrauch machte. Damit konnte er das Universum bei größeren Entfernungen untersuchen und die Hubble-Konstante auf einen Wert unter 100 Kilometer pro Sekunde pro Megaparsec drücken.

Ein weiterer wichtiger Durchbruch kam in den fünfziger Jahren, als Walter Baade erkannte, dass es zwei verschiedene Typen von Cepheiden gibt. Die Verwirrung über verschiedene Typen ließ sich klären, als

Baade im Andromeda-Nebel zwei verschiedene Sternpopulationen identifizieren konnte, die jede ihre eigenen Cepheiden-Variablen hatte. Er erkannte, dass es zwei Arten von Cepheiden gibt, die sich in ihrer Helligkeit wesentlich voneinander unterscheiden. Als Ergebnis seiner Untersuchungen konnte Baade die Entfernungsskala nahezu verdoppeln. Für fast 40 Jahre schwankte die Hubble-Konstante zwischen 50 und 100 Kilometern pro Sekunde pro Megaparsec.

Die Lösung kam, als das Hubble-Raumteleskop Cepheiden in mehreren Galaxien außerhalb unserer lokalen Gruppe auflösen konnte, in Bereichen, in denen auch Supernovae beobachtet wurden. Wie wir gesehen haben, gleichen sich alle Supernovae vom Typ 1a in ihren Eigenschaften und können daher als Standardkerzen verwendet werden. Damit ließ sich die Entfernungsskala wesentlich erweitern. Man konnte nun mit derselben «Messlatte» Distanzen innerhalb unserer Galaxie und ihren Nachbarn bis hin zu Galaxien in einer Entfernung von fast 15 Megaparsecs verbinden. Die früheren Messungen der Hubble-Konstanten wurden verfeinert, und das Ergebnis ist der heutige Wert von 70 Kilometern pro Sekunde pro Megaparsec.

Ein weiterer großer Fortschritt bestand in der Erkenntnis, dass die Häufigkeit von Helium im Wesentlichen überall gleich ist, wo wir auch hinschauen, und es weitaus mehr Helium gibt, als von gewöhnlichen Sternen hätte erzeugt werden können. Das Helium muss zu einer Zeit entstanden sein, als es noch keine Galaxien gab, und der frühe Big Bang ist dafür die natürliche Umgebung. Nur bei den extrem hohen Dichten des Big Bang, als das Universum noch heißer als das Zentrum der Sonne war, konnte in thermonuklearen Reaktionen Wasserstoff zu Helium verschmolzen sein. Tatsächlich wurden während der ersten drei Minuten auch geringe Mengen an Deuterium und Spuren von Lithium produziert. Das erschien zwar eine überzeugende Erklärung, musste sich aber nicht unbedingt so abgespielt haben. Dann tauchte das dritte Teil des kosmischen Puzzles auf. Der russische Physiker George Gamow äußerte als erster die Vermutung, dass das Universum in einem sehr heißen Zustand begann und dass zu jener Zeit die chemischen Elemente bei Kernreaktionen erzeugt worden waren. Diese Behauptung war nur teilweise richtig – wie wir gerade gesehen haben, wurden nur die leichtesten Elemente im Big Bang erzeugt –, doch die Weiterführung seiner Arbeit brachte seine Mitarbeiter Ralph Alpher und Robert

Herman zu der Vorhersage, dass das Universum heute eine Temperatur von ungefähr 5 Kelvin haben sollte. Im Jahre 1964, ein Jahrzehnt später, entdeckten Arno Penzias und Robert Wilson dieses Reststrahlungsfeld, das ein Indiz für die Existenz eines primordialen kosmischen Ofens ist. Diese alte Strahlung bezeichnet man allgemein als die kosmische Mikrowellenhintergrundstrahlung, weil der größte Teil der Energie dieser Strahlung bei Mikrowellenfrequenzen liegt.

Der primordiale Feuerball

Die fossile Strahlung sollte die spektrale Energieverteilung eines perfekten Schwarzen Körpers haben – eines Objekts, das sämtliche Wellenlängen absorbiert und entsprechend seiner Temperatur emittiert. Das wäre ein weiterer Hinweis auf seinen Ursprung in dem idealen Ofen des Big Bang. Im Jahre 1990 wurde das perfekte Schwarzkörperspektrum von dem Satelliten mit der Bezeichnung «Cosmic Background Explorer», oder kurz COBE, bestätigt: Es wurde eine Temperatur von 2,726 Kelvin gemessen, und zwar unabhängig von der Richtung, in die man schaute. Man fand nirgendwo eine Abweichung von dieser Temperatur von mehr als einem hundertstel Prozent. Die Schwarzkörperstrahlung musste einem kosmischen Ofen entstammen: Die Temperatur des Universums war früher einmal die Hölle!

Die Hintergrundstrahlung ist die beste uns bekannte Schwarzkörperstrahlung. Ihr ideales Schwarzkörperspektrum ist ein zweifelsfreier Beleg, dass ihr Ursprung in einer dichten und feurigen Vergangenheit liegt. Schwarzkörperstrahlung ist die höchste Form von Informationsverlust. Alles ist zufällig, jegliche Ordnung ist verloren gegangen. Nehmen Sie einen Rolls Royce und eine alte Klapperkiste. Auch wenn beide Autos pulverisiert werden, lassen sich die beiden immer noch an dem verwendeten Material unterscheiden. Steckt man beide jedoch in einen ausreichend heißen Ofen, bis nur noch Protonen, Neutronen, Elektronen und Strahlung übrig bleiben, dann entspricht die Strahlung dem Zustand eines Schwarzen Körpers und überträgt Energie zwischen den Teilchen und ihrer Umgebung. Es gibt keinerlei Information mehr darüber, was ursprünglich einmal in den Ofen gekommen ist. Schwarzkör-

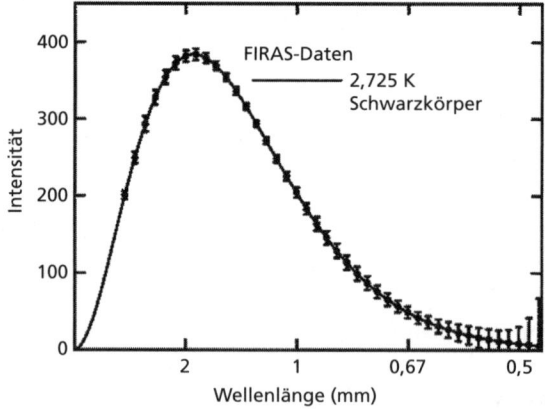

Abbildung 5: Das Spektrum der kosmischen Mikrowellenhintergrundstrahlung. Die Fehlerbalken entsprechen 400 Standardabweichungen.

perstrahlung ist die vollkommene Form von Demokratie: alle Quellen sind gleich und unterscheiden sich nur in ihrer Temperatur. Heute kann sich Strahlung ungehindert von uns zu weit entfernten Galaxien ausbreiten. Die Bedingungen im intergalaktischen Raum sind weit davon entfernt, eine Schwarzkörperstrahlung zu erzeugen. Eine solche Strahlung erfordert einen engen Kontakt zwischen Materie und Photonen, wie er beispielsweise in einem idealen Ofen oder im Mittelpunkt der Sonne vorliegt. Auch im sehr frühen Universum konnte sich Strahlung kaum über größere Distanzen ausbreiten, bevor sie absorbiert und wieder emittiert wurde. Materie und Strahlung waren im thermischen Kontakt. Ihre Temperaturen waren ideal. Ein Schwarzkörper hat nur eine einzige Temperatur. Ein vollkommenes thermisches Gleichgewicht ist genau das, was zur Erzeugung einer Schwarzkörperstrahlung notwendig ist. Das sehr frühe Universum muss dem Inneren eines Ofens geglichen haben.

Verfolgen wir den Prozess der Expansion rückwärts in der Zeit, so können wir zu jeder Ära die mittlere Materiedichte des Universums angeben, insbesondere auch lange bevor sich die ersten Galaxien gebildet hatten. Aus der gemessenen Schwarzkörpertemperatur können wir zu jeder Dichte in der Vergangenheit extrapolieren. Wir können ablesen, wie das Universum während verschiedener Lebensalter in der

Vergangenheit ausgesehen haben muss. Nur in den ersten Monaten nach dem Big Bang enthielt das Universum ein Plasma, das dicht genug war, um eine Schwarzkörperstrahlung erzeugt zu haben. Auch wenn die Strahlung immer noch mit Materie in Wechselwirkung steht und gelegentlich Elektronen aus Atomen herausschlägt, werden die Photonen nicht in großen Mengen absorbiert und neue Photonen nicht länger erzeugt. Die im ersten Lebensjahr des Universums erzeugte Strahlung verbleibt als Schwarzkörperstrahlung: Kein Prozess kann sie zerstören. Die Expansion des Universums führt zur allmählichen Abkühlung der Strahlungstemperatur, doch das Spektrum behält die Form einer Schwarzkörperstrahlung. Die kosmische Hintergrundstrahlung entstammt unmittelbar dem primordialen Feuerball. Sie wurde innerhalb der ersten Monate nach dem Big Bang erzeugt, und es gibt für sie keine andere halbwegs vernünftige Erklärung.

Das Alter des Universums

Supernovae vom Typ 1a hat man noch in Entfernungen entdeckt, bei denen man das Universum zu einem Zeitpunkt sieht, als es noch die Hälfte seines gegenwärtigen Alters hatte. Die Rotverschiebung hat in diesem Fall den Wert 2, was einem Faktor 2 in der Änderung der Wellenlänge entspricht. Die Entfernungsmessungen sind mittlerweile so genau (mit einem vermuteten Fehler von höchstens 15 Prozent), dass die Beschleunigung des Universums als gesichert gilt. Ein perfekt lineares Gesetz würde nur dann gelten, wenn es weder eine Beschleunigung noch eine Verzögerung gäbe. Abweichungen vom linearen Hubble-Gesetz findet man für die am weitesten entfernten Supernovae. Das gemessene Alter des Universums, wie es aus der Hubble-Konstante unter Berücksichtigung der gemessenen Beschleunigung geschlossen werden kann, beträgt rund 14 Milliarden Jahre.

Für das Alter des Universums gibt es noch zwei vollkommen unabhängige Messungen. Eine radioaktive Altersbestimmung von Sternen im Halo erfolgt über die Isotopenmessungen von Thorium und Uran. In zwei Halosternen wurden sowohl Thorium-232 mit einer Halbwertszeit von 14 Milliarden Jahren als auch Uran-238 mit einer Halbwertszeit von 4,5 Milliarden Jahren entdeckt und mit dem größten Teleskop der Welt gemessen. Theoretische Überlegungen aus der nuklearen Astrophysik lassen auf die anfängliche Häufigkeit dieser Elemente im Vergleich zu Eisen schließen. Die beobachteten Verhältnisse ermöglichen eine Abschätzung der Zeit, die seit der Explosion der Supernova, bei der diese Elemente entstanden sind, vergangen ist. Das entspricht bereits einem Großteil des Alters des Universums. Wir müssen nur noch die Zeit addieren, die seit dem Big Bang bis zur Entstehung der Galaxie bzw. der Explosion der Supernova vergangen ist, und wir können auf das Alter des Universums schließen. Bei der Explosion wurden die schweren Elemente als Reste der Supernova weggeschleudert. Diese Reste wurden schließlich ein Teil der molekularen Wolken, aus denen sich neue Sterne wie unsere Sonne bildeten.

Eine andere Altersbestimmung beruht auf der Untersuchung von Kugelsternhaufen. Kugelsternhaufen sind Systeme aus Millionen von Sternen, die den meisten Sternen in unserer Galaxie vorangingen. Diese Sterne sind sehr alt, weil die Häufigkeit von Metallen, wie sie in den Sternspektren gemessen werden kann, im Vergleich zur Sonne klein ist. Daher müssen die Kugelsternhaufen lange vor der Sonne entstanden sein.

Bei der thermonuklearen Verbrennung von Wasserstoff zu Helium wird von den Sternen Energie abgestrahlt. Ihre Helligkeit nimmt zu, wenn der ursprüngliche Brennstoff verbraucht ist und die Temperatur im Inneren ansteigt. Es werden schwerere Elemente verbrannt, zunächst Helium, später Kohlenstoff, wobei die Temperatur und der Druck im Inneren aufrechterhalten werden. Ist der nukleare Vorrat an Wasserstoff, Helium und Kohlenstoff verbraucht, hat der Stern keinen Brennstoff mehr.

Das Schicksal eines Sterns, dessen Masse ursprünglich weniger als acht Sonnenmassen betrug, besteht in einer weiteren Erwärmung seines Zentrums und einem Anschwellen seiner Hülle. Der Stern wird zu einem hell leuchtenden Superriesen. Die äußere Hülle wird abgestoßen und als planetarischer Nebel sichtbar. Nach rund zehntausend Jahren haben sich diese Nebel verzogen und es verbleibt nur noch ein weißer Zwerg. Wog der Stern anfänglich jedoch mehr als acht Sonnenmassen, wird der Druck im Inneren so groß, dass der Stern beim Einfangen von Neutronen und Abstrahlen von Neutrinos implodiert. Es bildet sich im Zentrum ein Neutronenstern und die freigewordene Energie löst eine

Supernova-Explosion vom Typ II aus, also der Variante, der ein massiver Stern vorangeht. In einem Kugelsternhaufen entstanden die Sterne zeitgleich. Hier findet man eine Momentaufnahme von Sternen, die aufgrund ihrer unterschiedlichen Masse verschiedene Stadien ihrer Entwicklung erreicht haben. Durch einen Vergleich mit Modellen der Sternentstehung kann man daher auf das Alter des Kugelsternhaufens schließen. Die besten Schätzungen liegen bei 13 Milliarden Jahren. Rund eine Milliarde Jahre müssen noch hinzugezählt werden, die zwischen dem Big Bang und der Entstehung des Kugelsternhaufens liegen, was auf ein Alter des Universums von 14 Milliarden Jahren führt. Dieses Ergebnis stimmt überraschend gut mit den unabhängigen Messungen des Alters aus der Expansion des Universums und den Uran-Thorium-Zerfällen überein.

Unsere thermische Vergangenheit

Die Entdeckung der Mikrowellenhintergrundstrahlung führte zu mehreren interessanten Einsichten in das Anfangsstadium unseres Universums. Der Big Bang war vor langer Zeit ein Feuerball. Erst nachdem sich das Universum zu ungefähr einem Dreißigtausendstel seiner heutigen Größe entwickelt hatte, übernahm die Materie die Vorherrschaft. Der Ausdehnungsfaktor ist genau das heutige Verhältnis von Materie- zu Strahlungsdichte. Dieses Verhältnis bestimmt auch die zugehörige Rotverschiebung, die gleich dem Ausdehnungsfaktor ist und der Dehnung der Wellenlänge des Lichts entspricht. In der fernen Vergangenheit überwog die Strahlungsdichte des Universums, aber sie nahm im Verlauf der Zeit schneller ab als die Materiedichte.

Nur in einem von Materie dominierten Universum konnten die Dichtefluktuationen instabil unter der Gravitation sein und an Stärke zunehmen. Damit die kosmische Mikrowellenhintergrundstrahlung den engen thermischen Kontakt mit Materie haben konnte, der für ihr Schwarzkörperspektrum notwendig war, muss das Universum in der Vergangenheit eine sehr hohe Dichte gehabt haben. Die Strahlung wurde zu einer Schwarzkörperstrahlung und sie blieb es, solange Photonen und freie geladene Teilchen in enger Wechselwirkung standen. Blickt man noch weiter zurück, so muss das Universum nach der klassischen allgemeinen Relativitätstheorie in der Vergangenheit eine Singularität durchlaufen haben. Diese theoretischen Überlegungen zu einer Vergangenheitssingularität sind jedoch nicht mehr zwingend, wenn es eine kosmologische Konstante gibt. Diese entspricht einer abstoßenden kosmischen Kraft, die heute zwar viel zu klein ist, als dass sie den Anfang des Universums hätte beeinflussen können, die jedoch in der Vergangenheit einmal wesentlich größer gewesen sein könnte. Wir können nun beginnen, die thermische Vergangenheit des Universums zu rekonstruieren. Alles begann mit der Quantengravitation. Die Quantengravitation ersetzt die allgemeine Relativitätstheorie innerhalb der ersten 10^{-43} Sekunden des Big Bang. Die Physiker bezeichnen diesen Augenblick als Planck-Zeit. Er entspricht dem Zeitpunkt, vor dem die allgemeine Relativitätstheorie versagt hat und Quanteneffekte wichtig waren. Die Temperatur betrug in diesem Augenblick ungefähr einhundert Quintillionen (10^{32}) Kelvin. Zur Vereinfachung drücken wir die Temperatur durch die Ruheenergie eines Protons aus, die ungefähr einer Milliarde Elektronvolt entspricht (kurz 1 GeV). 1 eV entspricht einer Temperatur von 10 000 Kelvin. Die Planck-Temperatur beträgt damit nur noch rund zehn Trillionen (10^{19}) GeV. Bisher gibt es noch keine allgemein anerkannte Theorie für die Physik in diesem Bereich, der weit jenseits der Möglichkeiten jedes denkbaren Teilchenbeschleunigers liegt. Allerdings gibt es Modelle von höher dimensionalen Theorien der Quantengravitation, bei denen die Physik der Planck-Skala bereits bei einer Energieskala von Tera-Elektronvolt (1 Billionen Elektronvolt) einsetzt. Nachdem sich das Universum ausgedehnt und unter die Planck-Skala abgekühlt hatte, lässt sich die weitere Evolution folgendermaßen skizzieren.

Die heutige Physik kann über die Geschichte des Universums erst ab einem Zeitpunkt etwas sagen, bei dem die Temperatur ungefähr einhundert Quadrilliarden (10^{29}) Kelvin betrug. Das Universum hatte damals eine Energie von zehn Billiarden Giga-Elektronvolt. Es durchlief diesen Augenblick sehr schnell. Tatsächlich konnte sich diese Temperatur nur für rund 10^{-35} Sekunden halten. Vor diesem Zeitpunkt war die Energie so hoch, dass die bei niedrigen Energien unterschiedlichen fundamentalen Kräfte alle identisch und ununterscheidbar waren. Sie waren vereint. Die elektromagnetische, die schwache und die starke Kraft hatten dieselbe Stärke. Das war die Zeit einer großen Symmetrie, als sich Neutrinos noch nicht von Quarks unterschieden. Diesen Augenblick bezeichnet man als die Epoche der Großen Vereinheitlichung.

Tatsächlich gibt es vier fundamentale Kräfte, die sich in der gegenwärtigen Ära des Universums sehr stark voneinander unterscheiden. Es gibt die elektromagnetische Kraft, die beiden Kernkräfte – schwach und stark – und die Gravitationskraft, die bei weitem die schwächste ist. Heute ist die elektromagnetische Kraft, durch welche die Elektronen auf ihren atomaren Bahnen gehalten werden, einhundert mal schwächer als sogar die schwache Kernkraft. Doch als die Temperatur des Universums noch über jenen Punkt hinaus stieg, an dem die Kerne in ihre Bestandteile, die Quarks, aufbrachen, war die elektromagnetische Kraft stärker und die Kernkräfte waren schwächer. Nach ungefähr 10^{-12} Sekunden war die Stärke der elektromagnetischen Kraft vergleichbar mit der schwachen Kernkraft. Bei noch höherer Energie, nur 10^{-35} Sekunden nach dem Big Bang, kam noch die starke Kernkraft hinzu: Die atomaren und nuklearen Kräfte waren ununterscheidbar. Dies sind die Vorhersagen der Quantentheorie. Ein Nebel aus Quantenfluktuationen schirmt die innere Kraft des Elektrons ab und verstärkt gleichzeitig die von den Quarks ausgehenden Kernkräfte.

Als die Temperatur unter 10^{16} GeV gesunken war, kamen die neuen Kräfte ins Spiel, die bisher noch kein Gegenstück besaßen. Die starke Kernkraft dominierte über die anderen Kräfte, und die Symmetrie der Großen Vereinheitlichung war spontan gebrochen. Die sich daraus ergebende Veränderung in der Qualität des Materiegehalts des Universums führte vorübergehend zu einer neuen Art von Energiefeld. Dieses Feld, das man als Inflationsfeld bezeichnet, war für die anschließende Inflation des Universums verantwortlich. Die Inflation ist vergleichbar mit der latenten Wärme in einem Phasenübergang, beispielsweise dem Schmelzen von Eis, wenn Energie freigesetzt wird.

Die Einstein'schen Gleichungen zeigen, dass die Energiedichte des Inflationsfeldes konstant bleibt, sofern sie ausreichend groß ist (hier handelt es sich um eine unsichtbare Form von Energie, die dunkle Energie), während die Dichte der gewöhnlichen Materie aufgrund der anhaltenden Expansion abnimmt. Weil die Energiedichte konstant blieb, begann sich das Universum mit einer exponentiellen Rate auszudehnen. Diese rasche Ausdehnung des Universums hielt so lange an, wie das Inflationsfeld den Hauptbeitrag zur Energiedichte lieferte. Zu Beginn der inflationären Phase war das Universum ungefähr 10^{-36} Sekunden alt.

Schließlich verschwindet diese Energie (so will es das Modell) und die Inflation endet nach ungefähr 10^{-35} Sekunden. Die enorme kinetische Energie wird zu Wärme, und wir befinden uns wieder in der gewöhnlichen heißen Phase des Big Bang, die anfänglich von Strahlung und relativistischen Teilchen dominiert war. Die Inflation hat gewisse Ähnlichkeiten mit der kosmologischen Konstante, allerdings war ihre Energiedichte um rund 120 Faktoren von 10 größer.

Nun spulen wir unseren kosmischen Film vor, bis wir eine wesentlich tiefere Temperatur erreicht haben. Bei 100 GeV beträgt das Alter des Universums ein Zehntel einer Milliardstel Sekunde. Unterhalb dieser Energie entkoppeln die elektroschwachen Kräfte in die schwache und die elektromagnetische Kraft. Die fundamentalen Kräfte nehmen ihre heute beobachtete Form an. Verglichen mit den schwächeren elektromagnetischen Kräften und der noch weitaus schwächeren Gravitationskraft sind die Kernkräfte stark und von kurzer Reichweite. In diese Zeit, als die verschiedenen Kernkräfte entkoppelten, fiel auch eine weniger dramatische Veränderung im Zustand der Materie. Diese Veränderung in der Phase des Universums führt zu einer winzigen Asymmetrie in der Baryonenzahl, der Anzahl der Teilchen minus der Anzahl der Antiteilchen.

Die Baryonenzahl misst die Gesamtmenge an Materie im Universum im Vergleich zur Antimaterie. In dimensionsloser Form wird sie als Differenz zwischen der Anzahl von Teilchen und Antiteilchen ausgedrückt, dividiert durch ihre Summe. Die Summe entspricht der Anzahl der Photonen in der Mikrowellenhintergrundstrahlung, da die Photonen bei sehr hohen Energien Teilchen-Antiteilchen-Paare erzeugen können. Wenn die Temperatur weiter sinkt, annihilieren alle stark wechselwirkenden Teilchen zu Strahlung. Im Verlauf der Zeit verschiebt sich diese Strahlung zu langen Wellenlängen und wird zur kosmischen Hintergrundstrahlung. Zu jedem Proton im Universum gibt es eine Milliarde Photonen in der Mikrowellenhintergrundstrahlung. Nur sehr wenige Paare von Teilchen und Antiteilchen überleben, da wegen der starken Wechselwirkungen nahezu alle Paare aufeinander treffen und sich gegenseitig vernichten. Die übrig gebliebenen Teilchen sind wie eingefroren, da die Temperatur auf ein Niveau gesunken ist, das der Ruhemasse der Teilchen entspricht (über die Einstein'sche Gleichung $E=mc^2$).

Praktisch sind keine Proton-Antiproton-Paare übrig gebliebenen. Heute beträgt die Baryonenzahl nur 10^{-9}; sie zeigt deutlich, dass einige der Baryonen ohne ihren Antibaryonenpartner überlebt haben. Damit dies geschehen konnte, muss es mehr Baryonen als Antibaryonen gegeben haben. Die «überlebenden» Baryonen wurden zum heutigen Materiegehalt des Universums. Der Gehalt an Antimaterie beträgt weniger als ein Hundertstel Prozent; andernfalls müssten Gammastrahlen aus der Annihilation von Materie und Antimaterie zu beobachten sein. Das sichtbare Universum besteht nahezu ausschließlich aus Materie.

Bisher haben wir uns auf die schweren Teilchen wie Protonen konzentriert. Allgemeiner bezeichnet man sie als Hadronen. Die Hadronen bestehen aus den Baryonen und den Mesonen. Die fundamentalen Bestandteile der Hadronen sind die Quarks: Jedes Baryon besteht aus drei und jedes Meson aus zwei Quarks. Doch die Materie besteht zum Teil auch aus leichten Teilchen, so genannten Leptonen. Das Elektron ist ein fundamentales Teilchen und ein Beispiel für ein Lepton.

Ebenso wie bei den Hadronen gibt es heute, im Vergleich zur Anzahl der Antileptonen, auch einen Überschuss von leichten Teilchen, den Leptonen. Zu den Leptonen gehören die Elektronen und ihre Antiteilchen, die Positronen. Weitere Beispiele für Leptonen sind die Myonen. Die Differenz zwischen der Baryonenzahl und der Leptonenzahl hat sich in den späten Phasen des Universums nicht mehr geändert. Bei den niedrigen Energien in unserem Universum finden keine Prozesse mehr statt, in denen sich die Baryonen- und Leptonenzahl untereinander mischen.

Die Baryonenzahl wird mit der Zeit immer kleiner, ebenso wie die Leptonenzahl. Es stellt sich heraus, dass die Anzahl der Leptonen pro Baryon mit der Anzahl der Photonen pro Baryon zusammenhängt. Dies liegt daran, dass in frühen Zeitaltern und bei hohen Temperaturen die Leptonen, insbesondere die Elektronen und Positronen, annihilierten und so den Strahlungsgehalt des Universums erzeugten. Ein Maß für die Entropie pro Teilchen ist die Anzahl der Photonen pro Baryon.

Photonen wurden auch noch in späteren Zeiten erzeugt, als es schon Galaxien gab. Schon frühzeitig erhöhte die Annihilation von Teilchen und Antiteilchen in Photonen auch die Entropie des Universums. Die Zunahme der Entropie ist eine unausweichliche Folge des zweiten Hauptsatzes der Thermodynamik. Es ist jedoch sehr schwer, die Anzahl der Baryonen relativ zur Anzahl der Leptonen zu verändern. Dem Teilchenphysiker ist die Differenz zwischen Baryonen- und Leptonenzahl beinahe heilig. Das Problem besteht darin, zu erklären, weshalb diese Differenz nicht null ist. Wäre sie null, wären kaum Baryonen übrig geblieben und das Sonnensystem wäre niemals entstanden. Damit es uns geben kann, muss die Baryonen- bzw. Leptonenzahl verschieden von null sein. Das eine garantiert das andere.

In der Teilchenphysik gibt es eine Möglichkeit zu erklären, weshalb unser beobachtetes Universum soviel Materie enthält. Dies setzt allerdings voraus, an der Erhaltung der Baryonenzahl herumzubasteln. Erhaltungssätze dieser Art sind für den Physiker gewöhnlich sakrosankt, und es gibt nur zwei Momente in der gesamten Geschichte des Universums, an denen sie sich variieren lassen. Der eine Moment ist die Epoche der Großen Vereinheitlichung zwischen den elektromagnetischen Kräften und den Kernkräften. Zu diesem Zeitpunkt wurde den meisten Theorien zufolge die Baryonenzahl festgelegt. Der zweite Moment der Verwundbarkeit der Leptonenzahlerhaltung ereignete sich viel später, nämlich als sich die schwache Kraft von der elektromagnetischen Kraft trennte. Dies erfolgte bei einer Energie von 100 GeV, ungefähr 10^{-10} Sekunden nach dem Anfang. Da die Leptonenzahl eng mit der Baryonenzahl verknüpft ist, könnte jedes der beiden Zeitalter für die Asymmetrie der Baryonen bzw. der Leptonen verantwortlich sein. Die Sache ist noch ungeklärt.

Die Teilchen der dunklen Materie entstammen ebenfalls den ersten Nanosekunden nach dem Big Bang. Wir haben schon erwähnt, wie schwer sie nachzuweisen sind. Schwere, schwach wechselwirkende neutrale Teilchen sind die bevorzugten Kandidaten für die dunkle Materie. Sollte es tatsächlich solche stabilen, schwach wechselwirkenden Teilchen in unserem Universum geben, dann müssen sie unabhängig von irgendeiner primordialen Asymmetrie in großen Mengen übrig geblieben sein. Das leichteste supersymmetrische Teilchen, das so genannte Neutralino, wäre ein mögliches stabiles Relikt.

Wir haben zunächst keinen Anhaltspunkt für die Intensität der Wechselwirkung dieses Teilchens. Eine raffinierte Idee hilft uns jedoch weiter. Wäre seine Wechselwirkung zu stark, hätten nur wenige Teilchen bis heute überleben können. Sie hätten sich nahezu alle schon bei sehr hohen Temperaturen gegenseitig ausgelöscht. Wäre die Wechselwirkung jedoch zu schwach, hätten zu viele Teilchen überlebt und es gäbe heute zu viel dunkle Materie. Das Neutralino ist nur dann ein potenzieller Kandidat für die nichtbaryonische Materie des Universums, wenn die Intensität seiner Wechselwirkung ungefähr der schwachen Wechselwirkung entspricht. Es müsste sich um ein schwach wechselwirkendes massives Teilchen mit einer vermutlichen Masse von einhundert bis eintausend Protonenmassen handeln. Mit dieser Einsicht können wir nun überprüfen, ob die Theorie die hohen Ausgaben für die verschiedenen oben beschriebenen direkten und indirekten Nachweisexperimente rechtfertigt.

Ohne die so genannten Gluonen würden Atomkerne auseinander fliegen. Diese Teilchen halten die Protonen im Atomkern wie in einem Gefängnis zusammen. Gluonen sind für Quarks im Kern das, was die Photonen für Elektronen und Protonen im Atom sind. Die Kerne aller chemischen Elemente bestehen aus Neutronen und Protonen. Doch einst war das Universum eine Suppe aus Quarks, Gluonen, Elektron-Positron-Paaren, Neutrinos und Photonen. Bei einer Temperatur von ungefähr 200 Millionen Elektronvolt ereignete sich ein weiterer Phasenübergang, bei dem die Quarks und Gluonen zu Hadronen kondensierten. Das Universum enthielt nun Protonen und Neutronen im thermischen Gleichgewicht, wobei auf zehn Protonen ungefähr ein Neutron kam. Dieses Verhältnis hängt lediglich vom Massenunterschied zwischen Protonen und Neutronen ab. Sobald die Temperatur unter eine Million Elektronvolt gefallen war, hörten die Reaktionen zur Erzeugung von Neutronen auf und die Neutronen froren aus.

Bei einer halben Million Elektronvolt annihilierten dann Elektronen und Positronen und die Neutrinos froren aus. Neutrinos gibt es heute noch in Form eines bisher unbeobachtbaren Hintergrunds. Das Schicksal der Neutronen war jedoch ein anderes. Neutronen verbinden sich mit Wasserstoffkernen zu Helium und anderen leichten Elementen. Bei diesen hohen Temperaturen sind die Rahmenbedingungen für eine Kernsynthese der leichten Elemente gegeben. Diese beginnt bei einhunderttausend Elektronvolt oder einer Temperatur von einer Milliarde Kelvin. Nun können sich Deuteriumkerne als Verbindung von

Neutronen und Protonen bilden. In Folgereaktionen entstehen dann He^3, He^4, Deuterium und Li^7. Alle diese Elemente wurden in einer Häufigkeit erzeugt, die heute noch in primordialen Umgebungen gemessen werden kann. Das Fehlen stabiler Kerne mit einer Masse von 5 und 8 bedeutet, dass die Kernsynthese nach He^4 aufhörte. Das bei dieser Ursynthese entstandene Helium-4 enthält fast alle Neutronen. Auf zehn Wasserstoffkerne kommt rund ein Heliumkern. Ausgedrückt in Massen bedeutet dies, dass Helium rund 25 Prozent der Masse des Universums ausmacht.

Deuterium und der Baryonenanteil

Die Vorkommenshäufigkeit von Deuterium und Helium lässt sich als Maßstab für die Gesamtmenge an Baryonen im Universum verwenden, einschließlich der Baryonen, die wir heute nicht in Sternen vorfinden. Wir messen die Gesamthäufigkeit der Baryonen nicht direkt, weil die meisten von ihnen dunkel sind. Wir können jedoch auf ihre Häufigkeit aus indirekten Überlegungen zur primordialen Entstehung leichter Elemente schließen. Gäbe es heute mehr Baryonen, hätten die frühen Kernreaktionen, als das Universum noch sehr heiß war, weitaus effizienter verlaufen müssen. In diesem Fall wäre mehr Helium synthetisiert worden – auf Kosten des Deuteriums, von dem weniger überlebt hätte. Aus den heutigen Mengen an Helium und Deuterium können wir auf die Gesamtmenge an Baryonen in den ersten drei Minuten des Universums schließen.

Man erwartet, primordiales Helium in vergleichsweise unberührten Umgebungen zu finden, beispielsweise dem intergalaktischen Medium, den äußersten Teilen von Galaxien und in metallarmen Galaxien. Nachdem das Helium einige chemische Verbindungen und Teilungen mitgemacht hat, vermutet man es sogar in Meteoriten und der Atmosphäre des Jupiters. Die gemessenen Häufigkeiten stimmen mit einer allgemeinen Baryonendichte überein, die rund vier Prozent der kritischen Dichte ausmacht. Dies ist eine der am genauesten bekannten Zahlen in der Kosmologie. Die geschätzte Unsicherheit beträgt nur zehn Prozent. Das Universum blieb dicht und heiß genug, sodass das thermische Gleichgewicht zwischen Materie und Strahlung bis zu einem Alter von rund einem Monat erhalten blieb. Zu diesem Zeitpunkt wurde effektiv die kosmische Hintergrundstrahlung erzeugt. Wir können dieses Alter untersuchen, indem wir im kosmischen Mikrowellenhintergrund nach kleinen Abweichungen von der Schwarzkörperstrahlung suchen. Jede spektrale Verzerrung würde uns Information über die Physik des Universums zu dieser Zeit liefern.

Die Temperatur fiel weiter. Noch war der Wasserstoff ionisiert und die Strahlung streute häufig. Rund eine Milliarden Photonen pro Baryon reichten aus, dass der Wasserstoff voll ionisiert blieb, bis schließlich die Temperatur unter einen Wert von einigen tausend Kelvin oder rund 0,2 eV fiel. Nun gab es nur noch wenige Photonen mit einer Energie oberhalb der Ionisierungsenergie des Wasserstoffs von 13,6 eV, sodass der Wasserstoff nicht mehr voll ionisiert blieb. Protonen und Elektronen verbanden sich zu Wasserstoffatomen. Anders als freie Elektronen streuen neutrale Wasserstoffatome die elektromagnetische Strahlung nur noch schlecht. Die Streuung von Photonen hörte abrupt auf, und das Universum wurde für die kosmische Mikrowellenstrahlung durchlässig. Das geschah 300 000 Jahre nach dem Big Bang.

Materie und Antimaterie

Hinsichtlich des Verhaltens von Materie und Antimaterie sind die physikalischen Gesetze symmetrisch. Ein Antiproton hat eine negative Ladung, während ein Proton eine positive Ladung trägt. Die atomare Masse und der Spin sind jedoch identisch. Antiwasserstoffatome bestehen aus einem Positron auf einer Bahn um ein Antiproton. Bestünde eine entfernte Galaxie aus Antimaterie, würde sie nicht anders aussehen als eine normale Galaxie. Die atomaren Energieniveaus und damit auch die Spektren sind beide Male die gleichen. Ein Antiwasserstoffatom hat genau dieselben Spektrallinien wie ein gewöhnliches Wasserstoffatom. Solche Spektrallinien könnten also auch von Antiatomen in den Atmosphären von Antisternen erzeugt werden. Spektroskopisch können wir nicht zwischen Sternen und Antisternen unterscheiden.

Gäbe es Antigalaxien, hätte dies jedoch ganz wesentliche, beobachtbare Auswirkungen. Diese Antigalaxien wären von gewöhnlicher Materie umgeben, beispielsweise dem diffusen Gas, das den intergalaktischen Raum durchdringt. Auf diese Weise würden gewöhnliche Materieatome in Kontakt mit dem interstellaren Medium und den Sternen aus Antimaterie kommen. Das Ergebnis wäre katastrophal: Atome aus Materie und Antimaterie würden beim ersten Kontakt annihilieren. Bei der Annihilation eines Protons mit einem Antiproton entstehen Gammastrahlen. Diese sind sehr durchdringend und sie lassen sich noch beobachten, selbst wenn sie an den Grenzen des Universums emittiert wurden.

Glücklicherweise ist die Atmosphäre der Erde, anders als die interstellaren oder intergalaktischen Wolken, für Gammastrahlen undurchlässig. Satellitenexperimente mit Gammastrahlteleskopen an Bord hätten mit Sicherheit eine intensive Gammastrahlung beobachtet, wenn es innerhalb des für uns sichtbaren Horizonts eine Antigalaxie geben sollte. Keine derartige Gammastrahlquelle wurde bisher gefunden. Offensichtlich gibt es keine Antigalaxien und keine Antisterne innerhalb des beobachtbaren Universums. Diese Gefahrenquelle droht den intergalaktisch Reisenden der Zukunft also nicht.

Die fünf Phasen der Schöpfung

Betrachten wir nochmals die Geschichte unseres Universums. Sie füllt eine riesige Zeitspanne aus, ungefähr 14 Milliarden Jahre kosmischer Expansion. Wir unterscheiden in der Kosmologie fünf Hauptphasen, innerhalb derer sich die Expansionsrate des Universums geändert hat. Dazu zählen der Augenblick der Singularität, die Epoche der Inflation, die strahlungsdominierte Periode, die materiedominierte Ära, als die großen Strukturen entstanden sind, und das gegenwärtige Zeitalter der beschleunigten Ausdehnung, seit die kosmologische Konstante die materielle Energiedichte dominiert. Die kosmologische Konstante beschreibt eine Physik der Antigravitation, eine geheimnisvolle und außerordentlich schwache Kraft, die ursprünglich von Einstein postuliert worden war, um das Universum am Kollaps zu hindern. Diese ursprüngliche Motivation gibt es schon lange nicht mehr, seit wir wissen, dass sich das Universum ausdehnt. Aber es gibt neue Beobachtungen, die wir in einem späteren Kapitel beschreiben werden, die uns dazu zwingen, Einsteins ursprüngliche Idee einer schwachen abstoßenden Kraft wieder aufleben zu lassen.

Die allgemeine Relativitätstheorie, Einsteins Theorie der Gravitation, ist in einer noch wesentlich ernsteren Hinsicht unvollständig: Sie umfasst keine Quantentheorie. Die Theorie der Gravitation, wie wir sie heute verstehen, muss zu Beginn des Universums zusammenbrechen. Eine neue Physik, die Quantengravitation, ist notwendig. Die kosmische Uhr beginnt ihr Ticken bei der Singularität, doch die ersten 10^{-43} Sekunden gehören in den Bereich der neuen Physik. Die Ausdehnung des Universums wird von der Quantenphysik bestimmt, und unsere Physik ist nicht verlässlich oder noch nicht einmal anwendbar. Die Tür für Spekulationen steht hier sperrangelweit offen. Wie beschreibt die Physik die extremsten Bedingungen, die man sich vorstellen kann, wenn wir uns der anfänglichen Singularität nähern? Tief im Innern und – gewöhnliche Bedingungen vorausgesetzt – für jeden Beobachter unzugänglich gibt es eine Singularität von Raum und Zeit. Die beste Möglichkeit, mit solchen Singularitäten umzugehen, ergibt sich aus Einsteins allgemeiner Relativitätstheorie selbst. Laut der Theorie gibt es Schwarze Löcher, und der Kosmologe Stephen Hawking vermutete die Existenz sehr kleiner Schwarzer Löcher, die in einer Wolke aus energiereichen Teilchen und Photonen verdampfen. Für einige Experten könnte die Theorie der Singularität durch die Vorstellung eines Quantenschaums ersetzt werden: winzige Schwarze Löcher, die wie in einem brodelnden Kochtopf ständig entstehen und wieder verdampfen.

Doch das ist noch nicht alles. Nichts legt die Anzahl der Raumdimensionen fest. Vielleicht gab es einmal einen höher dimensionalen Raum. Einstein konnte die Gravitation durch eine Krümmung des Raums beschreiben. Es ist reizvoll sich vorzustellen, dass wir möglicherweise mit gekrümmten Räumen in höheren Dimensionen die Eigenschaften der Elementarteilchen mit einbeziehen können. Es entstand die Idee eines Raums, der ursprünglich vier- oder sogar zehndimensional war. Gegen Ende des Quantenzeitalters könnten sich die zusätzlichen Dimensionen aufgerollt haben. In einem höherdimensionalen Superraum ist unser gesamtes Universum nur ein Punkt der Raumzeit. Wenn überhaupt, können wir einen solchen höherdimensionalen Superraum nur über die Gravitation nachweisen.

(a)

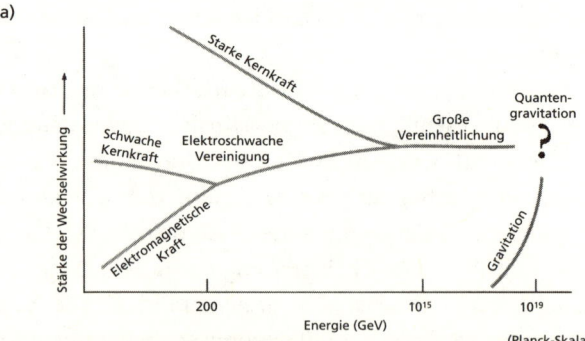

(b)

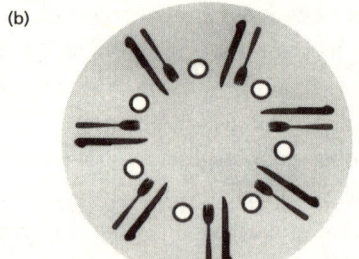

Befindet sich das Glas rechts oder links? Die Platzierung von Besteck und Gläsern ist symmetrisch, ohne eine Unterscheidung zwischen rechts und links, bis der erste Gast ein Glas wählt und die Symmetrie gebrochen ist.

(c)   In dem symmetrischen Zustand (links) gibt es einen eindeutigen Punkt minimaler Energie. Als sich das Universum abkühlte, gab es kein ausgezeichnetes Energieminimum mehr, sondern nur noch (unten) verschiedene Möglichkeiten. Zu diesem Zeitpunkt befand sich das Universum in einem asymmetrischen Zustand, in dem es beispielsweise weitaus mehr Materie als Antimaterie gab.

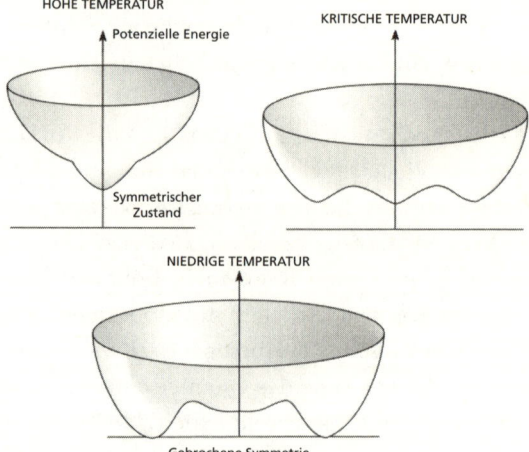

Abbildung 6: (a) Die Vereinigung der fundamentalen Kräfte, (b) Symmetriebrechung an einem Tisch, (c) Symmetriebrechung als Folge der Abkühlung des Universums

Höhere Dimensionen lassen sich nur schwer vorstellen und ohne eine Theorie der Quantengravitation auch nur schwer rechtfertigen. Die nächste Expansionsphase lässt sich leichter verstehen, da sie nur auf klassischer Physik beruht. Das Universum durchlief spontan einen Phasenübergang. Das könnte beispielsweise passieren, wenn bestimmte Arten von Teilchen plötzlich verschwinden. Als die Temperatur sank, müssen die Teilchen verschwunden sein, die für die Gleichheit zwischen den fundamentalen Kräften gesorgt haben. Da nicht mehr genügend Energie zur Verfügung stand, konnten sie auch nicht mehr erzeugt werden.

Bei ausreichend hohen Energien überwiegt die starke Kernkraft. Mit sinkender Temperatur wird die starke Kraft schwächer. Diese Veränderung in der Natur der vorherrschenden Kraft muss einen Phasenübergang ausgelöst haben. Durch die damit verbundene Änderung des Materiezustands wurde Energie freigesetzt, ähnlich der latenten Wärme beim Schmelzen von Eis. Als Folge davon trat das Universum in seine zweite Phase: die Inflation. Wir befinden uns nun 10^{-35} Sekunden nach dem Big Bang. Wir glauben, dass wir die Physik des Universums zur Zeit der Inflation verstehen können, obwohl in Anbetracht fehlender direkter experimenteller Hinweise alles eine Spekulation bleibt.

Die rasche Expansion während der inflationären Phase wurde durch eine konstante Energiequelle getrieben. Die zugehörige Energiedichte entspricht einem negativen Druck. Gewöhnlich erzeugt die Energie, die wir mit Wärme verbinden, einen positiven Druck. Die thermische (Wärme-) Energie nimmt mit der Ausdehnung des Universums ab. Der Druck verrichtet Arbeit und verändert so die Energie. In einem Gas, das zusammengedrückt wird, bewirkt der Druck eine Erhöhung der thermischen Energie, wie in dem bekannten Beispiel einer Fahrradpumpe, die beim Zusammendrücken wärmer wird.

Positiver Druck wirkt wie Energie und Masse: er ist anziehend. Doch die inflationäre Energie ist grundlegend anders: Sie ist, wie die latente Wärme, konstant. Eine konstante Energiedichte in einem sich ausdehnenden Universum hat die gegenteilige Wirkung von thermischem Druck: ihr Einfluss auf die Expansion gleicht einem negativen Druck. Negativer Druck bewirkt eine Erwärmung, wenn sich die unter Druck gesetzte Materie ausdehnt. Ein Beispiel für einen negativen Druck ist ein elastisches Gummiband: Zieht man es auseinander, erwärmt sich das Gummi. Negativer Druck ist abstoßend, und als Folge beschleunigt das Universum seine Ausdehnung. Im Fall unseres Universums bewirkte der negative Druck eine zunehmende Beschleunigung. Die Energiedichte des Vakuums erhöht die Expansionsrate so drastisch, weil das Vakuum wie ein negativer Druck wirkt. Wenn sich das Universum nur wenig ausdehnt, erhöht sich der Druck und die Expansion wird beschleunigt. Doch wie konnte der Phasenübergang den notwendigen negativen Druck überhaupt erst ansteigen lassen? Man denke an gefrierendes Wasser. Es gibt latente Wärme ab. Die Physik der fundamentalen Wechselwirkungen sagt einen ähnlichen Effekt vorher, wenn die Große Vereinheitlichung der Kräfte zusammenbricht. Das geschah, als sich das Universum auf eine Temperatur von unter 10^{28} Kelvin abgekühlt hatte. Die frei gewordene Energie sorgte für eine exponentielle Beschleunigung. Das Volumen des Universums dehnte sich dabei um einen Faktor 10^{100} oder sogar mehr aus.

Kein materielles Objekt kann sich tatsächlich schneller als mit Lichtgeschwindigkeit bewegen. Doch stellen Sie sich vor, die Zeitschrift *Science* würde die Zahl der Ausgaben jeden Monat verdoppeln. Stellen Sie sich weiter vor, dass Sie die neuen Ausgaben jeweils in Ihr Bücherregal einordnen. Irgendwann werden Sie für den neuesten Jahrgang ein Regal mit einer Länge von zehn Lichtjahren benötigen. Nun bewegen sich Anfang und Ende Ihrer Sammlung mit zehnfacher Lichtgeschwindigkeit auseinander. Tatsächlich bewegt sich jedoch nichts mit dieser Geschwindigkeit. Es ist der Raum selbst, der sich ausdehnt.

Das Energiefeld, das die Inflation antreibt, bezeichnet man als inflationäre Energie. Es ist ein Energiefeld, das niemals nachgewiesen wurde, dessen Existenz den Physikern jedoch außerordentlich plausibel erscheint. Die Physiker bezeichnen ein solches Feld als Skalarfeld, im Gegensatz zu einem Vektorfeld, das eine bevorzugte Richtung im Raum hat.

Die inflationäre Phase erreicht ihr Ende, wenn die gesamte kinetische Energie der Inflation in Wärme umgewandelt wurde. Das Universum hat sich insgesamt um rund 25 Zehnerpotenzen ausgedehnt. Es ist nun mit Strahlung angefüllt. Der negative Druck ist verschwunden, und es überwiegt der Strahlungsdruck. Das Universum dehnt sich mit seiner normalen, vergleichsweise langsamen Rate aus. Dies ist die so genannte strahlungsdominierte Phase des Universums.

In dem Zeitraum zwischen 10^{-35} Sekunden und rund zehntausend Jahren nach dem Big Bang passiert mit dem Universum nicht sehr viel. Die von der Inflation aufgeblasenen Quantenfluktuationen findet man überall als winzige Schwankungen in der Raumkrümmung. Diese werden immer intensiver, bis sich aus dem expandierenden Universum unter dem Einfluss seiner eigenen Gravitation riesige Wolken herausbilden und die ersten Galaxien formen. Solange das Universum jedoch vorwiegend aus Strahlung besteht, können diese Fluktuationen nicht zunehmen. Die Galaxienentstehung ist blockiert. Es geschieht zunächst nichts, bis rund zehntausend Jahre später die gewöhnliche Materie das Universum dominiert.

Im Vergleich zur Materie wird die Strahlung immer schwächer, da die Photonen bei der Ausdehnung des Universums Energie verlieren. Schließlich erreichen wir die materiedominierte Ära, d.h., die Materie hat nun eine größere Dichte als die Strahlung. Nun können auch die Dichteschwankungen zunehmen, indem weitere Masse aus der Umgebung angezogen wird. Die Gravitation verstärkt die Fluktuationen, die nun immer dichter werden, und es entstehen die ersten Galaxien. Die ersten Milliarden Jahre sind vergangen.

Die letzte Phase der Schöpfung beginnt nach ungefähr fünf Milliarden Jahren. Die Geschwindigkeit der Ausdehnung des Universums nimmt wieder zu. Der Grund dafür ist ein Energiefeld, das mit der abstoßenden Kraft verbunden ist, die wir als kosmologische Konstante kennen. Ebenso wie das Feld, das die Inflation angetrieben hat, gehört zu diesem Feld ein negativer Druck; es ist abstoßend und bewirkt eine Beschleunigung der Ausdehnung. Die mit dieser beschleunigenden Kraft verbundene Energie ist dunkel, sie lässt sich nicht direkt beobachten.

Die dunkle Energie ist wesentlich kleiner als das Energiefeld der Inflation. Der Unterschied beträgt rund 120 Faktoren von 10. Erst nachdem die mittlere Dichte des Universums genügend klein geworden ist, wurde die dunkle Energie wichtig. Sie überwiegt nun die gravitative Anziehung und das Universum beginnt sich beschleunigt auszudehnen. Indirekt können wir dieses Phänomen bei weit entfernten Supernovae beobachten, die zunehmend schwächer werden und daher weiter entfernt sind, als es in einem nicht beschleunigten Universum der Fall wäre.

Laut den Beobachtungen sollten rund zwei Drittel der Energiedichte des Universums in Form von dunkler Energie vorliegen. Früher oder später wird die kosmologische Konstante, falls es sie wirklich gibt, die treibende Kraft im Universum. Diese Argumentation hat nur einen Schönheitsfehler: Die Theoretiker haben noch keinen überzeugenden Grund gefunden, weshalb die dunkle Energie gerade jetzt von Null verschieden sein soll. Die Beobachtungen sagen uns, dass die Beschleunigung gegenüber der Gravitation die Oberhand gewonnen hat, und das wird in alle Ewigkeit so sein. Das Universum muss sich für alle Zeiten mit ständig wachsender Geschwindigkeit ausdehnen.

Wie weit können wir uns dem Anfang der Zeit nähern?

Wir können in die Vergangenheit schauen, weil Licht eine endliche Geschwindigkeit hat. Wenn wir Milliarden von Lichtjahren entfernte Erscheinungen beobachten, dann sehen wir auch Milliarden von Jahren in der Zeit zurück. Aus solchen Beobachtungen schließen wir, dass die früheste Phase der Strukturentstehung schon vor langer Zeit begonnen hat, als das Universum noch eine fast gleichförmige Dichte hatte. Die Voraussetzungen für die spätere Strukturentstehung wurden schon in einem frühen Stadium des sich ausdehnenden Universums gelegt. In einem Universum, das sich ausdehnt, können sich Fluktuationen nicht spontan ausbilden. Stattdessen muss es bereits zu Beginn Schwankungen in der Dichte gegeben haben, die schließlich zur Entstehung von Strukturen geführt haben. Die Anfangsbedingungen sind für die Entwicklung des Universums entscheidend gewesen. Wie gleichförmig bzw. homogen war das frühe Universum? Wäre es zu gleichförmig gewesen, hätten sich nie Galaxien bilden können. Wäre es zu klumpig gewesen, würden wir am Rande eines riesigen Schwarzen Lochs leben.

Die Theorie hilft hier kaum weiter. Der Durchbruch kam, als man die anfänglichen Fluktuationen sehen konnte, aus denen sich später die Strukturen bildeten. Unser Universum ist transparent. Wir können in große Weiten blicken, insbesondere im Bereich der Mikrowellen, wo die Galaxien nur schwach leuchten und die primordiale kosmische Hintergrundstrahlung intensiver ist als das Sternenlicht. Wir wissen,

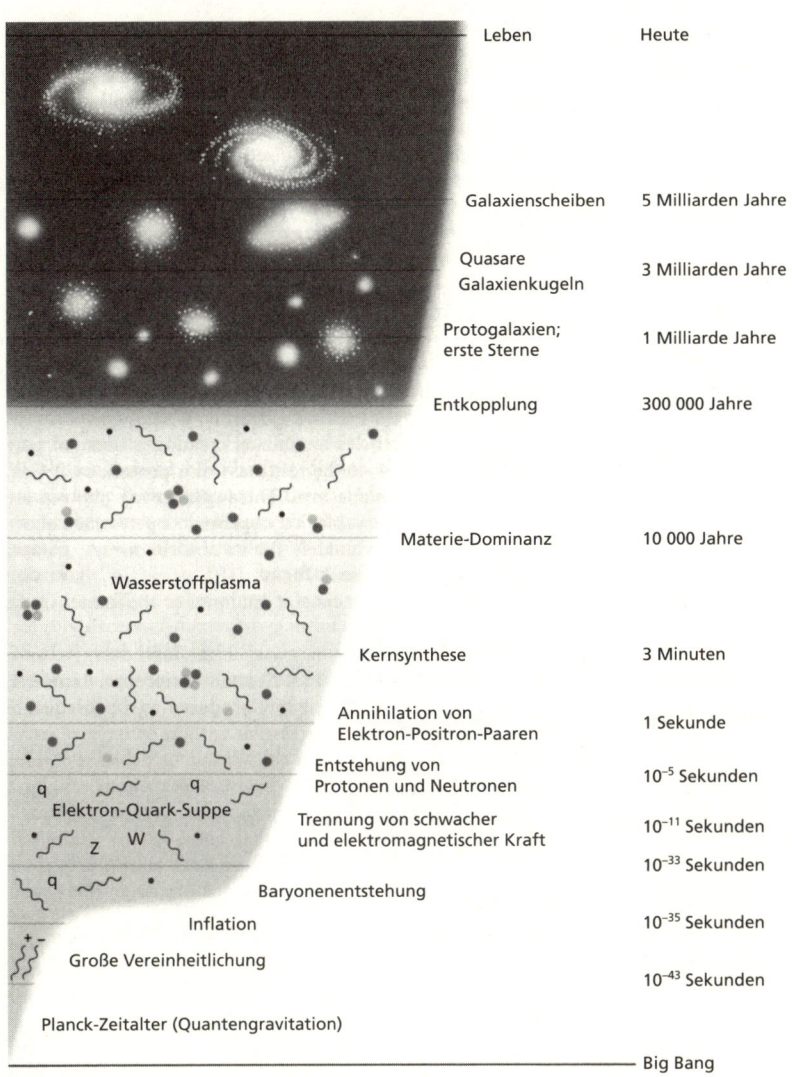

Leben	Heute
Galaxienscheiben	5 Milliarden Jahre
Quasare Galaxienkugeln	3 Milliarden Jahre
Protogalaxien; erste Sterne	1 Milliarde Jahre
Entkopplung	300 000 Jahre
Materie-Dominanz	10 000 Jahre
Kernsynthese	3 Minuten
Annihilation von Elektron-Positron-Paaren	1 Sekunde
Entstehung von Protonen und Neutronen	10^{-5} Sekunden
Trennung von schwacher und elektromagnetischer Kraft	10^{-11} Sekunden
	10^{-33} Sekunden
Baryonenentstehung	
Inflation	10^{-35} Sekunden
Große Vereinheitlichung	10^{-43} Sekunden
Planck-Zeitalter (Quantengravitation)	
	Big Bang

Wasserstoffplasma

q   q
Elektron-Quark-Suppe
Z   W
q

Radius des Universums ⟶

Abbildung 7: Eine Chronologie des Universums

dass wir bis in eine Zeit zurückschauen können, als das Universum keine Million Jahre alt war. Davor herrschte undurchdringlicher Nebel, denn aufgrund der hohen Materiedichte des Universums wurde Licht gestreut. Aus der bekannten Materiedichte wissen wir, dass wir so weit in der Zeit zurückschauen können. Doch nach der Entdeckung der kosmischen Hintergrundstrahlung vergingen nahezu 30 Jahre, bis man auch die Temperaturschwankungen in der Hintergrundstrahlung beobachten konnte.

Wir können aber noch weiter in der Zeit zurückgehen. Diese frühen Perioden lassen sich zwar nicht direkt beobachten, doch im Einzelnen sind die Beweise erdrückend. Sie erzählen uns vom Ursprung der leichten Elemente und sogar vom Ursprung der Baryonen. Schließlich erreichen wir die Ära, in der die Fluktuationen ihren Ursprung haben. Wir erreichen den Phasenübergang, der durch das Einsetzen der großen Vereinheitlichung und die Inflation definiert ist.

Immer noch suchen wir verzweifelt nach der fundamentalen Theorie der Quantengravitation. Nur die Verbindung aus Quantentheorie und Gravitation kann uns an den Anfang der Zeit zurückbringen. Wollen wir den Ursprung des Universums verstehen, müssen wir unsere Vorstellungen von der zugrunde liegenden Natur der Materie verfeinern. Dazu gehört die Vereinigung der Gravitation mit den drei anderen fundamentalen Kräften. Auch wenn die Gravitation heute die mit Abstand schwächste Kraft ist, besteht kein Zweifel, dass sie zu Beginn des Kosmos, als die Dichte und der Druck unvorstellbar waren, mit dem Elektromagnetismus und den Kernkräften auf gleicher Stufe stand. Die Stringtheorie könnte uns zeigen, wie eine solche Vereinigung aussehen könnte.

Auf der Suche nach der fundamentalen Theorie

Die verschiedenen Teilchen müssen als Projektionen
aus einer höher dimensionalen Realität verstanden
werden, die wir nicht in Begriffen irgendeiner Kraft
oder Wechselwirkung zwischen ihnen beschreiben
können.   David Bohm

Superstrings sind Objekte in einer zehndimensionalen Raumzeit, die mit subatomaren Teilchen vergleichbar sind. Als Teilchen erkennt man sie allerdings erst, wenn die sechs zusätzlichen Dimensionen kollabiert sind. Das geschah in einem Phasenübergang rund 10^{-43} Sekunden nach dem Big Bang. Aus schwer zu erklärenden Gründen lassen sich alle Eigenschaften der Elementarteilchen, wie ihre Masse, ihre Ladung und ihr Spin, durch die Superstrings beschreiben. Der Prozess lässt sich in einer überraschend einfachen Beschreibung sowohl der Teilchen als auch der physikalischen Gesetze zusammenfassen, die ihre Wechselwirkungen zum Ausdruck bringen. Superstrings erlauben eine elegante geometrische Interpretation der Elementarteilchen. Das Ergebnis ist eine Theorie, deren mathematische Schönheit so betörend ist, dass eine ganze Armee theoretischer Physiker sich vom Takt der Musik der Pioniere – Michael Green, John Schwarz, Edward Witten und anderer – den Rhythmus vorgeben läßt.

Trotz ihrer Schönheit besteht kein Zweifel daran, dass die dahinter stehende Mathematik kompliziert ist. Man muss M-Theorie beherrschen, die Theorie so genannter Branes, Dualität und viele andere Bereiche, um in das Feld einsteigen zu können. Dabei handelt es sich um verschiedene Möglichkeiten, das Universum in höheren Dimensionen verstehen zu können. Bei der letzten Zählung gab es 496 verschiedene, unspezifische Gegenstücke zum Photon. In der herkömmlichen Physik gibt es nur eine Sorte von Photonen, die als Kraftüberträger für den Elektromagnetismus dienen. (Die Kraft des Elektromagnetismus wird als Austausch virtueller Photonen verstanden.) So verwundert es kaum, dass Kritiker wie Sheldon Glashow geschrieben haben:[2]

Das Nachdenken über Superstrings könnte zu einer Aktivität werden ... die an Gottesschulen von zukünftigen
Gegenstücken zu mittelalterlichen Theologen betrieben
wird.

Der Held der Superstringtheorie, der Physiker Edward Witten aus
Princeton, hält dem recht arrogant entgegen, dass es bisher «noch keine
guten falschen Ideen gegeben hat, die auch nur im entferntesten der
Stringtheorie das Wasser reichen könnten». Die Superstringtheorie
wurde mittlerweile zu einem Teil der Theorie von Branes (höherdimensionalen Flächen), insbesondere der M-Branes, der M-Theorie.
Alle höheren Dimensionen, die es früher einmal gegeben haben könnte,
sind heute auf der Skala der Planck-Länge aufgerollt und nicht beobachtbar. Im frühen Universum waren diese höheren Dimensionen Realität, allerdings ebenso unbeobachtbar. Höhere Dimensionen geben
uns die Freiheit, die gesamte Teilchenphysik und die Wechselwirkungen
zwischen den Teilchen durch eindimensionale Objekte, die so genannten Superstrings, auszudrücken. Diese Superstrings sind in das Universum der höheren Dimensionen eingebettet. In mehr als vier Dimensionen wird die Raumzeit durch Entitäten beschrieben, die man zusammenfassend als p-Branes bezeichnet. p steht hier für eine beliebige
ganze Zahl, die ihrer Raumdimension entspricht. Die Physiker würden
p gerne aus einem fundamentalen Prinzip vorhersagen. Wir wissen,
dass p nicht eins oder zwei sein kann, dann ähnelten wir nämlich einer
Wurst oder einem Pfannkuchen, mit einschneidenden Einflüssen auf
unser Verdauungssystem. Die Quantengravitation kann zumindest im
Prinzip in Räumen höherer Dimension gelöst werden. Das ist eine der
großen Botschaften der Superstringtheorie gewesen. Ärgerliche Unendlichkeiten (und für einen Physiker sind Unendlichkeiten wirklich
ärgerlich) lassen sich vermeiden, wenn wir höher dimensionale Räume
annehmen. Die bevorzugte Zahl ist zehn, obwohl einige Physiker auch
mit vier glücklich sind. Drei ist sicherlich zu wenig – man braucht die
zusätzlichen Freiheitsgrade der höheren Dimensionen. All dies klingt
irgendwie nach Sciencefiction. Sollte das die Wirklichkeit sein? Es bedarf schlüssiger Experimente, um zwischen diesen exotischeren Varianten der Kosmologie unterscheiden zu können.

Es gibt keinen Zweifel, dass ein frontaler Angriff auf die Wurzeln
der Kosmologie neuer Ideen bedarf. Die Kosmologie hat eine Theorie

des Universums vorgelegt, die den Anfang ausklammert. Stringtheorie könnte die Antwort sein, doch allein ihre Komplexität erinnert an einen Spruch von Leon Lederman: «Wenn die grundlegende Idee zu kompliziert ist, um auf ein T-Shirt zu passen, dann ist sie vermutlich falsch.»

Wie können wir unsere Ideen beweisen?

Es gibt eine Art von Experiment, mit dem sich die ersten Augenblicke des Universums untersuchen lassen. Die meisten Theorien, die sich auf den Anfang des Universums beziehen, sagen vorher, dass damals ein noch heute vorhandener Hintergrund von Gravitationswellen erzeugt wurde. Gravitationswellen sind das einzige Signal, das dem Anfang des Universums entsprungen sein kann. Nur Gravitationsstrahlung konnte durch die immense Materiedichte zu Beginn des Universums zu uns gelangen, da ihre Wechselwirkung mit Materie so schwach ist, dass sie praktisch jede Menge an Materie durchdringen kann. Nach der Theorie der inflationären Kosmologie badet unser Universum förmlich in einem Meer aus Gravitationswellen, die im ersten Augenblick erzeugt wurden, als die Quantentheorie und die Gravitation noch vereint waren. Die Inflation hat diese Wellen von der winzigen Skala der Quantenfluktuationen auf Planck-Länge zu riesigen Skalen aufgeblasen. Diese Wellen sollten heute noch im Universum vorhanden sein und Wellenlängen von Lichtjahren und mehr haben.

Gravitationsstrahlung wird als Veränderung im Gravitationsfeld gemessen und breitet sich mit Lichtgeschwindigkeit aus. Sehr empfindliche Anordnungen von Testmassen können ihre Wirkung messen. Will man auf diese Weise Kosmologie betreiben, muss man nach Spuren der Gravitationsstrahlung suchen, die dem Anfang des Universums entstammen. Die Einstein'sche Theorie der Gravitation sagt die Existenz von Gravitationsstrahlung vorher. Sie entsteht in sehr schnell veränderlichen starken Gravitationsfeldern, beispielsweise beim Kollaps eines Sterns zu einem Schwarzen Loch. Bis heute wurden Gravitationswellen nur indirekt über die Bahnpräzession und den Zerfall eines Doppelpulsars nachgewiesen. Für diese Messungen erhielten Joseph Taylor und Russell Hulse im Jahr 1993 den Nobelpreis.

Gravitationswellen sind nichts anderes als vorübergehende Schwankungen im Gravitationsfeld. Gravitationsstrahlung besteht aus Wellen, die sich mit Lichtgeschwindigkeit in unterschiedliche Richtungen ausbreiten. Bis vor kurzem bestanden die meisten Gravitationswellendetektoren aus einem vollständig isolierten schweren Balken, der sich als Reaktion auf den Durchlauf einer Gravitationswelle leicht verbiegt. Der Durchgang der Gravitationswelle erzeugt im Balken eine schwache Zugkraft. Die erwartete Ablenkung ist für bekannte astronomische Quellen wie Neutronen-Doppelsternsysteme winzig.

Die neueren Experimente haben eine höhere Empfindlichkeit. Man misst dabei die leichten Änderungen in der Distanz zwischen zwei Spiegeln, zwischen denen ein Laserstrahl viele Male hin und her reflektiert wird. Im Prinzip definieren die beiden Spiegel eine sehr lange Messlatte, deren Länge sich beim Durchgang einer Gravitationswelle etwas verändert. Der gesuchte Effekt ist winzig. Mehrere Experimente befinden sich derzeit im Aufbau. Teilweise werden Laserstrahlen von einem Kilometer Länge als Teil eines Interferometers verwendet, mit dem man Längenänderungen von einem tausend Milliardstel eines Zentimeters messen kann. Mit dieser Genauigkeit hofft man die Gravitationsstrahlung messen zu können, die bei der Entstehung eines Schwarzen Lochs von der Masse der Sonne in unserer Galaxie emittiert würde. Das geschieht sehr selten: Es könnte sein, dass man auf das nächste Ereignis dieser Art ein Jahrhundert oder länger warten muss! Man hofft, in naher Zukunft eine experimentelle Empfindlichkeit erreichen zu können, mit der sich auch die Gravitationswellen nachweisen lassen, die bei der Entstehung Schwarzer Löcher in vielen nahe gelegenen Galaxien auftreten würden. Es gibt mehrere (teilweise rivalisierende) Experimente von der Art des Laser Interferometer Gravitational-Wave Observatory (LIGO), unter anderem in den USA, Japan, Australien, Italien und Deutschland. LIGO selbst ist ein amerikanisches Experiment in Washington und Louisiana, und VIRGO ein französisch-italienischer Konkurrent in der Nähe von Pisa.

Ein neues, weltraumbasiertes Experiment trägt den Namen LISA. Es wird insbesondere Gravitationswellen niedriger Frequenzen nachweisen können. LISA besteht aus drei Satelliten, die um das Jahr 2015 von der ESA und der NASA gestartet werden sollen; sie werden einen Abstand von fünf Millionen Kilometern haben und dabei die Sonne umkreisen. Sie bilden eine riesige dreieckige Antenne, deren Elemente durch Laserstrahlen verbunden sind. Veränderungen in der optischen Weglänge zwischen frei fliegenden Massen innerhalb der Satelliten können zum Nachweis auftreffender Gravitationswellen dienen, die sich als winzige Störungen im Gravitationsfeld äußern. Man muss dazu den Abstand zwischen den Satelliten mit einer Genauigkeit von einem Millardstel Zentimeter messen. LISA wird in der Lage sein, die Gravitationswellensignale von der Entstehung supermassiver Schwarzer Löcher mit mehreren Millionen Sonnenmassen bei einer Verschmelzung von Galaxien irgendwo im Universum nachzuweisen.

Mit diesen Experimenten soll die Existenz von Gravitationswellen nachgewiesen werden. Noch eine ganz andere Sache ist es allerdings, einen isotropen Hintergrund primordialer Gravitationswellen aus dem Ursprung des Universums nachzuweisen, wie er von der Inflationstheorie vorhergesagt wird. Gravitationswellen entstanden als Folge der Inflation. Damals wurden alle möglichen Fluktuationen im Gravitationsfeld erzeugt, und ein indirekter Abdruck dieser Wellen existiert heute noch am Himmel. Ein solcher Hintergrund wird nur schwer vom Rauschen der Instrumente zu unterscheiden sein, und sein Nachweis bedarf eines besonderen Aufwands.

Es wird notwendig sein, nach LISA ein weiteres Satellitenexperiment zu starten. Es soll aus einer kleinen Flotte von Raumschiffen in einem Abstand von nur 50 000 Kilometern bestehen. Sie könnten Gravitationswellen mit einer bisher unerreichten Empfindlichkeit messen und so das schwache isotrope Signal des Big Bang nachweisen. Der vergleichsweise kurze Abstand zwischen den Raumschiffen erlaubt eine gute Winkelauflösung. Das wesentlich intensivere vordergründige Signal stammt von engen Doppelsternsystemen aus weißen Zwergen. Die Hoffnung ist, dass das Big-Bang-Observatorium alle engen Paare von weißen Zwergen im Universum nachweist. Sobald dieses unerwünschte Signal subtrahiert wurde, sollte jedes auf die Inflation zurückgehende Signal zu vernehmen sein. Vielleicht stellt sich auch heraus, dass die Inflation nie stattgefunden hat. Auch das wäre ein interessantes Ergebnis.

Natürlich sind weltraumbasierte Interferometer nicht die einzige Möglichkeit, nach einem primordialen Meer aus Gravitationswellen zu suchen. Es müssen noch weitere Verfahren zum Einsatz kommen. Die

Dichtefluktuationen aus der inflationären Phase sind gewachsen und wurden zu großräumigen Strukturen. Die Gravitationswellen bleiben nur erhalten, wenn das Universum strahlungsdominiert ist. Während der anschließenden materiedominierten Ära wurden sie langsam schwächer. Wir beobachten heute die kosmische Mikrowellenhintergrundstrahlung aus einer Zeit von ungefähr dreihunderttausend Jahren nach dem Big Bang, als die letzten Wechselwirkungen der Strahlung mit Materie durch Streuung an Elektronen stattfanden. Die Gravitationswellen sind immer noch da und haben immer noch ausreichend Energie, um die Elektronen zu beeinflussen, an denen die Mikrowellen streuen. Dadurch kommt es zu einer zusätzlichen Störung in der kosmischen Mikrowellenhintergrundstrahlung. Der Effekt ist winzig und macht höchstens ein Prozent der Intensität der beobachteten Fluktuationen aus.

Es gibt jedoch eine Möglichkeit, das gesuchte Gravitationswellensignal zu identifizieren. Gravitationswellen führen zu einer richtungsabhängigen Störung des Mikrowellenhintergrunds. Dadurch kommt es zu etwas, das man ein polarisiertes Signal nennt. Wenn Staubteilchen durch ein interstellares Magnetfeld ausgerichtet wurden, streuen und polarisieren sie das Licht. Treffen die elektromagnetischen Oszillationen, die wir Photonen nennen, auf diese Teilchen, werden sie bevorzugt in eine bestimmte Richtung gestreut. Auch atmosphärische Nebel bestehen aus winzigen, zufällig orientierten Staubteilchen, die das Licht mit einer zufälligen Polarisierung streuen. Sonnenbrillen mit polarisierten Gläsern absorbieren das Licht einer bestimmten Polarisierung und vermindern so die Helligkeit des gestreuten Lichts.

Auch Gravitationswellen erzeugen eine leichte Polarisierung des Mikrowellensignals. Diese Polarisation zeigt eine besondere Charakteristik, mit der sie sich von dem gewöhnlichen und stärkeren Polarisationssignal unterscheiden lassen, das durch Streuung der Mikrowellenhintergrundphotonen an Elektronen entsteht. Gravitationswellen sind nicht komprimierend: Im Vorbeifliegen üben sie nur eine Scherwirkung aus und die Dichte bleibt unverändert. Die kleinen Scherbewegungen der Elektronen, die für die Polarisation verantwortlich sind, unterscheiden sich von den symmetrischen, kompressiven Bewegungen, die durch Dichtefluktuationen entstehen. Insgesamt erzeugen die Gravitationswellen auf diese Weise im Mikrowellenhintergrund ein antisymmetrisches Polarisationssignal, ein eindeutiges, auf großen Winkelskalen erkennbares Signal von der Wirkung der Gravitationswellen. Ein etwas größerer Effekt beruht auf der Streuung eines leicht anisotropen Strahlungshintergrunds an Elektronen. Doch dieser Effekt ist kompressiv, weil die Elektronen an den Dichtefluktuationen teilhaben, und er erzeugt ein deutlich symmetrisches Polarisationssignal. Es gibt daher einen grundlegenden Unterschied in der Polarisation, wie sie von einer Scherung erzeugt wurde, und der Polarisation, die von einer Kompression herrührt. Im Prinzip lassen sich diese beiden Polarisationssignale durch ihre unterschiedlichen Muster am Himmel unterscheiden, insbesondere mit einem Detektor, der polarisationsempfindlich ist. Sofern die Experimente ausreichend empfindlich sind, sollte man das von den Gravitationswellen erzeugte Polarisationssignal finden. Kosmologen hoffen dieses Ziel bis 2010 zu erreichen.

Es gibt noch eine weitere Möglichkeit, dem übriggebliebenen Hintergrund aus Gravitationswellen auf die Spur zu kommen. Dazu verwendet man ein natürliches Netzwerk aus den genauesten bekannten Uhren im Universum. Pulsare sind sehr schnell rotierende Neutronensterne, und die Pulsare mit den höchsten Drehzahlen haben eine bemerkenswerte Zeitstabilität. Mithilfe eines Netzwerks aus Millisekundenpulsaren in verschiedenen Richtungen am Himmel und Beobachtungen, die sich über mehrere Jahre hinziehen, ließe sich eine Korrelation von Signalen aufzeichnen, die auf eine vorbeifliegende Gravitationswelle zurückzuführen ist, welche den Raum zwischen uns und einigen der Pulsare gleichzeitig verformt hat. Dieses Verfahren könnte für einen Hintergrund von Gravitationswellen empfindlich sein, deren Wellenlänge sich über Lichtjahre erstreckt. Solche Gravitationswellen mit extrem niedrigen Frequenzen sind genau das, was man als Überbleibsel aus den Anfängen des Universums vermuten würde. Um 2020 soll ein neues Teleskop, das Square Kilometre Radio Array, gebaut werden und dann über einhundert Millisekundenpulsare überwachen. Es würde damit zu einem besonderen Niedrigfrequenzteleskop zum Nachweis von Gravitationswellen. Allerdings muss sich erst noch erweisen, ob ein solches Experiment tatsächlich durchführbar ist. Es wäre immer möglich, dass andere systematische Einflüsse die Genauigkeit der Zeitmessung mit Pulsaren beeinflussen können. Derzeit deutet jedoch alles darauf hin, dass Millisekundenpulsare die robustesten und stabilsten Uhren sind, die wir kennen.

Das Fernziel beim Nachweis der übrig gebliebenen Gravitationswellen besteht in der Untersuchung der Inflation. Es handelt sich um das einzige direkte Verfahren, mit dem wir tatsächlich in die unmittelbare Nähe des Anfangs des Universums «schauen» können. Eine Erfolgsgarantie dafür gibt es nicht, und es sind auch Theorien bekannt, laut denen überhaupt keine primordialen Gravitationswellen existieren. Der Nachweis dieser Wellen wäre jedoch ein bemerkenswerter Hinweis auf die Inflation.

13 Die Saatkörner der Struktur

Die Natur verwendet von allem nur so wenig wie möglich.   Johannes Kepler

Gottes erste Schöpfung war das Licht.   Francis Bacon

Das anfängliche Universum war ein Feuerball aus Strahlung, gelegentlich durchsetzt von anderen Teilchen. Es gab keine Strukturen, keine Grenze und keine bevorzugten Orte oder Richtungen.

Die neue Kosmologie

Wie kam es zur Entstehung von Galaxien aus diesem kosmischen Feuerball? Der Bezug zum heutigen Universum lässt sich verstehen, wenn man die Struktur des Universums auf den größten Skalen untersucht. Die gesamte Materie, die wir heute sehen, befand sich einmal innerhalb einer Kugel mit einem Radius von einem Zentimeter rund 10^{-43} Sekunden nach dem Big Bang. Wie wurde das Universum so groß? Und weshalb ist es so gleichförmig? Der Schlüssel liegt in der Inflation, die wir im vorherigen Kapitel eingeführt haben.

Wie schon erwähnt, ist Inflation – «Aufblasen» – der Name, den die Kosmologen einem kurzen Augenblick während der sehr frühen Phase des Universums gegeben haben, als das Volumen des Raums einen exponentiellen Zuwachs erfuhr. Die Inflation ist das Wundermittel für alle – oder zumindest fast alle – Rätsel, welche die moderne Kosmologie seit den Zeiten von Georges Lemaître, dem ersten physikalischen Kosmologen, geplagt haben. Alan Guth gilt allgemein als der Begründer der Inflationskosmologie. Im Jahre 1982 beschäftigte sich Guth mit Fragen wie: Weshalb ist das Universum so groß und so gleichförmig? Er stolperte über die Antwort, als er über die möglichen Zustände der Materie zum Beginn der Zeit nachdachte, als die Temperaturen noch so hoch waren, dass die fundamentalen Kräfte der Materie – die Kernkräfte und die elektromagnetischen Kräfte – noch identisch waren, auch wenn sie sich in unserem heutigen Niedrigtemperaturuniversum in ihrer Stärke sehr unterscheiden.

Die thermische Geschichte des Big Bang lässt sich bis zu einer Zeit von 10^{-12} Sekunden zurückverfolgen. Bis zu diesem Zeitpunkt sind wir uns des Materie- und Strahlungsgehalts des Universums und der zugehörigen Physik ziemlich sicher. Für die Zeit davor ist unser theoretisches Verständnis wesentlich spekulativer.

Das Fehlen einer fundamentalen Theorie hat die Kosmologen jedoch nie wirklich abgehalten, auch über die früheren Zeiten nachzudenken. Wie wir gesehen haben, ereignete sich laut der Theorie der Inflation ein früher Phasenübergang bei der Brechung der Großen Vereinheitlichten Symmetrie, als das Universum 10^{-35} Sekunden alt war. Bei diesem Phasenübergang entstand eine Vakuumenergiedichte, die lange genug anhielt, um die Energiedichte des Universums zu dominieren. Der Einfluss auf das Universum war dramatisch: Es begann sich exponentiell schnell auszudehnen und nahm riesige Ausmaße an. Und wie ein zerknüllter Ballon, der aufgeblasen wird, wurde der Raum dabei vollkommen glatt und gleichförmig. Diese Idee der Inflation wurde über die vergangenen Jahrzehnte weiter ausgearbeitet und ist eine der wichtigsten Entwicklungen in der Kosmologie seit der Entdeckung der Expansion des Universums ungefähr ein halbes Jahrhundert zuvor.

Ein Anfang aus dem Nichts

Die ursprüngliche Bewegung, das Agens, ist ein Punkt, der sich in Bewegung setzt ... Es entsteht eine Linie. Sie geht gleichsam spazieren, ohne Ziel, nur um des Spazierens willens.   Paul Klee

Aus den Beobachtungen folgern die Kosmologen, dass die kinetische Energie des Universums durch seine gravitative potenzielle Energie nahezu ausgeglichen wird. Der Fehler liegt innerhalb eines Faktors von drei. Es ist durchaus vorstellbar, dass die Differenz zwischen der gesamten Gravitationsenergie und der gesamten kinetischen Energie im Universum null ist. Tatsächlich halten viele theoretische Kosmologen den Zustand mit der Energie null für den natürlichsten Zustand. Natürlich verlangt die Physik die Erhaltung der Energie; daher hätte das Universum mit der Energie null begonnen. Die inflationäre Kosmologie sagt sogar vorher, dass das Universum die Energie null hat, aber sie sagt uns zusätzlich noch etwas Neues: Zu Beginn des Universums waren sowohl die gravitative als auch die kinetische Energie beliebig nahe bei null. Das Universum begann im wahrsten Sinne des Wortes aus dem Nichts, oder zumindest so nahe beim Nichts, dass der Unterschied kaum eine Rolle spielt. Praktisch die gesamte Erinnerung an die Anfangsbedingungen wurde ausgelöscht. Das exponentielle Wachstum machte aus dem Nichts ein Universum.

Kosmischer Kapitalismus

Durch die Inflation nahm das Universum riesige Ausmaße an. Die Inflation glättete Falten, wie bei einem sich ausdehnenden Ballon. Aber sie erzeugte auch Fluktuationen. So wie in gefrierendem Wasser kleine Unregelmäßigkeiten auftreten, so blieben im Universum nach der Inflation auch Falten übrig. Sie sind ein Kennzeichen für das, was der Physiker einen Phasenübergang erster Ordnung nennt. Diese Fluktuationen sind die Saatkörner der Strukturen. Die Inflation dehnte die Quantenfluktuationen zu makroskopischen Dichtefluktuationen des Universums. Und aus diesen winzigen Dichtefluktuationen entstanden später die Galaxien.

Es gibt noch keine umfassende Theorie dieser Fluktuationen. Die einfachsten Argumente führen zu dem Schluss, dass die Fluktuationen auf allen Skalen immer die gleiche Intensität haben. Das ist eine eindeutige Aussage und sollte beobachtbare Konsequenzen haben, insbesondere auf großen Skalen. Eine Schwierigkeit ist jedoch, dass der Big Bang wie eine Art Filter wirken kann, der die Verteilung der Fluktuationen verändert.

Nur bestimmte Arten von Fluktuationen überleben einen längeren Zeitraum. Fluktuationen auf kleinen Skalen können durch verschiedene Einflüsse zerstört werden. Komprimierte Strahlung hat eine Tendenz sich auszudehnen und zieht dabei gewöhnliche Materie mit. Es kommt zu einer systematischen Homogenisierung, bei der die Fluktuationen der Materie auf kleinen Skalen geglättet werden. Die Beschränkungen hängen lediglich von der Zeit ab, die seit dem Big Bang vergangen ist. Die größten Fluktuationen überleben also unverändert. Neutrinos werden ebenso wie Photonen gewöhnlich als masselos angesehen. Es gibt keinen zwingenden Grund innerhalb der Theorie der Elementarteilchen, weshalb das so sein muss, und die experimentellen oberen Grenzen lassen immer noch die Möglichkeit dunkler Neutrinomaterie zu. Es bedarf keiner besonders großen Neutrinomasse, um ein Universum zu erhalten, in dem auf ein Proton rund eine Milliarde Neutrinos kommen. Eine Neutrinomasse von einem Milliardstel Protonmasse würde ausreichen, um Neutrinos zur vorherrschenden Materieform des Universums zu machen.

Bestünde die dunkle Materie aus massiven Neutrinos, besäße sie eine eingebaute Tendenz zur Expansion. Neutrinos bewegen sich nämlich bis zu einem vergleichsweise späten Stadium des Universums, in dem das Wachstum der Fluktuationen in vollem Gange ist, nahezu mit Lichtgeschwindigkeit. Dunkle Materie aus Neutrinos bezeichnet man als heiße dunkle Materie, im Gegensatz zu den sehr schweren Teilchen, von denen man annimmt, dass sie den größten Teil der dunklen Materie ausmachen. Dunkle Materie aus schweren Teilchen verhält sich wie ein kaltes Gas mit vernachlässigbarem Druck und wird als kalte dunkle Materie bezeichnet.

Die größten Fluktuationen in der heißen dunklen Materie hätten ebenfalls überlebt, da die Zeit noch nicht ausreichte, um sie zu zerstören. Wegen ihrer kleinen Masse werden die Neutrinos erst sehr spät langsamer, aber irgendwann wird auch eine kleine Neutrinomasse mit abnehmender Temperatur des Universums wichtig. Die Fluktuationen auf kleinen Skalen werden geglättet, und es verbleiben keine Saatkörner für die Ausbildung leichter Objekte. Nur die Fluktuationen auf großen Skalen überleben, und dort entstehen schließlich die massiven Strukturen des Universums.

Der größte Teil der Materie im Universum ist dunkel. Entweder ist sie kalt und es kommt auf allen Skalen zu Verklumpungen, oder sie ist heiß und verklumpt nur auf den größten Skalen. Der Filter hängt von der Art der Materie ab, die im Universum überwiegt: kalte dunkle Materie oder heiße dunkle Materie. Beispiele von Fluktuationsformen, die dem primordialen Feuerball rund 300 000 Jahre nach dem Big Bang entstammen, sind blaues Rauschen, das entsprechend den Vorhersagen der Inflation eine Bottom-up-Strukturentstehung von kleinen Skalen zu größeren Skalen erzeugt, und rotes Rauschen, das zu Top-down-Folgen in der Strukturhierarchie führt, also von großen Skalen zu kleineren Skalen. Bottom-up bedeutet, dass zunächst kleine Fluktuationen zusammenwachsen und dadurch schrittweise größere Fluktuationen entstehen. Umgekehrt erfolgt die Strukturentstehung in einer Top-down-Folge über die Fragmentation großer Wolken in kleinere Wolken. Die Beobachtungen zeigen, dass auch heute noch sehr massereiche Objekte entstehen, beispielsweise Galaxiencluster. Umgekehrt sind die Galaxien selbst schon vor langer Zeit entstanden. Nach der Theorie der Galaxienentwicklung handelt es sich bei vielen Galaxien um sehr alte Systeme. Es gibt keinen Zweifel: Sowohl die Daten als auch die Theorie bevorzugen eine Bottom-up-Folge für die Evolution der kosmischen Strukturen. Heiße dunkle Materie kann im Vergleich zur kalten dunklen Materie nur eine untergeordnete Rolle spielen.

Die Fluktuationen wachsen aufgrund der gravitativen Instabilität. Irgendwo im Universum gibt es einen kleinen Bereich mit einer etwas größeren Dichte als der Rest. Die Gravitation ist in diesem Bereich größer und zieht daher Materie aus der nahen Umgebung an. Dieser Prozess verläuft langsam: Die Masse verdoppelt sich über einen Zeitraum, in dem sich auch das expandierende Universum verdoppelt. Doch der Effekt schreitet unerbittlich voran. Umgekehrt verliert ein Gebiet mit einer geringeren Dichte als der Durchschnitt seine Masse, da die Gravitation langsam Masse aus diesem Gebiet abzieht. Das ist Kapitalismus in Reinform: Die Reichen werden reicher und die Armen werden ärmer.

All diese Überlegungen hätten ebenso gut reine Fiktion sein können, und viele sind zunächst skeptisch geblieben. Der Paradigmenwechsel zum Big Bang begann um 1964, nach der Entdeckung der Hintergrundstrahlung, und er hielt bis ungefähr 2000 an, als man in der Hintergrundstrahlung Temperaturfluktuationen vom Bruchteil eines Tausendstel Prozents am Himmel fand. Diese Schwankungen sind Anzeichen für die lang gesuchten Inhomogenitäten, aus denen sich alle Strukturen auf großen Skalen entwickelt haben. In der kosmischen Mikrowellenhintergrundstrahlung findet man Fluktuationen aus dem frühen Stadium des Universums, deren Größenordnung rund 1 zu 100 000 beträgt.

Die letzte Säule des Big Bang

> Eine neue wissenschaftliche Wahrheit pflegt sich nicht
> in der Weise durchzusetzen, dass ihre Gegner über-
> zeugt werden und sich als belehrt erklären, sondern
> vielmehr dadurch, dass ihre Gegner allmählich aus-
> sterben und dass die heranwachsende Generation von
> vornherein mit der Wahrheit vertraut geworden ist.
>
> Max Planck

Die Theorie des Big Bang ruht auf vier recht beeindruckenden und stabilen Säulen. Drei von ihnen haben wir bisher behandelt. Die ersten
beiden verursachten einen solchen Wirbel, dass man sie die «goldenen
Augenblicke» der Kosmologie getauft hat. Dies waren die Entdeckung
der Expansion des Universums und die Entdeckung der kosmischen
Mikrowellenhintergrundstrahlung. Eine weitere Bestätigung unseres
feurigen Ursprungs lag in der Übereinstimmung mit der Synthese der
leichten Elemente.

Die vierte Säule ist die Entdeckung der Temperaturfluktuationen in
der kosmischen Mikrowellenhintergrundstrahlung. Die letzte große
Vorhersage der Big-Bang-Theorie lautete, dass die Mikrowellenhintergrundstrahlung nicht vollkommen gleichförmig ist, sondern Fluktuationen enthält. Diese Fluktuationen sind die fossilen Überreste der Saatkörner, aus denen sich die Galaxien und Galaxiencluster entwickelt
haben. Diese Fluktuationen wurden erstmals im Jahre 1992 von dem
Satelliten COBE (Cosmic Background Explorer Satellite) entdeckt. Sie
hängen mit den Dichteschwankungen des Universums auf sehr großen
Skalen zusammen. Ein ähnlicher Intensitätsanstieg auf der Skala von
Protoclustern wurde durch das frühe Fluktuationenwachstum verstärkt, einem Vorläufer der Strukturbildung und ebenfalls eine Vorhersage der inflationären Kosmologie. Eine den unmittelbaren Vorläufern
der Strukturbildung geschuldete Intensitätserhöhung auf der Winkelskala von einem Grad wurde mittlerweile ebenfalls gefunden. Der Big
Bang ist damit definitiv bestätigt.

Der kosmische Mikrowellenhintergrund: eine kurze Geschichte

Wissenschaftliche Arbeit in großen Gruppen kann auch zu internen Zwistigkeiten führen. Manchmal wird dadurch der Fortschritt angeregt, häufiger jedoch verursachen sie Verbitterung, die tiefe Wunden hinterlässt. Das Projekt des COBE-Satelliten, der die kosmische Hintergrundstrahlung für mehr als vier Jahre nach seinem Start im November 1989 untersuchte, umfasste zu Spitzenzeiten über 1500 Teilnehmer. Zwei einzelne Wissenschaftler ragen jedoch aus dieser Menge heraus. John Mather war einer der geistigen Anstifter des COBE-Projekts. Er war ein Wissenschaftler der NASA und entwickelte ein Schlüsselexperiment an Bord eines Satelliten, mit dem das Spektrum der kosmischen Hintergrundstrahlung ausgemessen werden sollte. Nach einer Reihe von unglücklichen Schicksalsschlägen, die schließlich im Challenger-Unglück kulminierten, organisierte Mather auch den Start auf einer Delta-Trägerrakete, und COBE machte innerhalb der ersten neun Minuten der Datenaufnahme eine wesentliche Entdeckung. Mather richtete sein Experiment auf die vom Big Bang übriggebliebene Strahlung aus. Hinter dieser Wahl lag eine lange Geschichte.

Der wichtigste Teil dieser Geschichte beginnt mit Ralph Alpher und Robert Herman, die zusammen mit ihrem Mentor, dem Kosmologen George Gamow, in den fünfziger Jahren des zwanzigsten Jahrhunderts vorhersagten, dass es ein das gesamte Universum durchdringendes Strahlungsfeld geben muss. Alpher und Herman konnten sogar die Temperatur dieser Strahlung auf 5 Kelvin oberhalb des absoluten Temperaturnullpunkts abschätzen. Anscheinend hatten sie jedoch keinen Kontakt zur Mikrowellenastronomie aufgenommen.

Andere Gruppen von Wissenschaftlern waren kontaktfreudiger. Andre Doroshkevich und Igor Novikov fanden 1964 in Russland den Zusammenhang zwischen dem frühen Universum als Reservoir einer Schwarzkörperstrahlung und Beobachtungen im Mikrowellenbereich. Dieser wichtige Schritt war in den frühen Veröffentlichungen von Alpher und Herman nicht gemacht worden. Sie bezogen sich auf ein Ergebnis des Ingenieurs E.A. Ohm aus dem Jahre 1961, der ein satellitenbasiertes Kommunikationsteleskop der Bell Laboratories kalibriert und dabei über eine unerklärliche Quelle von statischem Mikrowellenrauschen berichtet hatte, die einer Temperatur von 3 Kelvin entsprach. Die russischen Wissenschaftler hatten jedoch keine neueren Daten und interpretierten das Ohmsche Ergebnis als eine obere Grenze, die für ein kaltes Universum sprach.

Im Nachhinein kann man sagen, dass die wichtigen Daten für einen heißen Big Bang bereits vorlagen, und zwar nicht nur in den am Himmel gemessenen Mikrowellen, sondern insbesondere auch in einigen interessanten Messungen des Gasmoleküls CH in Absorptionslinien im interstellaren Medium. In einem weitgehend unbeachtet gebliebenen Experiment hatte Andrew McKellar schon 1940 entdeckt, dass ein interstellares Strahlungsfeld von mindestens 2 Kelvin notwendig ist, um die molekularen Übergänge erklären zu können, die in den Absorptionslinien in Richtung zweier naher Sterne gefunden worden waren.

Inzwischen hatte eine Gruppe von Physikern an der Princeton Universität unter Leitung von Robert Dicke die Argumente von Gamow und seinen Mitarbeitern ohne jede Kenntnis der früheren Arbeit wiederentdeckt. Sie stellten ebenfalls den Zusammenhang zur Radioastronomie her, nahmen aber von der parallelen russischen Anstrengung keine Notiz. Außerdem entwickelten sie ein Experiment zur Suche nach dem schwachen Radiosignal aus dem Anfang des Universums. Dicke machte sich daran, das Modell eines heißen Big Bang zu testen.

Doch Dicke und seine Kollegen wurden auf der Zielgeraden geschlagen. Ich habe bereits erwähnt, dass die Radioastronomen Arno Penzias und Robert Wilson, die das Bell Experiment übernommen hatten, allerdings an der Milchstraße und nicht an der Kosmologie interessiert waren, über die fossile Strahlung aus dem Big Bang gestolpert waren. Das beobachtbare Universum enthielt ein diffuses Glühen im Mikrowellenbereich, ungefähr einhundert Mal schwächer als die gleichförmige Strahlung, die wir alle schon gesehen haben, wenn wir an einem Fernseher zwischen zwei Kanälen drehen. Interessant war die Reaktion von Gamow beim Texas Symposium über Relativistische Astrophysik in Dallas 1967. Als er gefragt wurde, wie er vor dem Hintergrund seiner eigenen Arbeit die Entdeckung der kosmischen Mikrowellenhintergrundstrahlung empfindet, sagte er: «Ich habe ein Geldstück verloren. Sie haben ein Geldstück gefunden. War es mein Geldstück?»

Der Theoretiker in der Princeton-Gruppe, James Peebles, hatte sogar vorhergesagt, dass der kosmische Mikrowellenhintergrund das Spektrum eines Schwarzen Körpers haben müsste und bei Mikrowellenfrequenzen nachweisbar sei. Aber er hatte seine Ergebnisse erst veröffentlicht, nachdem 1965 der Artikel von Penzias und Wilson erschienen war. Die Vorhersage eines Schwarzkörperspektrums erwies sich als eine weitsichtige Schlüsselkomponente der Kosmologie, die jedoch für die nächsten 25 Jahre Kontroversen auslöste.

Um 1980 gab es Experimente, unter anderem auch eine Folgearbeit zu Mathers eigener Doktorarbeit in Berkeley, die behaupteten, es gebe unvorhergesehene Abweichungen vom Schwarzkörperspektrum, die im Widerspruch zu den Vorhersagen der Big-Bang-Theorie stünden. Die Kosmologen steckten in der Klemme. Zwei Monate über das Ende der Datenerhebung hinaus bewahrte das COBE-Team absolute Geheimhaltung, bis Mather auf einem Treffen der Amerikanischen Astronomischen Gesellschaft einen Vortrag hielt und ein Dia des Spektrums zeigte, das absolut keine wahrnehmbaren Abweichungen von einer Schwarzkörperstrahlung zeigte. Die Übereinstimmung übertraf jede in einem Labor künstlich erzeugte Schwarzkörperstrahlung. Beim Anblick des Dias erhob sich die Zuhörerschaft spontan zu tosendem Beifall. Nur selten gab es in der Wissenschaft eine solch entscheidende Konfrontation von Vorhersage und Beobachtung. Die Nachrichten in den Medien waren eher zurückhaltend – vielleicht weil ein Schwarzkörperspektrum der Öffentlichkeit nicht so vertraut ist. Das änderte sich jedoch am 23. April 1992, als die Titelseiten der Zeitungen in aller Welt die Entdeckung von Schwankungen bzw. Intensitätsfluktuationen in der kosmischen Mikrowellenhintergrundstrahlung durch das COBE-Team verkündeten. Einmal mehr hatten die Kosmologen drei Jahrzehnte ausharren müssen, bis die vorhergesagten Schwankungen gefunden worden waren. Hier handelte es sich um die sichtbaren Zeichen jener Saatkörner, aus denen die Strukturen auf großen Skalen in unserem Universum entstanden sein mussten. Zugeschrieben wurde dieser Erfolg einem Forscherteam, das anscheinend von einer Einzelperson dominiert wurde: dem Wissenschaftler George Smoot vom Lawrence Berkeley National Laboratory, der das Abbildungsinstrument an Bord von COBE entwickelt hatte. Hymnen wie diejenige Stephen Hawkings, der von der «größten Entdeckung des Jahrhunderts, wenn nicht aller Zeiten» sprach, begleiteten die riesigen Überschriften in den Zeitungen. Obwohl diese bedeutende Entdeckung sehr bald bestätigt wurde, zeigten die in der Presse veröffentlichten Himmelsaufnahmen der Fluktuationen zum größten Teil das experimentelle Rauschen und nicht das subtilere kosmische Signal. So überraschte es kaum, dass die hart arbeitenden Kollegen von Smoot über seinen Ruhm verbittert waren. Selbst das Hauptquartier der NASA war verärgert, dass der seit zwei Jahrzehnten anhaltenden heroischen Arbeit der NASA nur so wenig Tribut gezollt wurde. Wie war es zu diesem Fiasko in der Öffentlichkeitsarbeit gekommen?

Schuld war – zusammen mit der Einwilligung zur Veröffentlichung durch Smoot – die besondere Effizienz der Stelle für Öffentlichkeitsarbeit am Lawrence Berkeley National Laboratory. Ihre noch nicht freigegebene Pressemeldung wurde einen Tag vor der eigentlichen Pressekonferenz, bei der die Ergebnisse veröffentlicht werden sollten, an die Journalisten verteilt.[3] Die Journalisten kontaktierten Kosmologen überall auf der Welt und fragten sie nach ihrer Meinung. Jahrelang aufgestaute Frustrationen wurden freigesetzt. Dick Bond aus Toronto und Michael Turner aus Chicago beschrieben diese Fluktuationen gleichzeitig und unabhängig als «den heiligen Gral der Kosmologie». Joel Primack aus Santa Cruz verglich sie mit der «Handschrift Gottes».

Doch das Kind war bereits in den Brunnen gefallen. Wenige Tage später unterschrieb Smoot einen Vertrag mit dem bekannten Literaturagenten und Branchenhai John Brockman, zusammen mit dem Wissenschaftsjournalisten Keay Davidson ein Buch über die Geschichte von COBE zu schreiben. Das brachte ihnen zwar Millionen ein, doch es schadete dem Ansehen populärwissenschaftlicher Bücher vielleicht auf ewig. In der Zwischenzeit begannen einige von Smoots früheren Kollegen sich eilig an die Arbeit zu machen und einen Nachfolger von COBE zu entwickeln, der von der NASA im Frühjahr 2001 gestartet wurde. Der Wilkinson Microwave Anisotropy Explorer Satellit hat eine 33-mal bessere Winkelauflösung und eine 45-mal höhere Empfindlichkeit als COBE, und die ersten Ergebnisse wurden über ein Jahrzehnt nach COBE im Februar 2003 veröffentlicht. Diese Ergebnisse waren für die Kosmologie eine ähnlich große Erfolgsgeschichte, die weiter unten beschrieben wird.

Allerdings ist zuzugeben, dass Smoots Ausdauer und experimentelles Know-how eine Schlüsselrolle bei den Fluktuationsmessungen spielten. Ihm verdanken wir die ersten aussagekräftigen Messungen des winzigen, richtungsabhängigen Temperaturunterschieds aufgrund der Bewegung der Erde relativ zum kosmischen Bezugssystem des Mikrowellenhintergrunds. Smoot wurde als der eifersüchtige Wissenschaftler hingestellt, der andere Team-Mitglieder von der Veröffentlichung ihrer Ergebnisse abhielt. Als Kopf des Teams hätte Smoot früher oder später ohnehin den Erfolg eingeheimst, völlig unabhängig davon, wann die Ergebnisse verkündet wurden. Nach einer anderen Erklärung haben Smoot und sein älterer Team-Kollege David Wilkinson die Rolle der skeptischen Erzkonservativen eingenommen, die verhindern wollten, dass irgendwelche jungen Kerle vorläufige Ergebnisse veröffentlichen, die später einer wesentlichen Modifikation bedürfen oder sogar zurückgezogen werden müssen. Der Weg der Kosmologie ist gepflastert mit solchen Fehltritten. Allen Wirren zum Trotz wurde COBE ein großer Erfolg.

Immer mehr Fluktuationen

Die Fluktuationen in der Materiedichte vor der letzten Streuung der Strahlung verhalten sich wie Schallwellen in einem Medium mit einer Schallgeschwindigkeit, die einem relativistischen Plasma – ungefähr 70 Prozent der Lichtgeschwindigkeit – entspricht. Nach der letzten Streuung entkoppelt die Strahlung thermisch von der Materie, und die Schallgeschwindigkeit sinkt auf die eines Gases bei einigen tausend Kelvin. Die Dichtefluktuationen, die vorher vom Druck getriebene Schallwellen waren, reagieren nun nur noch auf die Gravitation. Der Druck spielt keine Rolle mehr, zumindest für Fluktuationen, bei denen die Massen mindestens denjenigen von kleinen Galaxien entsprechen. Damit die Gravitation zur treibenden Kraft wird und sich dementsprechend die ersten Wolken aus ihrer eigenen Gravitation herausbilden konnten, beträgt die minimale Größe einer Fluktuation ungefähr eine Million Sonnenmassen. Mit der Zeit nimmt die Masse der Wolken zu. Unter dem Einfluss der Gravitation kommen immer mehr Wolken zusammen und verdichten sich zu einer Galaxie und schließlich zu einem Cluster von Galaxien. Wolken von der Masse einer Galaxie sind in der Lage, sich abzukühlen und in Sterne zu fragmentieren. Es sind Galaxien und Galaxiencluster entstanden, welche riesige Mengen an immer noch sehr heißen Gasen enthalten.

Die Schallwellen hinterlassen in der kosmischen Mikrowellenhintergrundstrahlung einen bemerkenswerten Abdruck. Bei der Inflation oder einem äquivalenten Prozess entstehen Wellen, die gerade ihr erstes Druckmaximum erreichen, wenn sie in den Horizont eintreten. Stellen Sie sich zufällige Störungen in der primordialen Suppe aus Strahlung und Baryonen vor. Diese Störungen können als Schallwellen interpretiert werden. Anfänglich hat die Gravitation überhaupt keinen Einfluss auf diese Schallwellen. Man muss warten, bis genügend Zeit seit dem Big Bang verstrichen ist, damit eine gegebene Welle ihre erste Kompression durchläuft und einen Kamm entwickelt. Vorher hatte der Druck nicht genügend Zeit gehabt, um etwas zu bewirken.

Eine solche Wellenlänge, die ihre erste Kompression durchläuft, entspricht genau der Distanz, die das Licht seit dem Big Bang zurückgelegt hat. Könnte man sie am Himmel beobachten, würden diese Wellen daher unter einer bestimmten Winkelgröße erscheinen. Erstaunlicherweise sind sie in der Temperaturlandschaft der Mikrowellenhintergrundstrahlung als heiße und kalte Flecken zu sehen. Dazu kommt es, weil es einen besonderen Augenblick gibt – rund 300 000 Jahre nach dem Big Bang –, bei dem man «sieht», wie die Mikrowellenstrahlung ihre letzte Wechselwirkung mit der Materie hatte. Damals wurde sie das letzte Mal an freien Elektronen gestreut. Anschließend haben sich die Elektronen und Protonen zu neutralen Wasserstoffatomen verbunden. Zum ersten Mal war das Universum kalt genug, damit dies geschehen konnte. Später konnten die Mikrowellenphotonen nicht mehr an den Atomen gestreut werden.

Die größte Amplitude erwartet man bei den Wellen, die bei der letzten Streuung zum ersten Mal ihr Maximum erreicht hatten. Sie erzeugen in den Fluktuationen der kosmischen Mikrowellenhintergrundstrahlung ein Intensitätsmaximum bei einer Winkelskala, die dem Horizont bei der letzten Streuung entspricht – das ist ungefähr ein Grad. Gravitation und Druck wirken gegeneinander, woraus sich die Stärke der Wellen ergibt. Je kürzer die Wellenlänge, desto größer ist der Einfluss des Drucks, um der Kompression entgegenzuwirken. Kürzere Wellen, die bei der letzten Streuung zum zweiten Mal ihr Maximum erreicht haben, hinterlassen ein Intensitätsmaximum bei kleineren Winkelskalen und werden von der Gravitation auch weniger verstärkt. Auch Wellen mit einer Verdünnung, also einem Minimum in der Materiedichte, hinterlassen ein Intensitätsmaximum, da Verdünnungen ebenfalls als Temperaturschwankungen gemessen werden. Ihre Winkelskala liegt zwischen den anderen beiden Wellen. Das Dichtefeld ist zufällig und Fluktuationen werden negativ und positiv gezählt. Nach der Vorhersage sollte es eine Reihe von Intensitätsmaxima abnehmender Stärke geben, bis man Wellenlängen erreicht, die so klein sind, dass sie bei der Streuung der Strahlen keine Wirkung gezeigt haben. Dann hören die Fluktuationen in der Temperaturverteilung auf. Eventuell noch vorhandene ursprüngliche Temperaturschwankungen wurden gedämpft. Diese Dämpfung ereignet sich bei einer physikalischen Skala, welche der Entfernung entspricht, die das Licht während der letzten Streu-Epoche im Mittel zurücklegte. Über diese Distanz hätte sich eine primordiale Schallwelle ausbreiten können, während im Verlauf von ungefähr 30 000 Jahren der Übergang des Universums vom ionisierten zum neutralen Zustand erfolge. Die kleinsten noch vorhandenen Fluktuationen erwartet man daher auf Skalen von rund einem Zehntel Grad.

Eine Reihe von Intensitätsmaxima wurde in den Temperaturschwankungen der kosmischen Hintergrundstrahlung gemessen. Das erste, zweite, dritte und vierte Maximum wurden gefunden. Die genaue Lage der Winkel für diese Maxima hängt von der Krümmung des Universums ab. Falls wir beispielsweise in einem offenen Universum mit hyperbolischer Geometrie leben sollten, müssten die Maxima zu kleineren Winkelskalen verschoben sein. Das Universum wirkt wie eine riesige Konkavlinse. Dieser Effekt wird nicht beobachtet: Das Universum scheint flach zu sein. Die Ungenauigkeit beträgt nur wenige Prozent. Die Summe der Materiedichte und der Dichte der dunklen Energie addieren sich zu der kritischen Energiedichte für ein geschlossenes Universum.

Der Nachweis der Intensitätsmaxima zu den Schallwellen ist eine weitere unabhängige Bestätigung für das Überwiegen von nichtbaryonischer Materie im Universum. Die Maxima entstehen durch die Trägheit und Eigengravitation der Baryonen, unterstützt von der dunklen Materie. Die Streuung der Strahlung erfolgte durch Elektronen.

Die dunkle Materie ist aber wichtig, weil ihre Fluktuationen durch den Druck nicht verdünnt wurden; denn die Strahlung wirkte nicht direkt auf die neutralen Teilchen der dunklen Materie ein. Dadurch konnten die Dichtefluktuationen um ein Vielfaches anwachsen.

Aus der Intensität der Fluktuationen können wir auf einen Wert für die Baryonendichte schließen, der bei ungefähr vier Prozent der kritischen Dichte liegt. Andererseits muss die Dichte der gesamten Materie bei rund 30 Prozent der kritischen Dichte liegen, damit die Fluktuationen im frühen Universum genügend verstärkt wurden, um so zu werden, wie wir sie heute beobachten. Damit haben wir auch eine unabhängige Bestätigung für die kosmologische Konstante. Für ein flaches Universum muss die Dichte der dunklen Energie rund 70 Prozent der kritischen Dichte betragen. Diese Werte sind mit dem Modell des Big Bang verträglich, das von der großen Mehrheit der Kosmologen heute akzeptiert wird.

Eine weitere Bestätigung für dieses Modell kam im Jahr 2003, als die neuen Ergebnisse zu den Fluktuationen in der kosmischen Mikrowellenhintergrundstrahlung bekannt wurden. Die Daten wurden mit dem WMAP (Wilkinson Microwave Anisotropy Probe) gewonnen, benannt nach David Wilkinson, dem Pionier in der Erforschung des kosmischen Mikrowellenhintergrunds. Dem WMAP-Satellit verdanken wir die erste Rundumsicht am Himmel seit COBE. Mit seiner wesentlich höheren Winkelauflösung konnte WMAP die verrauschteren Daten früherer Experimente, die von Ballons und auch vom Boden aus durchgeführt wurden, bestätigen. Die ersten drei Intensitätsmaxima wurden mit fantastischer Genauigkeit nachgewiesen. Die zugrunde liegende Verteilung der Dichtefluktuationen konnte mit statistischen Unsicherheiten von nur wenigen Prozent bestimmt werden. Noch nie sind die Parameter des Standardmodells der Kosmologie mit einer solchen Genauigkeit bekannt gewesen. Die Dichte der dunklen Materie und der dunklen Energie, die Expansionsrate, die Krümmung des Universums, das Spektrum der Dichtefluktuationen: Sie alle wurden mit Unsicherheiten von höchstens wenigen Prozent gemessen.

Doch zumindest ein Ergebnis von WMAP raubte vielen Kosmologen den Schlaf. Bislang wurde die so genannte Reionisierung des Universums mit dem Einsetzen einer starken Absorption durch intergalaktische Wolken aus atomarem Wasserstoff im Spektrum von Quasaren identifiziert. Daraus berechnete man einen Zeitpunkt, an dem das Universum rund ein Siebtel seiner heutigen Größe hatte, mit einer Rotverschiebung von ungefähr 6. WMAP zeigte die Polarisation des kosmischen Hintergrunds über einen großen Bereich von Winkelskalen. Zunächst die gute Nachricht, mit der man gerechnet hatte: Verantwortlich für die Polarisation ist die Streuung an Elektronen, und für sie fand man erwartungsgemäß eine Rotverschiebung von ungefähr 1000, was der letzten Streuung entspricht. Das überträgt sich zu einer Winkelskala von ungefähr einem Grad.

Das Intensitätsmaximum der Polarisation befindet sich tatsächlich bei einer größeren Winkelskala als das Hauptmaximum in den Temperaturschwankungen. Daraus schließen wir, dass es Fluktuationen auf Skalen gab, die größer sind als der Horizont des Universums während der letzten Streuungen. Damit wird eine weitere Vorhersage der Inflation bestätigt: die Superhorizont-Struktur.

Die Fluktuationen mussten durch eine Superhorizont-Physik erzeugt worden sein, insbesondere auch durch das Vorhandensein von Fluktuationen, die aus der Inflation stammen. Superhorizont bedeutet, dass Korrelationen in Bereichen gefunden werden, zwischen denen in einem Friedmann-Universum in der Zeit zwischen dem Big Bang und der letzten Streuung keine Kommunikation über Licht hätte stattfinden können. Der Superhorizont ist ein deutlicher Hinweis auf eine Inflation. Hier beobachtet man scheinbar akausale Physik, die Fluktuationen auf Skalen erzeugt, welche sich während der Inflation des Universums außerhalb des Horizonts bewegen. Erst viel später gelangen diese Fluktuationen wieder innerhalb des Horizonts.

Doch nun die unerwartete Nachricht. Eine Zunahme in der Polarisation wurde auch bei sehr großen Winkelskalen gefunden. Das sollte die Signatur für die Reionisierung des Universums sein. Die Polarisation entsteht bei der Streuung der kosmischen Mikrowellenhintergrundstrahlung an den neu erzeugten Elektronen. Die Daten, die bei der Beobachtung von Quasaren gewonnen wurden, ließen vermuten, dass das Universum zu diesem Zeitpunkt ein Siebtel seiner gegenwärtigen Größe hatte, bei einer Rotverschiebung von 6. Tatsächlich fand man mehr späte Streuung als erwartet. Die zusätzliche Streuung entspricht einer Reionisierung, als das Universum ein Achtzehntel seiner gegenwärtigen Größe hatte. Für die Erklärung der zusätzlichen Streuung benötigt man die höhere Dichte des Universums zu früheren Zeiten.

Für die konventionellen Modelle, bei denen die Reionisierung einfach durch die ersten massereichen Sterne erzeugt wird, ist dies eine Herausforderung. Es bestehen ernsthafte Zweifel, ob das Standardmodell eine entsprechende Anzahl massiver Sterne zu einem so frühen Zeitpunkt erklären kann. Bisher gibt es noch keinen Konsens. Das Feld der Kosmologie wird gerade dadurch belebt, dass nicht immer alles genau dorthin fällt, wo man seinen Platz vermutet hat. Ein moderner Kosmologe empfindet nur selten Langeweile und kann es sich kaum erlauben, seinen Blick für längere Zeit von den Daten abzuwenden.

Die Entstehung von Struktur

Damals war das Universum nahezu, aber nicht vollständig homogen. Als Folge der Inflation gab es auf allen Skalen Dichtefluktuationen. Doch während der ersten zehntausend Jahre passierte nicht viel, weil es zu viel Strahlung gab: fast die gesamte Materiedichte beruhte auf Strahlung. Das machte es der Materie praktisch unmöglich zu kondensieren. Es war einfach zu heiß.

Nachdem zehntausend Jahre vergangen waren, hatte die Strahlung aufgrund der Expansion im Vergleich zur massiven Materie an Energie und Masse abgenommen. Der Gehalt an massiver Materie ändert sich nicht innerhalb einer geschlossenen Grenze, die sich frei mit dem Universum ausdehnt. Doch der Strahlungsgehalt innerhalb eines solchen Gebiets ändert sich. Das liegt daran, dass Photonen, die reine Energie sind, ihre Energie und damit auch ihre Masse verlieren können. Photonen verlieren ihre Energie in dem Maße, in dem das Volumen sich ausdehnt. Die Erhaltung der Gesamtenergie, einschließlich der nach der berühmten Einstein'schen Formel $E=mc^2$ äquivalenten Menge an Masse, verlangt, dass die Massendichte in der Strahlung relativ zu der in der Materie bei der Ausdehnung des Universums abnimmt. Wir sagen, dass Photonen rotverschoben sind, was für Protonen nicht gilt. Massive Materie überwiegt schließlich in der Dichte, und die Gravitation kann ihre Arbeit beginnen.

Galaxien entstanden zunächst an den extremen und damit seltenen

Dichtemaxima im primordialen Dichtefeld. Selbst wenn die zugrunde liegenden Fluktuationen vollkommen zufällig sind, findet man eine Anhäufung der seltenen Maxima. Man könnte dies mit einer Gebirgskette des Himalaya vergleichen, in der sich die höchsten Berge dicht beieinander finden. Die mittleren Dichtezunahmen, die eher Hügeln als Bergen ähneln, sind gleichförmiger verteilt. Der größte Teil der Materie befindet sich außerhalb der ersten Galaxienansammlungen. Der Raum besteht hauptsächlich aus großen Bereichen mit mittleren Fluktuationsintensitäten, in denen sich keine frühen Galaxien bilden. Wie bei Gebirgsketten findet man nur gelegentlich Gruppen von Fluktuationsmaxima, deren Form faserartig oder flächig ist.

Wechselwirkungen zwischen Wolken mit der Masse ganzer Galaxien helfen bei der Sternentstehung. Die Gasvorräte werden zusammengedrückt und ihre Konzentration nimmt zu. Die Entstehung von Galaxien wird durch Zusammenstöße und Verschmelzungen zwischen solchen Wolken ausgelöst. Zusammenstöße dieser Art fanden im frühen Universum häufig statt. Im späten Universum sind die Galaxien meist so weit voneinander entfernt, dass es nur selten zu Verschmelzungen kommt. Auf diese Weise entstehen Galaxien bevorzugt in den massereichen Gebieten, den Fasern, Wellen, Blättern und Knoten, wo die Dichte lokal erhöht ist. Im Umfeld der Galaxien, die sich zu Clustern und Gruppen zusammenfinden, gibt es große Bereiche ohne erkennbare Galaxien.

Die Entstehung von Strukturen lässt sich auf großen Computern simulieren. Man nehme eine Wolke aus Massepunkten, die wie winzige Billardbälle behandelt werden, jedoch niemals zusammenstoßen, weil sie zu klein und zu weit voneinander entfernt sind, die aber über ihre gravitative Anziehung Kräfte aufeinander ausüben. Es bedarf eines Computers, um eine ausreichend große Anzahl von Teilchen berücksichtigen zu können. In der Praxis werden viele Millionen Teilchen benötigt, wenn man die Entstehung einer Galaxie aufgrund der Gravitation simulieren möchte. Eine einfache Gleichung beschreibt die Kräfte zwischen je zwei Teilchen. Wenn es n Teilchen gibt, gibt es n^2 mögliche Kombinationen von Teilchenpaaren, und es müssen n^2 Gleichungen gelöst werden. Auf einem Supercomputer kann man das Verklumpen von n Teilchen unter dem Einfluss der Gravitation untersuchen, wobei n von der Größenordnung von einhundert Millionen ist. Selbst diese

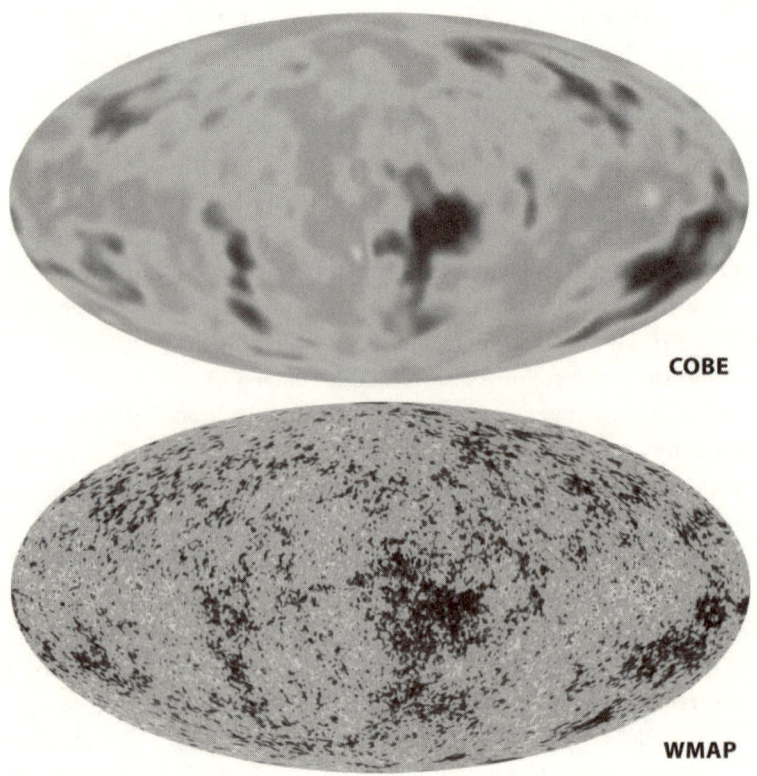

Abbildung 8: Anisotropie der kosmischen Mikrowellenhintergrundstrahlung, gemessen von COBE (1992) und WMAP (2003)

Zahl reicht möglicherweise nicht aus: Immerhin gibt es ungefähr einhundert Milliarden Sterne in der Milchstraße, und zusätzlich noch Tausende von Gaswolken. Trotzdem sollten derart große Simulationen die
physikalischen Vorgänge in einer Galaxie recht gut wiedergeben.

Dunkle Materie ist notwendig, damit genügend Gravitation vorhanden ist, wenn die Inflation für die Anfangsbedingungen gesorgt hat.
Doch die Teilchen aus kalter dunkler Materie sind nicht beliebig verteilt. Die Gravitation bewirkt, dass Fluktuationen korreliert sind oder
in Gruppen auftreten. Die Verteilung der kalten dunklen Materie entspricht in diesen Simulationen genau der Klumpigkeit, die man auch in
Wirklichkeit beobachtet.

Wenn sich eine ausgedehnte Wolke aus kalten, kollisionsfreien Teilchen nach den Gesetzen der Gravitation entwickelt, werden kleine Fluktuationen immer stärker und verschmelzen zu großen Fluktuationen. Die Evolution folgt einem Bottom-up-Gesetz. Auf diese Weise entstehen dunkle Halos. Sie bleiben diffus, da die schwach wechselwirkenden Teilchen der dunklen Materie ihre Energie nicht abgeben und so weiter kollabieren können. Anders verhält es sich mit den Baryonen, die in der dunklen Materie vorhanden sind und rund fünf Prozent der Masse ausmachen. Sie können Energie abstrahlen und sich zu Gaswolken zusammenfinden, die in die diffusen dunklen Halos eingebettet sind.

Der Fortschritt in der Kosmologie besteht oft darin, alternative Modelle ausschließen zu können. Einen erstaunlichen Erfolg hatte diese Philosophie, als die Theorie einer heißen dunklen Materie zusammen mit einem Top-down-Prozess der Strukturentstehung widerlegt werden konnte. Wie wir gesehen haben, muss heiße dunkle Materie zuerst auf den Skalen von Clustern kondensieren, bevor sich Galaxien bilden können. Die zugehörige Evolution der Strukturen wäre ein Top-down-Prozess. Das stimmt jedoch nicht mit den Beobachtungen überein. In einem von heißer dunkler Materie dominierten Universum haben die typischen Strukturen die Masse von Clustern, während in einem von kalter dunkler Materie dominierten Universum Galaxien und sogar noch kleinere Systeme überwiegen. Unser Universum sieht so aus, wie man es bei vorwiegend kalter dunkler Materie vermuten würde. Wenn Galaxien durch die Verschmelzungen kleinerer Klumpen entstehen – wie in einer Bottom-up-Folge –, ergibt sich auch theoretisch eine gute Übereinstimmung mit den großen dreidimensionalen Vermessungen der Galaxienverteilung.

Verschmelzung begünstigt die Entstehung von Galaxienhalos. Wir können das Ausmaß dunkler Halos und ihrer Massen verstehen. Von dunklen Halos vermutet man, dass sie rotieren, allerdings nur sehr langsam. Es greifen Kräfte an, die von der Gravitation benachbarter Fluktuationen im expandierenden Universum herrühren. Zur Rotation kommt es, wenn sich das Gas abkühlt und innerhalb des dunklen Halos konzentriert. Der Drehimpuls bleibt erhalten und das Gas dreht sich immer schneller. Auf diese Weise bildet sich schließlich eine rotierende Scheibe. Jede weitere Kontraktion wird durch die Fliehkräfte verhindert. Das nächste Stadium in der Entwicklung von Galaxien bleibt ein Geheimnis. Die sehr hell leuchtenden Bereiche in einer Galaxie entstehen durch komplizierte Prozesse. Will man sie auf einem Computer simulieren, muss man auch die Physik der Gase mit einbeziehen sowie die komplizierten Vorgänge bei der Sternentstehung. Von diesem Ziel sind wir immer noch weit entfernt.

Fasern und Blätter

Es gibt einige sehr große Ansammlungen von Galaxien. Dabei handelt es sich um Cluster und Supercluster von Galaxien. Galaxiencluster lassen sich leicht erkennen. In einem Cluster gibt es tausend oder mehr Galaxien, alle innerhalb eines Volumens von nur wenigen Millionen Lichtjahren. Die Galaxien bewegen sich auf zufällig orientierten, geschlossenen Bahnen und befinden sich immer in demselben Gebiet. Ein Galaxiencluster ist eine Ansammlung von Galaxien, die durch ihre eigene Gravitation zusammengehalten werden. Es gibt viele Verfahren, sie zu erkennen. Man kann die Galaxien auf einer optischen Aufnahme zählen und sieht eine große Konzentration. Die Bewegung des Clusterschwerpunkts folgt der Hubble-Expansion. Relativ zu diesem Schwerpunkt haben die Galaxien hohe Geschwindigkeiten, die man aus dem Doppler-Effekt in ihren Spektren ablesen kann. Die Gravitation innerhalb des Clusters ist stark genug, damit die Konzentration der Galaxien erhalten bleibt und sogar noch zunehmen kann, wenn weitere Galaxien in den Cluster hineingezogen werden.

Bilder eines Galaxienclusters im Röntgenbereich zeigen ein diffuses Glühen. Diese Röntgenstrahlung wird durch das intergalaktische Gas erzeugt, das eine Temperatur von mehreren zehn Millionen Grad hat. Das Gas ist heiß, weil es sich beim Kollaps der Galaxien und ihren Gasen zum Cluster aufgeheizt hat. Wir haben bereits gesehen, dass der Gasdruck der Gravitationskraft entgegenwirkt und eine unabhängige Möglichkeit darstellt, die Masse des Clusters zu messen. Die Energieverteilung der Photonen in der Mikrowellenhintergrundstrahlung wird verzerrt, wenn diese das heiße Gas durchdringen. Bei niedrigen Frequenzen entsteht dadurch ein leichtes Defizit an Photonen, während es bei hohen Frequenzen zu einem leichten Überschuss kommt. Das hängt damit zusammen, dass die Photonen bei ihrer Streuung an den heißen Elektronen der Gase innerhalb des Clusters an Energie gewinnen. Auf einer Karte des kosmischen Mikrowellenhintergrunds im Radiobereich mit Wellenlängen von wenigen Zentimetern erkennt man bei einem Cluster ein Loch, das in Wirklichkeit ein kalter Fleck ist. Bei Wellenlängen, die wesentlich kleiner als ein Millimeter sind, sieht man jedoch einen Überschuss an Mikrowellenstrahlung, im Prinzip einen heißen Fleck. Durch diese Verzerrung lässt sich der Gasdruck, das Produkt aus der Elektronendichte und der Temperatur, messen.

Außerdem werden die Bilder von Galaxien, die sich hinter einem Cluster befinden, durch dessen Gravitationsfeld verzerrt. Diese Erscheinung beruht auf der Ablenkung von Lichtstrahlung durch die Gravitation. Der Cluster wirkt als Gravitationslinse auf die Hintergrundbilder. Gravitationslinsenkarten von Clustern sind ein wichtiges Verfahren zur Messung der Verteilung von dunkler Materie. Alle diese Techniken helfen bei der Untersuchung von Galaxienclustern und der Bestimmung ihrer Massen. Bis zu einer Entfernung von eineinhalb Milliarden Lichtjahren, oder rund zehn Prozent des beobachtbaren Universums, wurden rund eintausend Galaxiencluster gezählt. Über diese Entfernung hinaus sind die Daten unvollständig. Ein typischer großer Cluster wiegt rund eine Billiarde Sonnenmassen. Zum Vergleich, der dunkle Halo um unsere Milchstraße hat eine Masse von einer Billion Sonnenmassen.

Außerhalb der großen Cluster, aber oft mit ihnen verbunden, findet man große Schlieren und Fasern von Galaxien, sodass unser Universum einem komplizierten, durch die Galaxien definierten Gewebe gleicht. Man findet Cluster vermehrt an den Stellen, wo Schlieren und Fasern sich treffen. Gelegentlich gibt es auch Clustergruppen, die man als Supercluster bezeichnet. Sie können bis zu zehn oder mehr Cluster enthalten. Innerhalb eines Zehntels des beobachtbaren Horizonts hat man rund 30 Supercluster identifizieren können. Hierbei handelt es sich um die größten Entitäten von Materie im Universum.

Die unvermeidbare Abkühlung

Sobald sich Gaswolken von der Masse einer Galaxie gebildet haben, kommt es zum Kollaps, weil die anziehende Gravitationskraft stärker wird als der Gasdruck. Anders als eine Wolke aus Sternen, verliert eine Gaswolke Wärmeenergie. Atome stoßen zusammen, und dadurch werden Elektronen in höhere Energieniveaus gehoben. Anschließend springen die Elektronen wieder in den Grundzustand der Atome zurück und emittieren dabei Photonen. Auf diese Weise kühlt sich die Gaswolke langsam ab. Schließlich kann der Gasdruck der Gravitation nicht mehr entgegenwirken, und unter dem Einfluss ihrer eigenen Gravitation wird die Gaswolke immer dichter. Sie zerfällt vielleicht in kleinere Gasklumpen, wenn der Gasdruck aufgrund der Abkühlung weiter abnimmt. Schließlich wird das Gas so dicht, dass die Strahlung wieder absorbiert wird, bevor sie der Wolke entfliehen kann. Nun sind die lichtundurchlässigen Gasklumpen auf dem besten Wege, zu Sternen zu werden.

Die Gaswolke fragmentiert in dichte, durch ihren Druck stabilisierte Klumpen aus kaltem Gas von der Masse eines Sterns. Sind die Wolken einmal zu Sternen geworden, kommt die Evolution des Sternensystems zu einem vorläufigen Halt. Das liegt daran, dass eine Wolke aus Sternen, anders als eine Gaswolke, aus Objekten besteht, die nicht mehr untereinander zusammenstoßen, da Sterne vergleichsweise kompakt sind. Hat sich einmal eine Sternengalaxie gebildet, verliert das System keine Energie mehr. Kam es vergleichsweise früh zur Entstehung von Sternen und folgte ihr eine Reihe von Verschmelzungen zwischen kleineren Sternenwolken, ist das natürliche Ergebnis dieser Entwicklung eine galaktische Kugel oder eine elliptische Galaxie. Ist sehr viel Gas vorhanden und kommt es erst spät zur Entstehung von Sternen, bildet sich typischerweise eine Scheibengalaxie, denn massive Gaswolken gruppieren sich gerne zu einer flachen Scheibe um eine Drehachse.

Der erste Akt der Sternentstehung

Die Entstehung eines Sterns ist ein komplexer Prozess. Trotz der Tatsache, dass wir manche Bereiche mit intensiver Sternentstehung sehr genau beobachten können, ist er schlecht verstanden. Beispielsweise können wir die Massenverteilung der Sterne nicht vorhersagen. Massereiche Sterne erzeugen schwere Elemente, und sie explodieren rasch, wodurch der größte Teil ihrer Masse wieder als Gas verteilt wird. Weniger massereiche Sterne machen den größten Teil des sichtbaren Lichts im Universum aus, und die leichtesten Sterne sind für den größten Teil der Masse des stellaren Universums verantwortlich. Wir müssen daher den Ursprung der Sterne besser verstehen, wenn wir die Entstehung von Galaxien besser verstehen wollen.

Es gibt jedoch eine gute Nachricht. Eine Wolke aus dem frühen Universum lässt sich weitaus einfacher modellieren als eine typische Wolke, aus der heute Sterne entstehen. Im Sternbild des Orion, nur wenige hundert Parsecs von uns entfernt, gibt es ein Gebiet, in dem man die Entstehung von Sternen in staubigen, magnetisierten, molekülreichen Umgebungen studieren kann. Zur Physik der Sternentstehung gehört die Fragmentation einer sich abkühlenden, kollabierenden Wolke. Hinzu kommen jedoch noch weitere Komplikationen: die Einflüsse von Magnetfeldern, die für einen zusätzlichen Druck sorgen, die durch Turbulenzen und Akkretion unterstützte Verdichtung von Wolkenklumpen und eine komplizierte interstellare Chemie, die einen Einfluss auf den Energieverlust der kollabierenden Wolke hat. Jedes dieser Themen würde ein eigenes Buch füllen. Und selbst das würde kaum ausreichen, um auch nur an der Oberfläche des Problems zu kratzen, geschweige denn es zu lösen. Die Beschreibung der Physik in nahe gelegenen interstellaren Wolken ist komplizierter als eine langfristige Wettervorhersage, bei der es um die Physik atmosphärischer Wolken geht, und selbst dies liegt heute noch jenseits der Möglichkeiten der größten Supercomputer.

Eine ursprüngliche Wolke aus den Anfangszeiten des Universums hat gewisse Vorteile: Es gibt keine Magnetfelder, es gibt keinen Staub mit komplizierter Chemie und es gibt keine komplexen Moleküle oder schwere Atome. Zu einer Zeit, als sich noch keine Sterne gebildet hatten, war die Physik vergleichsweise einfach. Ohne die genannten Komplikationen lässt sich die Physik einer kollabierenden Wolke zumindest numerisch bestimmen. Die Ergebnisse solcher Simulationen unterscheiden sich allerdings wesentlich von dem, was man in den nahe gelegenen Wolken erwarten könnte.

Sämtliche Wolken, in denen Sterne entstehen, haben jedoch eines gemeinsam: sie enthalten ungefähr einhunderttausend Sonnenmassen an Gasen. Doch hier endet auch schon die Gemeinsamkeit. Wie wir noch beschreiben werden, scheinen sich unter den ursprünglichen Bedingungen nur sehr massereiche Sterne mit rund einhundert Sonnenmassen zu bilden. Die Abkühlung erfolgt so langsam, dass Gaswolken mit kleineren Massen nicht fragmentieren. Solche massiven Sterne sind sehr kurzlebig. Innerhalb einer Million Jahre hat ein Stern mit rund einhundert Sonnenmassen seinen nuklearen Brennstoff verbraucht und explodiert als Supernova. Seine Überreste reichern die Umgebung an und werden schließlich in schwerere Galaxien einbezogen. Die Entstehung von Sternen zu Beginn des Universums war ein für die Umgebung angenehmer Prozess, bei dem die Wiederverwendung der stellaren Überreste für neue Sternengenerationen eine wesentliche Rolle spielte.

Es bilden sich Scheiben

Alle Galaxien rotieren – einige mehr, andere weniger. Die Rotation unterstützt die Entstehung von Scheibengalaxien. Ursache für die Rotation sind die Gravitationskräfte zwischen benachbarten Wolken im frühen Universum. Die Wolken haben eine unregelmäßige Form. Eine Seite einer Wolke wird von ihrer Nachbarwolke etwas stärker angezogen als ein entfernter Teil dieser Wolke. Es kommt zu einer Schlenkerbewegung. Das Gas kühlt sich ab, wird dichter, und der Klumpen zieht sich weiter zusammen. Dadurch dreht sich das Gas noch schneller. Bald hat es die Form einer Scheibe, die an ihrer Peripherie durch die Rotation unterstützt wird. Irgendwann zerfällt diese Gasscheibe möglicherweise in Klumpen, die wiederum zur ersten Generation von Sternen fragmentieren.

Kalte Gasscheiben sind sehr instabil. Das Gas kühlt sich unweigerlich ab, und es entsteht eine dünne Scheibe. Die Scheibe zieht sich zu einem länglichen, balkenförmigen Objekt zusammen und bricht wiederum in kleinere Gashaufen auf, die dann zu Sternen werden. Die Anwesenheit eines dunklen Halo verzögert diesen Prozess, da sie die Entstehung des Balkens verhindert. Der dunkle Halo ist gleichzeitig eine Vorratskammer an Gasen, die in die Scheibe fallen können und aus denen dann weitere Sterne entstehen. Ohne diesen Gasnachschub hätten viele Spiralgalaxien ihr Gasreservoir schon von langer Zeit ausgeschöpft. Wir würden dann von S0-Galaxien sprechen: träge Systeme, die ausschließlich alte Sterne enthalten. Doch dank des Gasnachschubs aus dem Halo haben Scheibengalaxien wie die unsrige eine bemerkenswerte Eigenschaft: Sie behalten ein junges Aussehen. Aus dem Gas entstehen Sterne, von denen die massereichen bald wieder explodieren, wobei sie schwere Elemente wie Eisen und Kohlenstoff in das interstellare Medium hinausstoßen. Aus dem angereicherten Gas entstehen neue, metallreiche Sterne. Die Häufigkeit der Elemente in Sternen ist somit ein grobes Maß für ihr Alter: metallarme Sterne sind alt, metallreiche Sterne sind jünger.

Es gibt vergleichsweise wenig metallarme Sterne. Hätte sich unsere Galaxie anfänglich als geschlossenes System gebildet, ohne den zusätzlichen Nachschub von ursprünglichem Gas, dann wären die frühen Sternengenerationen zu einer Zeit entstanden, als erst verhältnismäßig wenige Supernovae explodiert waren. Die Sterne hätten sich aus einem Gas kondensiert, das kaum angereichert gewesen wäre. In diesem Fall gäbe es heute in unserer Galaxie einen erheblichen Anteil an langlebigen, metallarmen Sternen aus dieser frühen Epoche. Sollte es jedoch einen stetigen Nachschub von relativ ursprünglichem Gas gegeben haben, dann wäre der größte Teil der Galaxienscheibe später entstanden, nachdem es bereits eine erhebliche Anzahl von Supernovae gegeben hat. Als Folge wäre die Anzahl der extrem metallarmen Sterne weitaus geringer. Tatsächlich beobachten wir in Scheibensternen einen nicht unwesentlichen Anteil von Metallen. In einem geschlossenen System würde man erwarten, dass der metallische Anteil rund ein Prozent des Sonnenwerts ausmacht. Stattdessen liegt die Scheibe bei ungefähr einem Drittel des Sonnenwerts. Das ist ein deutliches indirektes Zeichen dafür, dass die Scheibe bei ihrer Entstehung einen wesentlichen Nachschub an Gasen hatte. Das einfallende Gas hatte einen geringen

Anteil an schweren Elementen, nicht mehr als rund ein Zehntel des Sonnenwertes. Das entspricht dem, was wir in intergalaktischen Gaswolken beobachten, die sehr wahrscheinlich die Vorratskammer für kaltes, metallarmes Gas sind, welches die Sternentstehung in Galaxienscheiben unterstützt.

Elliptische Galaxien

Ungefähr zwei Drittel aller Sterne im Universum befinden sich nicht in Scheibengalaxien, sondern in elliptischen Galaxien. Da die Scheiben wegen der in ihnen enthaltenen massiven Sterne heller sind, dominieren sie das sichtbare Universum. Doch kugelförmige Galaxien überwiegen, wenn es um die stellare Masse geht. Elliptische Galaxien haben reine Kugelform, während Scheibengalaxien meist ein Gemisch aus einer Scheibe und einem Kugelhaufen, einem so genannten Bulge, sind. Wir können leicht verstehen, weshalb eine Scheibe in Wolken aufbricht und anschließend in Sterne: eine kalte Scheibe ist unter dem Einfluss der Gravitation instabil. Wie sich jedoch eine Kugelform von Sternen bildet, ist weniger offensichtlich. Es gibt zwei Möglichkeiten, die vermutlich beide eine Rolle spielen. Sobald das Gas zum größten Teil verbraucht ist, kann sich eine Scheibe aus Sternen nur noch aufheizen. Es kommt selten, wenn überhaupt, zu Zusammenstößen zwischen Sternen. Für die Abstrahlung von Energie ist zu wenig Gas übrig. Es entsteht ein Bulge, die kugelförmige Ausbuchtung im Zentrum der Galaxie, und gelegentlich auch ein Balken in der stellaren Verteilung.

Ein solcher langsamer Evolutionsprozess, der sich zeitlich über viele Scheibenrotationen erstreckt, kann ein möglicher Grund für einen kleinen Bulge sein, wie in unserer Milchstraße. Unser Bulge enthält vielleicht zehn Prozent der Masse der Scheibe. Für wirklich massive kugelförmige Sternenansammlungen muss es in der Vergangenheit zu dramatischen Prozessen gekommen sein. Eine Verschmelzung zwischen zwei Scheibengalaxien kann zu einer elliptischen Galaxie führen. Die stellaren Bahnkurven durchdringen sich gegenseitig, und nach einer vergleichsweise kurzen Zeit entwickelt sich das System zu einem massiven Kugelhaufen. In einer Situation, wo das Gravitationsfeld rasche und heftige Veränderungen zeigt, kommt es schnell zu einer dynamischen Relaxation des Systems. Das übrig gebliebene Gas verteilt sich später in einer Scheibe, doch dabei handelt es sich in der Regel um eine unwichtige Komponente des endgültigen Systems.

Die ersten Sterne

Wir hatten argumentiert, dass die ersten Sterne vermutlich sehr massereich und daher kurzlebig waren. Es gibt zwar keine direkten Beweise dafür, aber theoretische Überlegungen sowie übrig gebliebene Spuren von Sternen, die seit langer Zeit tot sind, führen uns zu diesen Schlussfolgerungen. Wie bereits betont, ist das eigentliche Problem, dass wir keine grundlegende Theorie der Sternentstehung haben. Wir können die Massen der Sterne, die in jüngerer Zeit in nahe gelegenen Molekülwolken entstanden sind, nicht erklären, obwohl ausgiebige Beobachtungen vorliegen. Demgegenüber ist die Modellierung ursprünglicher Wolken vergleichsweise einfach. Nachdem die ersten Sterne entstanden sind, erhebt sich die Frage nach der Rückkopplung, wodurch die anschließende Evolution wesentlich komplizierter wird. Das Problem bei der Bestimmung der gewöhnlichen Massen der ersten Sterne ist hauptsächlich numerischer Natur. Man muss dazu die Dynamik in einer Größenordnung beherrschen, die zwischen einer Galaxie und einem Stern liegt – beispielsweise die Dynamik einer Gaswolke, aus welcher der Stern kondensiert. Das liegt noch im Rahmen des Möglichen. Die Massen der ersten sternartigen Materieklumpen wurden in numerischen Simulationen für den Kollaps einer Wolke bestimmt, deren chemische Zusammensetzung einem ursprünglichen Gas entspricht. Die Wolke enthielt eine Million Sonnenmassen an Gas, was für die ersten Baryonenwolken im Universum charakteristisch war. Eine solche Wolke ist ein typischer Grundstock für eine Galaxie. Ungefähr eine Milliarde Jahre nach dem Big Bang bildeten diese Wolken die verbreiteten Strukturen im Universum. Die dichtesten Gebiete in der Wolke enthielten molekularen Wasserstoff. Davon gab es nicht viel – höchstens ein Zehntel Prozent der Wasserstoffatome verbinden sich zu Molekülen –, doch das genügte, um die Abkühlung der Wolke in Gang zu bringen. Während in den von uns beobachteten interstellaren Medien der Staub als Katalysator für die Bildung von Wasserstoffmolekülen wirkt, war dies bei den ersten Wolken nicht der Fall. Die Wasserstoffmoleküle entstanden durch einfache Ionenchemie. An die vorhandenen Wasserstoffatome lagerte sich gelegentlich ein freies Elektron, wodurch man ein einfach negativ geladenes Wasserstoffion erhielt. Dieses wiederum zog ein Proton an und es entstand das Wasserstoffmolekül H_2.

Die Wasserstoffmoleküle erleichtern die Abkühlung der Wolke, weil sie rotieren können und dadurch niedrigere innere Energieniveaus haben als die Elektronen in Atomen. Die dichtesten Wolken können sich bis auf 1000 Kelvin abkühlen. An diesem Punkt haben sie eine so hohe Dichte erreicht, dass sie fragmentieren können, also in verschiedene Teilwolken aufbrechen. Die Fragmente kühlen sich weiter ab und werden noch dichter, da sie sich weiter zusammenziehen. Es kommt zu weiteren Aufbrechungen, bis Wolkenklumpen mit rund einhundert Sonnenmassen entstanden sind. Für den Prozess Fragmentation scheint hier das Ende erreicht zu sein.

Ein dichter Kern von einem Hundertstel Sonnenmasse bildet sich im Zentrum des Gasklumpens, wo der Stern geboren wird. Dieser Kern zieht weiteres Gas aus der Umgebung an und nimmt an Masse zu. Bei 1000 Kelvin erfolgt dieser Prozess vergleichsweise schnell. Rund ein Tausendstel der Sonnenmasse wird pro Jahr an Gas in den jungen Stern hineingezogen. Ähnliche Rechnungen für die Molekularwolken in unserer kosmischen Umgebung führen auf ganz andere Ergebnisse, weil die molekularen Wolken weitaus kälter sind. Die gewöhnliche Temperatur beträgt nur 10 Kelvin. Daraus ergibt sich eine Akkretionsrate, die tausendmal kleiner ist als für die primordialen Gaswolken. Die Massenzunahme erfolgt nur sehr langsam. Dies erklärt, weshalb die heute entstehenden Sterne so große Unterschiede in ihren Massen aufweisen – von einem Zehntel Sonnenmasse bis hin zu einhundert Sonnenmassen. In den primordialen Wolken sind aufgrund der großen Akkretionsraten vermutlich nur sehr schwere Sterne mit zwischen dreißig und einhundert Sonnenmassen entstanden. Einige der ersten Sterne könnten sogar bis zu eintausend Sonnenmassen auf die Waage gebracht haben.

Ein derart massereicher Stern hat eine Lebenszeit von weniger als einer Million Jahre. Sein thermonukleares Leben endet in einer gewaltigen Explosion, wobei große Mengen an Materie aus seinem Kern freigesetzt werden. Die Kernreaktionen haben diese Materie mit schweren

Elementen wie Sauerstoff, Schwefel und Eisen angereichert. Die Explosion hinterlässt vielleicht ein Schwarzes Loch von einigen Sonnenmassen, oder sie war besonders zerstörerisch, wenn die Masse in einem engen Bereich bei rund zweihundert Sonnenmassen lag. Unabhängig von den Einzelheiten wird der anfängliche Wasserstoff der umgebenden Protogalaxie mit schweren Elementen durchsetzt. Die Details der abschließenden Explosion hinterlassen in dem Gas der Umgebung unterschiedliche Abdrücke seiner nukleosynthetischen Signatur.

Ein massereicher Stern, der ein Schwarzes Loch zurücklässt, sorgt für ein ausgeglicheneres Verhältnis von Kernen mit ungeraden und geraden Atomzahlen, als wenn er vollständig auseinander fällt. Es zeigt sich, dass Atomkerne mit einer geraden Kernzahl im Allgemeinen stabiler sind als solche mit einer ungeraden Kernzahl. Daher findet man gerade Kernzahlen in der Natur auch häufiger als ungerade. Die Einzelheiten der thermonuklearen Explosion führen zu einem Übergewicht von geraden gegenüber ungeraden Kernen, aber die Verhältnisse hängen im einzelnen von der Art der Explosion ab sowie von der Masse und der Vergangenheit des explodierenden Sterns. Die Mengenverhältnisse von geraden zu ungeraden Kernen erlauben daher Aussagen über die genaue thermonukleare Geschichte der Explosion. Die nächste Sternengeneration, die aus dem Gas der Umgebung entsteht, trägt immer die nukleosynthetische Signatur der ersten Sterne. Damit ergibt sich ein indirekter Test für die Vermutung, dass die ersten Sterne besonders massereich waren, da einige Sterne aus der zweiten Generation so leicht waren, dass sie bis heute überlebt haben. Ein Stern von einhundert Sonnenmassen hat eine eindeutige nukleosynthetische Signatur. Natürlich gab es in Wirklichkeit ein ganzes Spektrum von Massen, was die Vorhersagen weitaus schwieriger macht.

Will man nach Spuren der ersten Sterne suchen, muss man sehr behutsam vorgehen. Ein naheliegendes Jagdrevier ist unser galaktischer Halo. Hier sammelten sich die ersten galaktischen Bausteine. Als das Gas schließlich in die Scheibe gezogen wurde, blieben die Sterne zurück und seit ewigen Zeiten umkreisen sie die Galaxie. Diese Sterne entstanden aus dem Gas, das von den ersten kurzlebigen Sternen kontaminiert wurde. Die zweite Sternengeneration überdeckte dann einen riesigen Massebereich. Was wir heute zu finden hoffen, sind die besonders leichten Überlebenden dieser zweiten Generation.

Solche Sterne dürften sich bevorzugt in der galaktischen Halo befinden und müssten sich sowohl an dem geringen Anteil schwerer Elemente als auch an ihren hohen Radialgeschwindigkeiten und Eigenbewegungen erkennen lassen. Wir machen uns auf die Pirsch nach den ältesten stellaren Überlebenden, indem wir den Halo nach Sternen absuchen, die nur winzige Mengen von Metallen wie Eisen enthalten. Der Wert für die Häufigkeit dieser Metalle sollte ein Zehntausendstel oder weniger als der Sonnenwert betragen. Nachfolgende Sternengenerationen zeigen immer größere Anreicherungen, bis hin zu Häufigkeiten wie in der Sonne, die vor fünf Milliarden Jahren in der Scheibe der Milchstraße entstanden ist. Die ältesten Sterne in der Galaxie haben ein Alter von rund zwölf Milliarden Jahren. Es bestand also reichlich Zeit für viele Sternengenerationen.

Man hat zwei Sterne gefunden, bei denen der Anteil an Eisen nur ein Hunderttausendstel von dem der Sonne ausmacht. Sie halten den Rekord für die ältesten und primitivsten bekannten Sterne. Die Häufigkeiten der verschiedenen schweren Elemente lassen sich aus dem Spektrum dieser Sterne ablesen, und sie deuten auf einen besonders schweren, lange verstorbenen Vorfahren. Etwas Ähnliches gilt für die weniger extremen Sterne mit einem Metallanteil von einem Zehntausendstel oder gar einem Tausendstel von dem der Sonne.

Bei Sternen mit einem größeren Metallanteil – oberhalb von beispielsweise einem Prozent der Sonnenhäufigkeit – findet man andere Verhältnisse. Solche Sterne zeigen Häufigkeiten, die sich durch ein gewöhnliches Gemisch von Sternen zusammen mit den dazugehörigen Supernovae erklären lassen. Ihre Vorgänger gleichen den Sternen, deren Geburt und Tod man in den nahe gelegenen Bereichen der Sternentstehung verfolgen kann. Es bedarf jedoch einer seit langem ausgestorbenen Generation von sehr massereichen Sternen, wenn man die chemischen Häufigkeitssignaturen der primitivsten, metallarmen Sterne in der Galaxie erklären möchte. Diese Sterne, von denen wir heute nur fossile Überreste finden, waren die ersten Sterne.

Die ersten Galaxien

Aus den Simulationen von verschmelzenden Galaxien (das Gas einge-
schlossen) erkennen wir, dass die Übergangszustände solcher Prozesse
sehr stark irregulären Galaxien ähneln. Man beobachtet vorübergehend die Ausbildung von Schwänzen und Spiralarmen aufgrund der
Gezeitenkräfte. Doch abgesehen von diesen typischen Übergangsmus-
tern, die mit einer anhaltenden Sternentstehung einhergehen, findet
man auch symmetrische Systeme, wie Scheiben und Kugeln, die aus
älteren Sternen bestehen. Aus Untersuchungen der Morphologie von
Galaxien können wir auf die Anfangsbedingung schließen, weil die
Zeitskala für laufende Veränderungen länger wäre als das Alter des
Universums. Die Formen der Galaxien müssen sich in deren Entstehungsphase gebildet haben. Für eine runde Galaxie müssen die Sterne
vergleichsweise schnell entstanden sein, vergleichbar der Zeitdauer, in
der eine Verschmelzung stattfindet. Wäre das Gas nicht so schnell verbraucht worden, hätte es langsam zu Spiralen und zu einer Scheibe aus
Sternen fragmentieren können. Wir schließen daraus, dass die Geburt
einer elliptischen Galaxie sehr wahrscheinlich ein außerordentlich hell
leuchtendes Ereignis darstellt, während Scheibengalaxien auf eine eher
ruhige Art entstehen, welche durch eine niedrige Sternentstehungsrate
und eine geringere Helligkeit gekennzeichnet ist.

Vergleichen wir diese Spekulationen mit den seltenen Beispielen
von Galaxienverschmelzungen in unserer Nähe. Verschmelzungen sind
im Zusammenhang mit einer hierarchischen Strukturentwicklung unvermeidbar. Vor langer Zeit fanden sie vergleichsweise häufig statt.
Heute finden wir fast nur noch pathologische Fälle, aber diese sind oft
die interessantesten. Eine Verschmelzung erzeugt eine hell leuchtende
Radiogalaxie oder einen starken Ausbruch an Sternentstehung. Bei
manchen Objekten, die ansonsten wie normale Galaxien aussehen, erkennt man bei genauerer Betrachtung, dass sie vor kurzem eine Verschmelzung mitgemacht haben müssen, die einen starken Starburst
ausgelöst hat.

Vergangene Verschmelzungen haben in einigen näher gelegenen
Galaxien ihre Spuren hinterlassen. In manchen Aufnahmen von elliptischen Galaxien erkennt man schwache Schalen. Sie sind wie kleine

Wellen auf der Oberfläche eines Teichs, lange nachdem man einen Stein hineingeworfen hat: fossile Überreste einer Verschmelzung, die vor langer Zeit stattfand – vor mehr als zwei Milliarden Jahren.

Nach unseren Überlegungen sollten Verschmelzungen zu elliptischen Galaxien führen. Daher erwartet man von den ältesten Galaxien, dass sie elliptisch sind. Sie entstanden vor langer Zeit, jedoch bei Rotverschiebungen, die heutigen Teleskopen zugänglich sind. Tatsächlich hat man außergewöhnlich helle Galaxien in entfernten Bereichen des Universums entdeckt. Der größte Teil ihres Lichts entsteht bei infraroten Wellenlängen. Die Sternentstehungsrate in diesen Galaxien ist erstaunlich, sie beträgt mehr als das Tausendfache der Milchstraße. Genauere Untersuchungen der Bilder zeigen, dass es sich mit großer Wahrscheinlichkeit um eine gerade ablaufende Verschmelzung von Galaxien handelt. Während einer solchen Verschmelzung werden das interstellare Gas und interstellarer Staub hochgradig komprimiert. Das Feuerwerk der Sternentstehung ist verdeckt, doch das Licht entweicht bei infraroten Wellenlängen, bei denen es vom Staub wieder emittiert wird. Diese so genannten ULIRGs (ultraluminous infrared galaxies) sind ausgezeichnete Kandidaten für die Entstehung elliptischer Galaxien.

Junge Scheibengalaxien mit Sternentstehung wurden mit einer neuartigen Technik im optischen Wellenlängenbereich entdeckt, bei der das Universum nach Galaxien bei sehr hoher Rotverschiebung abgesucht wird. Mit besonderen Filtern kann man nach einem plötzlichen Intensitätsabfall im Licht einer Galaxie unterhalb einer bestimmten Wellenlänge suchen, dem so genannten Lyman-Break. Gewöhnlich handelt es sich dabei um die Absorption von Strahlen durch Wasserstoffatome im ultravioletten Bereich. In gasreichen Galaxien findet man ihn bei einer Wellenlänge von 91,2 Nanometern. Sucht man jedoch in einer Aufnahme, bei der Galaxien tief im Weltraum abgebildet sind, nach dem Lyman-Break bei wesentlich längeren Wellenlängen, findet man gezielt ganz bestimmte Galaxien mit einer sehr hohen Rotverschiebung. Auf diese Weise wurde eine große Anzahl von Galaxien mit Sternentstehung in Abständen von zehn Megaparsec und mehr entdeckt, was einer Rotverschiebung von bis zu 4 entspricht. Damals hatte das Universum rund ein Fünftel seiner gegenwärtigen Größe, und der Lyman-Break lag bei 456 Nanometern. Diese Galaxien sind jugendliche Versionen der Galaxien vom Typ unserer Milchstraße.

Nachdem man eine ganze Reihe solcher Galaxien mit Sternentstehung in allen Bereichen des Universums zwischen dem heutigen Zeitalter und sehr hoher Rotverschiebung gefunden hat, kann man nun die beobachtete Helligkeit in einem bestimmten Volumen einfach addieren. Die Helligkeit übersetzt sich direkt in die Rate der Sternentstehung, da gerade die massereichen, kurzlebigen Sterne die Helligkeit ausmachen. Man findet, dass die Sternentstehungsrate schnell anwächst, je weiter man in die Vergangenheit schaut. Sie scheint ihr Maximum zu einer Zeit erreicht zu haben, als das Universum ungefähr ein Drittel seiner gegenwärtigen Größe hatte. Die Rate bleibt ungefähr konstant bis zu einem Zeitpunkt, als das Universum ein Viertel seiner gegenwärtigen Größe hatte, bei einer Rotverschiebung von mindestens 5. Die meisten Sterne sind daher entstanden, als das Universum ungefähr ein Drittel seines gegenwärtigen Alters hatte. Seit jener Zeit nimmt die Rate der Sternentstehung wieder ab.

Weit entfernte Galaxien sind zumeist kompakt, es entstehen Sterne in ihnen, und sie liegen räumlich dicht beisammen. Die Kompaktheit legt nahe, dass es sich um elliptische Galaxien handelt oder um die Kugelkomponenten von Scheibengalaxien in ihrer Entstehungsphase. Die Kugelkomponenten sind die ältesten Teile von Scheibengalaxien. Die räumliche Anhäufung von Galaxien bestätigt die Vermutungen aus einer Bottom-up-Theorie der Strukturentstehung, wonach die Bereiche des Universums mit einer hohen Dichte im Vergleich zu den Bereichen mit einer niedrigeren Dichte einen früheren Start hatten.

Unsere Sonne: von der Vergangenheit in die Zukunft

Die Milchstraße entstand vor rund 12 Milliarden Jahren aus einer massiven Gaswolke. Das Gas hatte einen gewissen Drehimpuls, vermutlich als Folge von Gezeitenkräften zwischen benachbarten protogalaktischen Wolken, die im expandierenden Universum auseinandergedriftet sind. Als sich das Gas zusammenzog, begann die Hauptwolke sich wegen der Drehimpulserhaltung immer schneller zu drehen, und es entstand die Scheibe der Milchstraße. Die Scheibe zerfiel in viele kleinere Gaswolken, die sich auf ihrer Bahn um die Scheibe weiter zusammenzogen. Schließlich hatten sich massive Wolkenkomplexe gebildet, die zu Sternen fragmentierten.

Unsere Sonne wurde vor 4,6 Milliarden Jahren in einer dichten Wolke aus interstellarem Gas und Staub geboren. Die Wolke hatte im Verlauf der Zeit interstellare Materie angesammelt, während sie die Milchstraße für einige hundert Millionen Jahre umkreiste. Die Zusammensetzung dieses Gases war alles andere als ursprünglich: frühere Generationen von sterbenden Sternen hatten den Anteil an schweren Elementen angereichert. Ungefähr zwei Prozent des Gases bestand aus schweren Elementen wie Kohlenstoff, Sauerstoff und Eisen. Dementsprechend konnte sich das Gas über die Strahlung unterschiedlicher atomarer und molekularer Übergänge abkühlen.

Das im interstellaren Medium nach Wasserstoff häufigste Molekül ist Kohlenmonoxid, eines der effektivsten molekularen Kühlmittel. Im Mikrowellenbereich können die Astronomen seine Emissionssignatur erkennen, und sie finden in unserer Milchstraße Tausende von molekularen Wolken. Dies alles sind Orte, oder zumindest potenzielle Orte, an denen Sterne entstehen. Wenn die Masse der Wolke durch die Einverleibung anderer Wolken zunimmt, überwiegt irgendwann die eigene Gravitation im Verhältnis zu den thermischen Druckgradienten, und die Wolke zieht sich zusammen. Magnetkräfte verhindern einen vollständigen Kollaps der Wolke. Wolken mit rund eintausend Sonnenmassen ziehen sich nur langsam zusammen, doch in den wesentlich schwereren Wolken von einigen hunderttausend Sonnenmassen und mehr kommt es unweigerlich zum Kollaps unter der eigenen Gravitation.

Doch auch in diesem Fall gibt es noch eine Bremse für den Kollaps. Sobald die ersten Sterne entstehen, kommt es zu einer energetischen Rückkopplung. Die Strahlungen der jungen Sterne heizen die Wolke auf und übertragen dem molekularen Gas einen Impuls. Diese Rückkopplung verhindert eine sehr rasche Bildung weiterer Sterne. Die Zeit, in der eine Wolke kollabiert, beträgt eine Million Jahre, und doch bilden sich Sterne in dieser Wolke über mehrere Zehnmillionen Jahre. Die Milchstraße enthält immer noch viele molekulare Wolken, die schon wieder auseinanderbrechen, obwohl erst wenige Prozent ihrer Masse durch die Entstehung von Sternen verbraucht wurden.

Durch die Explosion sterbender Sterne brechen die Wolken wieder auseinander. Es handelt sich dabei um massive Sterne von mehr als zehn Sonnenmassen, die als Supernova enden. Unsere Sonne erwartet ein ruhigeres Schicksal. Die Zukunft eines Sterns wird in erster Linie durch seine Masse bestimmt. Das Schicksal der Sonne liegt fest, und ihre Vergangenheit und Zukunft bergen nur wenige Geheimnisse. Die Entwicklung eines Sterns wird durch das feine Gleichgewicht zwischen der Eigengravitation, die nach innen zieht, und dem thermischen Druck, der nach außen drückt, bestimmt. Die durch Abstrahlung verlorene Energie muss durch die Energie ausgeglichen werden, die von den thermonuklearen Reaktionen im Zentrum erzeugt wird. Sobald der Brennstoff verbraucht ist, zieht sich der Stern zusammen und wird dichter.

Kernreaktionen setzen ein, sobald der Kern der Protosonne eine Temperatur von ungefähr einer Million Kelvin erreicht hat. Die ersten Reaktionen bestehen in einer Verbrennung von Deuterium, einem Wasserstoffisotop. Auf ungefähr zehntausend Wasserstoffkerne kommt ein Deuteriumkern. Dieser Anteil an der Masse ist zu klein, als dass es zu einer anhaltenden Deuteriumverbrennung kommen würde. Aber die Kontraktion der Protosonne wird etwas verzögert. Schließlich erreicht die zentrale Temperatur zehn Millionen Kelvin. Bei dieser Temperatur ist die Geschwindigkeit der Teilchen so groß, dass die Abstoßung zwischen positiv geladenen Protonen überwunden werden kann. Es findet eine thermonukleare Fusion von Wasserstoff zu Helium statt, wobei sich der Reaktionskreislauf insgesamt folgendermaßen zusammenfassen lässt: vier Wasserstoffkerne bilden schließlich einen Heliumkern. Der Heliumkern mit der atomaren Masse 4 besteht aus zwei Protonen und zwei Neutronen. Er wiegt etwas weniger, rund sieben Tausendstel, als die Protonen, welche die Reaktionskette in Gang setzen. Das Energieäquivalent zu diesem Massenunterschied wird freigesetzt. Die Sonne wird noch für weitere fünf Milliarden Jahre von ihrem Wasserstoff leben können.

Der heiße Kern macht ungefähr zehn Prozent der Sonnenmasse aus. Die Masse der Sonne beträgt 2×10^{33} Gramm, und die Energiereserve des Kerns beläuft sich auf ungefähr 0,7 Prozent der Masse des Wasserstoffs im stellaren Kern. Ausgedrückt in Energieeinheiten entspricht das $1,2 \times 10^{44}$ Joule. Zum Vergleich: die Weltreserve an fossilen Brennstoffen reicht aus, um eine Rate von 1 Gigawatt für einige hundert Jahre aufrechtzuhalten. Das entspricht 10^{19} Joule, ein verschwindend kleiner Anteil der Sonnenvorräte.

Die Sonne ist ein fruchtbarer Energiespender und erzeugt eine Leistung von ungefähr vierhundert Billiarden Gigawatt. Jede Sekunde strahlt sie 4×10^{26} Joule in den Weltraum. Die Energieerzeugung der Sonne entspricht einer Trillion gewöhnlicher Kernreaktoren. Sie wird mit dieser Leistung für weitere fünf Milliarden Jahre strahlen, bevor der Kernbrennstoff verbraucht sein wird. Die Sonne ist somit ein Stern im mittleren Alter, der rund die Hälfte seines Wasserstoffvorrats im Kern verbraucht hat. Der thermonukleare Energienachschub ermöglicht es der Sonne, ihre Größe und Temperatur beizubehalten, wobei die Gravitation im Gleichgewicht mit dem Druck steht, solange der Brennstoffnachschub die Leistung der Sonne aufrechterhalten kann. Die im Kern freigesetzte Energie erzeugt in der Sonne einen Druck, denn die Sonne ist ein undurchsichtiger Gasball: Die bei den Kernreaktionen entstandenen energiereichen Teilchen und Gammastrahlen verlieren ihre Energie in unzähligen Absorptionen und Emissionen auf ihrem Weg zur Oberfläche, wo sie schließlich nur noch als unschädliches gelbes Licht die Sonne verlassen.

Das Schicksal der Sonne

Sobald der Wasserstoff im Kern verbraucht ist, fehlt die Quelle für die Wärme und den Druck. Die Eigengravitation überwiegt und der Kern zieht sich zusammen. Dabei heizt sich der Kern jedoch weiter auf, und bald hat er eine Temperatur von 100 Millionen Kelvin. Bei dieser Temperatur kommt es zu Kernreaktionen, bei denen Helium über den so genannten Triple-Alpha-Prozess zu Kohlenstoff verschmelzt: drei Heliumkerne – oder Alphateilchen – fusionieren zu einem einzelnen Kohlenstoffkern. Für die Sonne bedeutet dies eine Verlängerung ihrer Lebenszeit, allerdings mit einer drastisch veränderten Phase: Der Heliumkern ist von einer größeren Schicht aus verbrennendem Wasserstoff umgeben, und die Sonne ist nun rund zehntausend Mal heller, als sie es während ihrer Phase der reinen Wasserstoffverbrennung war.

Durch die Zunahme des Drucks aufgrund der plötzlichen Leistungssteigerung des Kerns werden die äußeren Bereiche der Sonne destabilisiert. Die äußere Hülle der Sonne dehnt sich aus, die effektive Temperatur nimmt ab und das Licht wird röter. Die Sonne wird zu einem roten Riesen. Die äußere Hülle dehnt sich bis über die Jupiterbahn hinaus aus. Die Erde wird dabei verbrannt. Wir können nur hoffen, dass die Bewohner der Erde in fünf Milliarden Jahren eine Möglichkeit gefunden haben werden, dem feurigen Schicksal ihres Heimatplaneten zu entkommen.

Während sich die Hülle weiter ausdehnt, werden die äußersten Schichten abgestoßen und die Sonne wird zu dem, was die Astronomen als planetarischen Nebel bezeichnen. Im Zentrum eines planetarischen Nebels erkennt man gewöhnlich einen hellen, weiß-glühenden Stern. Dieser kühlt sich schließlich ab und wird zu einem weißen Zwerg. Das wird auch das Schicksal des Sonnenkerns sein. Ein weißer Zwerg besteht aus einem Gemisch aus Helium, Kohlenstoff und Sauerstoff. Die Masse des Vorgängersterns legt fest, wie weit der Kern der thermonuklearen Evolution gefolgt ist, bei der Wasserstoff zu Helium, Helium zu Kohlenstoff und Kohlenstoff zu Sauerstoff verbrennt.

Das Ende der thermonuklearen Evolution ist die so genannte Degeneration. Dieser Zustand der Materie tritt bei so hohen Dichten auf, dass eine neue Art von Druck, ein Phänomen der Quantentheorie, wichtiger wird als der thermische Druck der heißen Elektronen. Dieser Druck hängt mit dem Heisenberg'schen Unbestimmtheitsprinzip zusammen. Es besagt, dass es für die Lage eines Elementarteilchens eine unvermeidbare Unsicherheit gibt. Diese Unsicherheit entspricht einem Druck, der aber im Vergleich zu den Wärmebewegungen der Teilchen erst bei extrem hohen Dichten von Bedeutung ist. Durch den Quantendruck kommt der Stern in einen neuen stabilen Gleichgewichtszustand, bei dem die thermonukleare Energie keine Rolle mehr spielt.

Wir haben gesehen, dass die Materie aus zwei Arten von Teilchen besteht: leichte Teilchen wie Elektronen, die man auch Leptonen nennt, und schwere Teilchen wie Protonen, die zu den Baryonen gehören. Wenn Atome unter einem so hohen Druck zusammengepresst werden, dass die Atome sich praktisch überlappen, verbleiben einige der Elektronen aufgrund der Quantenunsicherheiten in einem Zustand der Bewegung. Dies führt zu dem Phänomen des Quantendrucks. Wir sprechen in diesem Fall von degenerierten Elektronen. Sie gehören keinem bestimmten Atom mehr an.

Der Degenerationsdruck der Elektronen wird wichtig, wenn die Sonne im Vergleich zu ihrer gegenwärtigen Größe um den Faktor 100 geschrumpft ist. Die Dichte hat dann einen Wert von einer Tonne pro Kubikzentimeter erreicht. Der mittlere Abstand zwischen Teilchen entspricht ungefähr der Compton-Wellenlänge des Elektrons. Die Compton-Wellenlänge eines Teilchens definiert die Skala, bei der seine Quanteneigenschaften, oder sein wellenartiges Verhalten, verstärkt einsetzen. Elektronen lassen sich nicht dichter zusammenpacken: Dies ist die Ursache für den Degenerationsdruck. Ein weißer Zwerg hat einen Radius von ungefähr eintausend Kilometern, und er leuchtet nur noch aufgrund seiner verbliebenen thermischen Energie. Gegen Ende der thermonuklearen Phase handelt es sich um ein heißes Objekt, er wird jedoch zunehmend zu einem schwarzen Zwerg, der sich nach einigen zehn Millionen Jahren abgekühlt hat. Auch die Sonne wird einmal ein weißer Zwerg, umgeben von einer handvoll Planeten jenseits der Umlaufbahn des Mars. Die maximale Masse eines weißen Zwergs beträgt 1,4 Sonnenmassen. Sterne mit bis zu acht Sonnenmassen enden als weiße Zwerge, nachdem sie den größten Teil ihrer Masse abgestoßen haben, als sie zu einem planetarischen Nebel wurden.

Das Schicksal eines schweren Sterns

Ein Stern mit einer Masse von mehr als zehn Sonnenmassen stirbt einen gewaltsameren Tod. Sobald er seinen thermonuklearen Brennstoff verbraucht hat, kollabiert er. Seine Eigengravitation ist groß genug, um eine thermonukleare Fusion bis hin zu Eisen zu ermöglichen. Eisen ist jedoch die Endstation für die Freisetzung thermonuklearer Energie bei einer Fusion. Durch die Verschmelzung von Eisenkernen kann keine weitere Energie freigesetzt werden. Die Elemente, die wesentlich schwerer als Eisen sind, können ihre Kernenergie im Rahmen einer nuklearen Spaltung freisetzen, wie beispielsweise die instabilen uranartigen Isotope. Ein schwerer Stern endet mit einem kompakten Eisenkern, der keinen Nachschub an Brennstoff mehr enthält und kollabieren muss. Wiederum kommt die Degeneration zu Hilfe, allerdings erst nachdem das Eisen sich in Neutronen und Protonen zerlegt hat und die Protonen durch das Einfangen eines Elektrons und die Emission eines Neutrinos zu Neutronen geworden sind. Die Neutrinos sind schwach wechselwirkende Teilchen, die praktisch keine Masse haben und nahezu ungehindert durch die äußeren Schichten des kollabierenden Kerns dringen können. Im Jahr 1987 konnte ein Neutrinoausbruch in drei tief unter der Erde gelegenen Neutrinodetektoren in verschiedenen Ländern nachgewiesen werden, als eine Supernova in unserer Nachbargalaxie, der Großen Magellanschen Wolke, explodiert war. Der Stern hat nun einen dichten Kern aus Neutronen, und es wird eine riesige Menge an Energie in Form einer Stoßwelle freigesetzt, die sich durch die äußere Hülle ausbreitet und eine gigantische Supernova-Explosion auslöst. Dabei wird teilweise angereichertes Material in den Weltraum geschleudert. Ein Teil dieser Materie befindet sich in Schichten, in denen durch Kernfusion Silizium oder Sauerstoff entstand, andere Schichten im Innersten des Sterns sind einem sehr hohen Neutronenfluss ausgesetzt, wodurch es zu einer hochgradigen Anreicherung mit schweren Isotopen kommt.

Wird der Kern eines Sterns so stark zusammengedrückt, dass die Elektronen in die Protonen gepresst werden, die sich dadurch zu Neutronen umwandeln, ist der Zustand der höchst möglichen Dichte erreicht. Nun berühren sich die Neutronen. Im Wesentlichen wurde der Stern zu einem riesigen Atomkern. Der Druck, der diesen Kern aus Neutronen am Kollaps hindert, rührt von den Quantenbewegungen der Neutronen her. Der Neutronenkern wird durch den Degenerationsdruck der Neutronen erhalten. Das geschieht bei einer Dichte, die eine Milliarde Mal größer ist als die eines weißen Zwergs und zehn Milliarden Tonnen pro Kubikzentimeter beträgt. Ein Neutronenstern ist tausendmal kleiner als ein weißer Zwerg und hat einen Radius von rund zehn Kilometern.

Elementarteilchen haben eine Wellennatur, und elektromagnetische Strahlung besitzt insbesondere bei sehr hohen Energien Teilcheneigenschaften. Je schwerer ein Teilchen ist, desto kleiner ist seine Wellenlänge. Die Wellenlänge eines Teilchens bestimmt die Unsicherheit seines Orts. Die Compton-Wellenlänge eines Neutrons ist tausendmal kleiner (die Neutronenmasse ist tausendmal größer) als die des Elektrons. Deshalb ist ein Neutronenstern auch tausendmal kleiner als ein weißer Zwerg. Mittlerweile haben die Radioastronomen tausende von Neutronensternen entdeckt, meist in Form von Pulsaren: das sind sehr rasch rotierende magnetisierte Neutronensterne, die Radiostrahlen aus Teilchen emittieren, welche nahe ihrer magnetischen Pole beschleunigt werden. Für einige Monate nach der Explosion ist die Leuchtkraft einer Supernova vergleichbar mit der einer ganzen Galaxie. Die Überreste einer Supernova sind verantwortlich für die Verschmutzung des interstellaren Gases und für die Wiederverwendung der angereicherten Auswürfe in zukünftigen Sternengenerationen. Irgendwann vor langer Zeit hat ein sterbender Stern bei seiner Explosion den Kohlenstoff und das Eisen herausgeschleudert, das sich heute in unseren Körpern befindet.

Die Milchstraße: enthüllte Vergangenheit

Galaxien sind Ansammlungen von Sternen und interstellarer Materie, die mehrere Generationen von Supernova-Auswürfen in sich aufgenommen haben, was zu der heute gemessenen Häufigkeit an schweren Elementen geführt hat. Die unterschiedlichen Sterntypen umfassen die gesamte Geschichte der chemischen Evolution, angefangen von metallarmen Sternen, die sich in den jungen Jahren der Galaxie gebildet haben, bis zu den heutigen, metallreichen Sternen. Die Häufigkeit der Elemente im interstellaren Medium gibt uns eine Momentaufnahme der galaktischen Chemie. Dahinter steckt folgende Idee. Sterne entstehen in dichten Wolken aus atomarem und molekularem Wasserstoff. Die junge Galaxie bestand aus sehr vielen solcher Wolken. Supernovae explodierten und reicherten die Wolken mit schweren chemischen Elementen an. Es genügten oft wenige Supernovae in jeder Wolke, damit diese durch die herausgeschleuderte Energie auseinandergerissen wurde. Die Auswürfe der Supernovae vermischten sich mit dem interstellaren Gas und verteilten sich im interstellaren Medium. Die frühe, gasreiche Scheibe war aufgrund ihrer Eigengravitation instabil gegenüber der Entstehung neuer Wolken. Die Scheibe brach in sich zusammen und zerfiel in einzelne Wolkenbereiche. Aus dem angereicherten interstellaren Gas entstehen neue Wolken und aus diesen wieder neue Sterne. Der Prozess wiederholt sich über mehrere Milliarden Jahre.

Heute beobachten wir ein Gemisch aus Sternen und Gasen. Es gibt alte Sterne aus der ersten Wolkengeneration. Zwei besondere Eigenschaften charakterisieren diese Sterne. Die ältesten Sterne sind metallarm, und sie spiegeln die Seltenheit der chemischen Elemente in den ersten Wolken wider, die schwerer als Helium waren. Zudem gab es in der galaktischen Scheibe noch keine Wolken. Ihre Bahnkurven tauchten aus dem äußeren Halo der Galaxie in das Zentrum ein und folgten insgesamt dem Kollaps der frühen Galaxie. Die Bahnkurven der ersten Sterne stimmen mit den Bahnkurven der Wolken, aus denen sie entstanden sind, überein. Mit dem Entstehen der Scheibe formen sich auch die späteren Wolkengenerationen, die vorwiegend kreisförmige Bahnkurven haben und sich in der dünnen Scheibe niederlassen. Die Sterne aus diesen Wolken bewegen sich auf entsprechenden Bahnen, sodass man eine allgemeine Beziehung zwischen der Metallhäufigkeit in den Sternen und der Geordnetheit der Bahnen dieser Sterne aus der galaktischen Ebene heraus vermutet. «Vertikale» Bewegungen deuten in den meisten Fällen auf einen frühen Kollaps und die Zeit der Entstehung der Scheibe, während die Bewegung der jüngeren Sterne vorwiegend innerhalb der galaktischen Ebene verläuft.

Heute hat das interstellare Medium einen etwas höheren Anteil an schweren Elementen als die Sonne. Da die Sonne vor 4,6 Milliarden Jahren entstanden ist, entspricht dies der jüngeren Anreicherung des interstellaren Gases durch Supernovae. Ungefähr 30 Prozent der Scheibe der Milchstraße ist gasförmig, der Rest sind Sterne. Der Gasvorrat wäre schon vor langer Zeit erschöpft gewesen, hätte es nicht immer wieder Nachschub aus den unterschiedlichen Entwicklungsphasen der anderen Sterne gegeben.

Ein weiteres Fenster auf die Vergangenheit der Milchstraße tat sich auf, als man die Bahnkurven von Sternen und Kugelsternhaufen im Halo der Galaxie untersuchte. Man findet Anhäufungen von Sternen und Kugelsternhaufen, die sich entgegen der vorherrschenden Rotationsrichtung bewegen. Hierbei handelt es sich um die Zeichen lang zurückliegender Zusammenstöße zwischen Zwerggalaxien und der Milchstraße. Die Zwerggalaxien wurden dabei nahezu vollständig zerstört und ihre Gase und Sterne in die Milchstraße aufgenommen. Das Gas wird durch Gezeitenkräfte herausgezogen und fällt in die Scheibe. Der dichte Kern aus Sternen bewegt sich auf einer Spiralbahn auf den Bulge zu und erfährt dabei eine Art dynamischer Reibung durch die

Scheibensterne der Umgebung. Die locker gebundenen äußeren Sterne der Zwerggalaxie werden ebenfalls durch Gezeitenkräfte herausgezogen; anders als Gas, das seine Energie durch Dissipation verliert und in die Scheibe fällt, behalten sie dabei allerdings ihre Bewegungsenergie. Dies ist die Ursache für die entgegengesetzt rotierenden Sterne, die man in den alten Sternpopulationen der Halo der Milchstraße findet.

Zusammenfassend können wir sagen, dass unsere liebgewordenen Überzeugungen, die wir auf keinen Fall aufgeben wollen, im Einklang mit dem Big-Bang-Modell sind, zumindest so weit es das Universum betrifft, nachdem es älter als eine Sekunde war. Ein vergleichbares Maß an Vertrauen können wir den früheren Epochen nicht entgegenbringen, da es kaum Überreste aus jener Zeit gibt. Mit dieser Einschränkung im Hinterkopf können wir nun das Paradigma der Entstehung von Strukturen formulieren. Der Rahmen wird durch die Hypothese gesetzt, dass in unserem Universum die kalte dunkle Materie überwiegt und dass Fluktuationen aus den frühen Epochen des Universums die Ausgangspunkte für Strukturen waren. Es kam zu einer Phase der Inflation.

Die ursprünglichen Fluktuationen waren die Quantenfluktuationen auf infinitesimalen Skalen. Diese wurden durch die Inflation jedoch auf makroskopische Skalen, wie sie für die Entstehung der späteren Galaxien notwendig waren, aufgeblasen. Die Intensität dieser Fluktuationen nahm erst wesentlich später zu, als der Materiegehalt gegenüber der Strahlung die Oberhand bekam. Erst dann, Zehntausende von Jahren später, konnten Fluktuationen unter dem Einfluss der Gravitation stärker werden. Dieses Bild erweist sich für die Erklärung vieler charakteristischer Eigenschaften der großen Strukturen in unserem Universum als außerordentlich erfolgreich.

Die dunkle Materie bestimmt die Eigenschaften der großen Strukturen. Sie macht mindestens 90 Prozent der Masse im Universum aus. Die Anzeichen dafür sind überzeugend und beruhen in erster Linie auf dem Verhalten von Galaxienclustern. Auf kleineren Skalen erhalten wir die deutlichsten Hinweise auf die dunkle Materie durch die Art, wie die Galaxien rotieren. Spiralgalaxien sind elegante Beispiele für rotierende Systeme. Die Spiralmuster entsprechen Druckwellen im interstellaren Gas, die oft durch den Vorbeiflug einer Begleitgalaxie in der Nähe ausgelöst werden. Im Fall der Milchstraße übernimmt die Große Magellan'sche Wolke diese Rolle. Durch die Drehung der Galaxie erhalten diese Druckbereiche die Form von Spiralen. In den Verdichtungen der Gase entstehen junge Sterne. Hell leuchtende Bereiche aus heißen, neu entstandenen Sternen markieren das Spiralmuster, das durch die differentielle Rotationsgeschwindigkeit der Galaxie erzeugt wird. Differentielle Rotationsgeschwindigkeit bedeutet, dass die inneren Sterne schneller rotieren als die äußeren Sterne. Gewöhnlicherweise ist die Rotationsgeschwindigkeit konstant: die inneren Sterne haben kürzere Bahnkurven als die äußeren. Die Druckwellen, die durch den nahen Vorbeiflug von Nachbargalaxien ausgelöst werden, drücken das Gas zusammen. Durch die Kompression des Gases verschmelzen die Wolken, was sie weiter destabilisiert. Schließlich entstehen Sterne.

Mit dynamischen Messungen lässt sich die dunkle Materie auf größeren Skalen bestimmen. Bei diesen Verfahren werden große Bereiche des Universums, meist Galaxiencluster und Supercluster, «gewogen». Aus den Zufallsbewegungen der Galaxien lässt sich die lokale Masse abschätzen, die für die höhere Dichte im Universum verantwortlich ist. Ohne die höhere Dichte gäbe es eine vollkommen gleichförmige Ausdehnung. Jede Galaxie hätte exakt die Fluchtgeschwindigkeit, die ihrer Entfernung entspricht, nicht mehr und nicht weniger. In Wirklichkeit verursachen die Dichteschwankungen und die beobachteten Galaxienstrukturen leichte Unregelmäßigkeiten in der Ausdehnung. Untersuchungen von Galaxienclustern messen die Masse auf Skalen von ungefähr 1 Megaparsec, doch über die Zufallskomponenten in den Galaxienbewegungen kann man die Massendichte auf Skalen bis zu 30 Megaparsec bestimmen. All diese Verfahren lassen uns zu dem Schluss kommen, dass die mittlere Dichte des Universums ungefähr 30 Prozent der kritischen Dichte ausmacht. Der größte Teil der Materie im Universum ist nicht baryonisch.

14 Jenseits des Anfangs

Mein Ende ist mein Anfang.   Maria Stuart

Was wir den Anfang nennen, ist oft das Ende.
Und ein Ende zu setzen bedeutet einen Anfang
                                   zu machen.
Das Ende ist, wo wir anfangen.

                                              T. S. Eliot

Die Unbestimmtheit der Quantenphysik ist der Schlüssel, wenn man verstehen möchte, was vor dem Anfang passiert ist – zum Zeitpunkt null nach dem Maß der Kosmologen. Diese Logik verdient eine Überlegung. Das Universum dehnt sich aus, daher muss es einen Anfang gegeben haben. Wenn wir die uns bekannte Physik zu diesem Anfang hin extrapolieren, kommen wir an einen Punkt, wo alles schief geht. Die klassische Physik kann mit den extremen Dichten und Temperaturen nicht fertig werden, von denen wir wissen, dass es sie damals gegeben haben muss. So weit, so gut. Wir betreten den Bereich der Quantenkosmologie. Hier beginnt der Spaß erst richtig.

Jenseits der Schöpfung

Wir suchten nach festem Boden und haben keinen gefunden. Je tiefer wir eindringen, desto unruhiger wird das Universum; alles schießt umher und vibriert in einem wilden Tanz.   Max Born

Die Unbestimmtheit der Quantenphysik ist die Essenz dessen, was die Quantentheorie der Kosmologie zu bieten hat. Das Unbestimmtheitsprinzip wurde in subatomaren Bereichen eingehend getestet. Es erklärt, weshalb Teilchen sich manchmal wie Teilchen verhalten und manchmal wie Wellen, beispielsweise in Geräten wie dem Elektronenmikroskop. Eine Welle kann durch eine Wand aus Atomen hindurchdringen. Dieses Phänomen bezeichnet man als Quantentunneln. Stellen Sie sich vor, sie sitzen auf einem Stuhl, der plötzlich durch den Boden unter Ihnen hindurchtunnelt. Die Quantenphysik sagt, dass solche Dinge passieren können, obwohl die Wahrscheinlichkeit für ein solches Ereignis im Laufe eines Lebens oder des Erdalters infinitesimal klein ist. Doch diese scheinbare Zurückhaltung der Quantenunbestimmtheit, auf makroskopischen Skalen erkennbar zu werden, hat die Kosmologen nicht davon abgehalten zu postulieren, dass kosmische Unbestimmtheiten auf kosmischen Skalen auftreten können und dass dies das oberste Gebot für den Anfang der Zeit ist.

Und so hat alles begonnen. Der herausragende theoretische Relativist John Wheeler (dem wir solche Ausdrücke wie «Schwarzes Loch» und «Wurmloch» verdanken) und sein Kollege Bryce DeWitt befanden sich in den sechziger Jahren auf irgendeinem Fest, über das wir nur spekulieren können, und langweilten sich. In dieser Situation stellte Wheeler das Problem auf: «Wir fordern von der Physik, bis zu einem gewissen Grad die Existenz selbst erklären zu können.» Beider Lösung: Man nehme die Gleichung für die Wellenfunktion eines Atoms, in der die Unbestimmtheit des Atoms in Raum und Zeit zum Ausdruck kommt, und formuliere sie für das gesamte Universum, das sie sich wie eine Art Superteilchen vorstellten. Es dauerte nur ein weiteres Jahrzehnt und die Wheeler-DeWitt-Gleichung wurde von James Hartle und Stephen Hawking gelöst. Das Ergebnis war die Wellenfunktion des Universums. Damit ließ sich der gegenwärtige Zustand des Universums vorhersagen, unter Ausblendung sämtlicher Angelegenheiten, die sich auf den Augenblick der Schöpfung und die anfängliche Singularität bezogen. Unbestimmtheit wurde zum obersten Gebot, ebenso wie das Fehlen alternativer Hypothesen.

Nachdem die Quanten-Büchse der Pandora einmal geöffnet war, gab es kein Zurück mehr. Ein Elektron kann nicht gleichzeitig Teilchen und Welle sein. Wer bestimmt das? Eine weit verbreitete Interpretation schiebt dem Beobachter die Schuld zu. Solange er oder sie nicht hinschaut, ist ein Quantensystem weder das eine noch das andere. Nach dieser Interpretation bringt erst der Akt der Beobachtung das System in einen bestimmten Zustand. Bevor der Beobachter diesen Akt der Beobachtung nicht durchführt, ist auch keine Aussage hinsichtlich der Teilchen- oder Wellennatur möglich. Das gilt auf dem Niveau der Quanten – wegen des Unbestimmtheitsprinzips. Man kann ein Teilchen niemals genau lokalisieren. Doch Quantenphänomene können auch makroskopische Gegenstände beeinflussen, so seltsam das klingen mag.

Das bekannteste Beispiel dafür ist Schrödingers Katze, ein Gedankenexperiment des deutschen Physikers Erwin Schrödinger von 1935. Die Idee war, dass der radioaktive Zerfall eines Atoms einen Geiger-Zähler anspricht, der dadurch eine Maschine in Gang setzt, die in einer Schachtel, in der sich eine Katze befindet, ein giftiges Gas freisetzt. Wir nehmen nun an, das radioaktive Isotop habe eine Halbwertszeit, sodass nach einer Minute mit 50 Prozent Wahrscheinlichkeit ein Zerfall stattgefunden hat. Nach der Quantentheorie handelt es sich hier um eine Wahrscheinlichkeitsaussage, die prinzipiell keine genauere Antwort zulässt. Für die Katze ist das natürlich ein Problem. Mit 50 Prozent Wahrscheinlichkeit lebt sie nach der Minute und mit 50 Prozent Wahrscheinlichkeit ist sie tot. Im konkreten Fall ist das natürlich keine sinnvolle Aussage: Die Katze ist entweder tot oder lebendig.

Die Quantentheorie verbindet die Alternative «Leben oder Tod» mit der mikroskopischen Unsicherheit, indem sie postuliert, dass sich keine Aussage darüber treffen lässt, ob die Katze tot ist oder lebendig, bevor die Schachtel geöffnet und die Katze beobachtet wird. Nach dem Öffnen der Schachtel kann es keinen Zweifel geben, dass die Katze entweder tot oder lebendig ist, und beide Möglichkeiten sind gleich wahrscheinlich. Der dänische Physiker Niels Bohr argumentierte, dass der Akt der Beobachtung erst den Zustand hervorruft, in dem die Katze tot oder lebendig ist. Erst in diesem Augenblick wird makroskopische Realität sinnvoll. Solange der Akt der Beobachtung noch nicht ausgeführt wurde, hat die Katze das Potenzial, sowohl tot als auch lebendig zu sein. Ihr Zustand ist nicht eindeutig festgelegt.

Viele Physiker waren mit dieser Interpretation der Quantenrealität unzufrieden, welche die Abhängigkeit des makroskopischen Niveaus vom Akt der Beobachtung postulierte. Es stellte sich nämlich die Frage: In welchem Zustand befand sich die Katze, bevor sie beobachtet wurde? Vermutlich war sie entweder lebendig oder tot, oder existierte dieser Zustand einfach nicht? Die Vorstellung, dass nur das, was wir beobachten, auch tatsächlich existiert, wird von einigen Philosophen gerne aufgegriffen. Sie befriedigt jedoch die Physiker nicht, die an eine objektive Natur der Realität glauben. Die Frage bleibt unbeantwortet, ob Quantenakte makroskopische Konsequenzen haben.

Vielleicht kann man einfach argumentieren, dass die Quantenwelt von der makroskopischen Welt abgelöst ist. Quanteneffekte sind unmessbar klein. Quantenwahrscheinlichkeiten verschwinden und werden durch die Realität ersetzt. Diesem pragmatischen Zugang steht jedoch eine beachtliche Reihe von Experimenten gegenüber, die zeigen, dass Quanteneffekte über Kilometer hinweg wirksam sein können. Die Geschichte beginnt mit einem Gedankenexperiment, das auf Einstein und seine Mitarbeiter Boris Podolsky und Nathan Rosen zurückgeht. Einstein stand der Quantentheorie immer sehr skeptisch gegenüber und hatte sich ein Paradoxon ausgedacht, das offensichtlich so absurd war, dass er glaubte, die Quantentheorie widerlegen zu können. Bei radioaktiven Zerfällen entstehen manchmal Paare von Teilchen mit einem Spin, wobei der Gesamtspin jedoch null sein kann – der Spin der einzelnen Teilchen hebt sich auf. Betrachten wir beispielsweise ein Teilchenpaar, das von einem Kern emittiert wird und aus einem Elektron und einem Positron besteht. Der Spin des einen Teilchens zeigt in die eine, der des anderen in die entgegengesetzte Richtung. Wegen der Impulserhaltung verlassen die Teilchen den Mutterkern in entgegengesetzte Richtungen. Es gibt keinen Gesamtspin und keinen Gesamtimpuls.

Zwei Detektoren können den Spin des Elektrons bzw. Positrons messen. Der erste Detektor ist eingeschaltet. Ein Teilchen trifft ein, beispielsweise das Positron mit positivem Spin. Dann misst der andere Detektor, der in einem großen Abstand aufgebaut ist und etwas später eingeschaltet wird, das zugehörige Elektron – aber der Spin ist bereits bekannt, bevor die Messung durchgeführt wird. Er muss negativ sein. Dieselben Quantengesetze, die bei der ersten Messung postulieren, dass das Ergebnis prinzipiell nicht vorhersagbar ist, erlauben eine Vorhersage für die zweite Messung, die möglicherweise in einem Abstand von vielen Kilometern stattfindet. Bevor die erste Messung durchgeführt wurde, konnte man lediglich sagen, dass der zweite Detektor mit fünfzigprozentiger Wahrscheinlichkeit ein bestimmtes Ergebnis misst, doch nachdem der erste Detektor die Messung durchgeführt hat, konnte man mit einhundert Prozent Sicherheit das Ergebnis der Messung am zweiten Detektor vorhersagen. Es wurden tatsächlich Experimente durchgeführt, die diesen Effekt über Abstände von Hunderten von Metern und sogar Kilometern zeigen. Können Quantenphänomene also doch makroskopische Konsequenzen haben? Könnte Schrödingers Katze in einem neuartigen Zustand überleben? Die Frage bleibt ungeklärt.

Das alles hilft uns kaum weiter in Bezug auf das frühe Universum, als es ziemlich wenige Beobachter gab. Weder der Akt der Beobachtung noch der Akt der Messung können fundamentale Elemente einer solchen Theorie sein. Die Lösung ist nicht die tatsächliche Beobachtung, sondern sie liegt in dem Konzept der Beobachtbarkeit. Das scheint eine Spitzfindigkeit zu sein, doch es hat weitreichende Konsequenzen. Nun gibt es unendlich viele Möglichkeiten und unendlich viele Vergangenheiten. Welche Untermenge dieser unüberschaubaren Menge an Ereignissen tatsächlich stattfand, ist eine Frage, die man zumindest im Prinzip beantworten und den Astronomen vorlegen kann. Natürlich lässt sich dann darüber streiten, ob diese wirklich sinnvolle Antworten geben können.

Parallele Universen

Ich kann mit Fug und Recht behaupten, dass niemand die Quantenphysik versteht.   Richard Feynman

Wenn die Quantenmechanik viele Möglichkeiten zulässt, könnte dies auch bedeuten, dass es viele Universen gibt, die alle Teil eines höherdimensionalen Superraums sind. Eine überraschende Version dieser Vorstellung von vielen Universen beginnt im absoluten Chaos. Jeder kleine Bereich im primordialen Quantenchaos hat das Potenzial, ein neues Universum zu gebären. Ein winziger Flecken im Raum beginnt sich aufzublasen. Manche Flecken blasen sich nur wenig auf, andere sehr viel. Irgendein Fleck ist bei dieser «Inflation» besonders erfolgreich und wird das vorherrschende Universum – unseres.

Der Ursprung des Universums wird erklärt – nicht angenommen – durch das Postulat, dass das Quantenchaos so etwas wie inflationäre Blasen erzeugt, in denen sich wieder andere Blasen entwickeln und aufblasen können. Chaotische Inflation ist der Ausgangspunkt für die Entstehung vieler Universen. Zufällige Teile des frühen Universums könnten sich um zufällige Beträge ausgedehnt haben. Universen entstehen im Überfluss. Das Universum könnte in unendlich vielen Inkarnationen existieren, von denen jede ein klein wenig anders ist. Eine der Varianten der Quantenkosmologie beruht auf genau dieser Überlegung. Jedes dieser Universen könnte unser Universum sein, mit der Einschränkung, dass unser beobachtetes Universum erstaunlich groß im Vergleich zur Skala der Objekte in der Quantenära ist. Wir sind das Ergebnis einer spontanen Fluktuation in einem ewigen, sich selbst reproduzierenden Universum. Es bedarf nur eines einzigen, beliebig unwahrscheinlichen Ereignisses, um unser Universum hervorzubringen. Wir benötigen nur eine außergewöhnliche Blase, doch es steht unendlich viel Zeit für diese spontane Geburt zur Verfügung. Es gibt unendlich viele Universen, die, abgesehen von einem, für uns auf ewig unzugänglich sind. Das wahrscheinlichste ist das größte, und in Analogie zur darwinistischen Auslese der Fittesten, ist dies das Universum, das seine Rivalen überlebte und schließlich als der wahrscheinlichste Kandidat für genau unser Universum übrig bleibt.

Eine andere Perspektive auf die multiplen Universen ergibt sich aus der Viel-Welten-Hypothese des amerikanischen Physikers Hugh Everett, der behauptet, dass Quantenphänomene ständig parallele Universen gebären. Diese Interpretation hat Schwindel erregende Konsequenzen. Jede Quantenmöglichkeit hat ihr Universum. Es gibt unzählige parallele Universen, alle gleichermaßen wirklich und existent, und doch ohne jede Möglichkeit einer physikalischen Kommunikation zwischen ihnen. Multiple Universen sind alle gleichermaßen wirklich, bis es zu einer Beobachtung kommt. Sie alle sind gleichberechtigt vorhanden, bis ein Beobachter sein Teleskop zum Himmel richtet und nur noch einen langweiligen Teil der Raumzeit beobachtet.

Die Rolle des Bewusstseins

Andere Physiker würden dagegen argumentieren, dass solche multiplen Universen nicht notwendigerweise gleichermaßen Wirklichkeit sind. Eine Sichtweise der Quantenmechanik verlangt für die Realität einen Beobachter. Selbst das erscheint manchen Physikern ziemlich fremd. Ein solcher Standpunkt macht das Bewusstsein zu einem wesentlichen Teil der Definition von Realität. Es gibt Physiker, wie beispielsweise Roger Penrose, für die eine bisher noch unbekannte Form von Physik notwendig ist, um das Phänomen des Bewusstseins zu verstehen. Mit Sicherheit gibt es bisher überhaupt noch keine Anzeichen dafür, dass das Bewusstsein physikalischen Methoden überhaupt zugänglich ist. Allerdings gibt es auch keinerlei Anzeichen für das Gegenteil. Nach meiner persönlichen Meinung werden wir eines Tages eine Erleuchtung haben, und sie wird aus der Wissenschaft der Biophysik kommen. Keine geheimnisvollen Effekte werden dazu notwendig sein. Bewusstsein entsteht, sobald ein neugeborenes Baby oder sogar ein Embryo ein funktionierendes Gehirn entwickelt. Die weitestgehenden Versuche, Bewusstsein und Quantenphysik miteinander zu verknüpfen, finden sich in dem beinahe mystischen Konzept versteckter Variablen, das auf den Quantenphysiker David Bohm zurückgeht. Diese versteckten Variablen agieren wie die alles durchdringenden Hände des Beobachters, die den gemessenen Zustand aus einer Unzahl von alternativen Möglichkeiten herauspicken. Spätestens hier beginnen Metaphysik und Wissenschaft einander zu durchdringen. Sobald der Wissenschaftler seine Hände in Mystizismus taucht, gibt es keine Möglichkeit mehr, die Philosophen, Theologen und die Horden von Amateuren mit ihren jeweiligen Lieblingstheorien zu stoppen, die alle von sich behaupten, das Tor zur Kosmologie aufschließen zu können. Betrachtet man den Erfolg der Astrologie in den Spalten der Boulevardpresse, so kann man sogar zu dem Schluss kommen, dass die große Mehrheit der winzigen Minderheit von Wissenschaftlern überhaupt das Recht abspricht, sich solche Urteile erlauben zu können. Wer sind die Wissenschaftler denn schon, um sich dazu äußern zu können, ob die Verrücktheiten der Quantenphysik irgendetwas mit der Realität zu tun haben? Man sollte nicht alles in einen Topf werfen. Mir erscheint es plausibel, dass eine solide wissenschaftliche Ausbildung, insbesondere in der Physik, durchaus den Blick dafür schärfen kann, Realität von Mythos zu unterscheiden – zumindest bis zu einem gewissen Grad.

Das Multiversum

Die Realität ist etwas, von dem die Astronomen die Hoffnung hegen können, es zu messen und zu untersuchen. Es gibt einen Zusammenhang zwischen multiplen Universen und der Beobachtung, der allerdings weit hergeholt ist. Der englische Astronom Sir Martin Rees definiert das Multiversum als die Menge aller möglichen Universen. Wir stellen uns dann die Frage: Könnten diese ein Teil der kosmischen Realität sein? Es hat den Anschein, als ob eine solche metaphysische Ansammlung von Universen prinzipiell unbeobachtbar ist, denn mit Ausnahme einer sehr kleinen Untermenge, in der sich unser eigener, sehr delikat ausbalancierter Kosmos befindet, gibt es in ihnen keine Form von intelligentem Leben.

Die Hypothese vieler Universen ist intellektuell sicherlich eine Herausforderung, und sie kann möglicherweise sogar viele unwahrscheinliche Zufälle erklären. Weshalb entsteht der Grundbaustein des Lebens, das Kohlenstoffatom, durch das Einfangen seiner Bestandteile, die andernfalls bei den heftigen Fusionsreaktionen in einem Sternenkern auseinander fliegen würden? Weshalb ist das Vakuum leer, oder zumindest fast leer? Weshalb unterscheiden sich die fundamentalen Kräfte auf eine ganz bestimmte Weise in ihrer Stärke? Insbesondere, weshalb ist die Kernkraft gerade so stark, dass Sterne entstehen können, und nicht schwächer oder stärker? Weshalb ist die schwache Kernkraft genau so schwach, dass sich die chemischen Elemente bilden können, und nicht stärker? Weshalb ist das Neutron genau 1,4 Promille schwerer als das Proton, eine Eigenschaft, die für die Entstehung von Wasserstoff sehr wichtig ist? Weshalb beträgt die Elektronenmasse nur $\frac{1}{1836}$ der Protonenmasse? Wäre sie größer, könnten sich keine Makromoleküle wie die DNA bilden. Weshalb waren die ursprünglichen Fluktuationen klein genug, aber auch nicht zu klein, damit Galaxien entstehen konnten? Die Liste scheint endlos. Wie leicht ist es im Vergleich dazu, unendlich viele Universen anzunehmen, in denen all diese Verhältnisse anders sind und die daher nicht beobachtet werden, und in denen es weder Kosmologen noch ihre Bücher gibt! Es sollte eine fundamentale Theorie geben, die physikalische Erklärungen liefert.

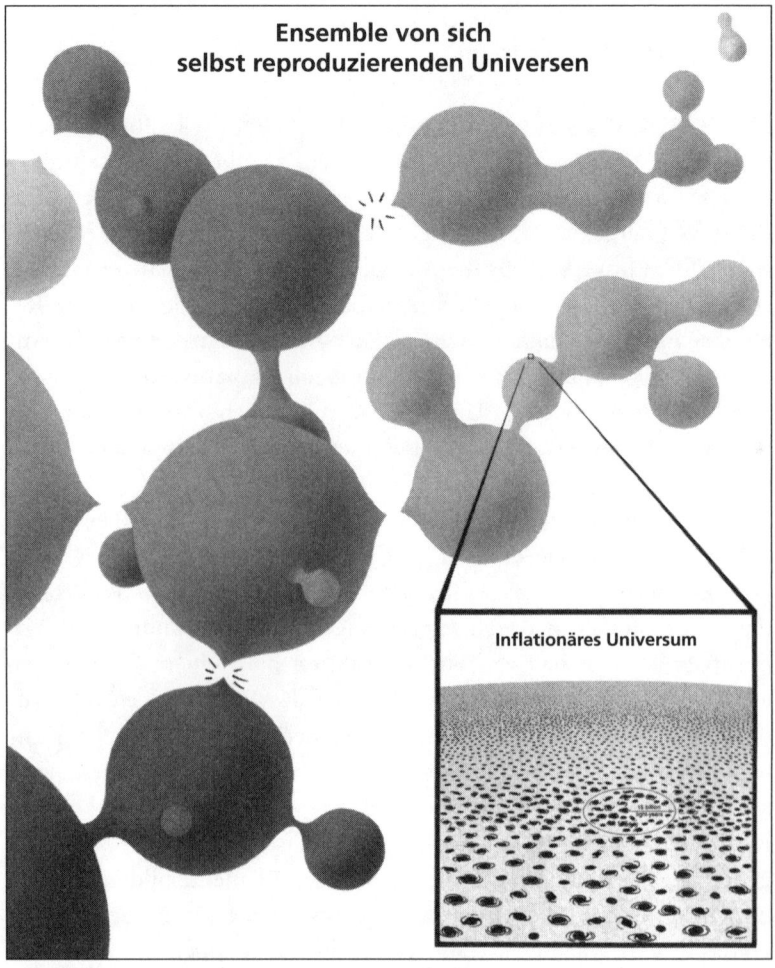

Abbildung 9: Ensemble von sich selbst reproduzierenden Universen (siehe Abbildung 13b auf Seite 259)

Die Geburt von Baby-Universen

Der amerikanische Physiker Lee Smolin[4] behauptet, Schwarze Löcher seien die tatsächliche Lösung für den Traum der Physiker von einer endgültigen Theorie. Innerhalb von Schwarzen Löchern könnte es andere Universen geben. Ein Wurmloch, das Verbindungsstück zwischen einem Schwarzen Loch und seinem Gegenstück, einem weißen Loch, ist das Eingangstor zu einem neuen Universum, das vielleicht gerade frisch entstanden, vielleicht aber auch sehr alt ist. Und möglicherweise (aber nicht unbedingt) ist es sehr weit in Raum und Zeit von seinem Mutter-Universum entfernt. Immer, wenn ein Schwarzes Loch entsteht, entsteht in ihm auch ein neues Universum. Es gibt in unserem Universum unzählige Schwarze Löcher. Vielleicht gibt es unendlich viele Universen innerhalb von Universen.

Die Naturkonstanten in diesen Baby-Universen unterscheiden sich von den Naturkonstanten in ihren Mutter-Universen um kleine zufällige Beträge. Die Baby-Universen durchlaufen eine Evolution. Die Physik der Abkömmlinge könnte von den Vorfahren wie auch der Umgebung beeinflusst sein. Das typische Universum am Ende dieser evolutionären Folge ist das wahrscheinlichste Universum mit den meisten Nachkommen, also das Universum mit den meisten Schwarzen Löchern. Wir befinden uns an der Spitze eines großen kosmischen Prozesses, einer natürlichen Auslese von physikalischen Gesetzen. Die Eleganz des Arguments beruht darauf, dass eine solche Folge von Ereignissen zwingend ist, und wir sind das Ergebnis. Das wäre kein schlechtes Postulat, sofern es sich überprüfen lässt. Smolin behauptet, dass genau das der Fall ist. Seiner Meinung nach muss man nur nach Schwarzen Löchern Ausschau halten. Eine optimale Fortpflanzung erfordert optimale Bedingungen für die Entstehung Schwarzer Löcher. Eine solche Vorhersage wäre für die Röntgenastronomie teilweise testbar.

Bevor man sich anschickt, ein übertrieben aufwendiges Gebäude zu konstruieren, sollte man den Boden der Realität nicht zu weit verlassen. Wir haben immer noch nicht verstanden, wie die Sterne in den nahe gelegenen Nebeln entstehen, aber durch verbesserte Beobachtungsverfahren und verbesserte Teleskope kommen wir diesem Ziel immer näher. Die Astronomen glauben, dass jeder Stern mit mehr als 25 Sonnenmassen irgendwann als Schwarzes Loch enden wird. Doch einen Beweis zu erbringen, dass dies so sein muss und unter anderen Bedingungen auch anders wäre, ist eine andere Sache. Noch nicht einmal die Beobachtbarkeit dieser Schwarzen Löcher ist unzweifelhaft. Vielleicht sieht man sie, vielleicht auch nicht, das hängt davon ab, ob sie große Mengen an Gas in sich hineinsaugen. Einige von ihnen entstehen bei gewaltigen Explosionen, andere vielleicht bei ruhigen Prozessen. Viele Schwarze Löcher sind vermutlich nur deshalb sichtbar, weil sie in eine Hülle aus glühenden Gasen eingebettet sind, die Röntgenstrahlen emittieren und von einem weniger massiven Begleitstern auf einer engen Umlaufbahn stammen.

Es könnte jedoch sein, dass die physikalischen und chemischen Zusammenhänge in einer Wolke mit Sternentstehung so kompliziert sind, dass wir erst in der fernen Zukunft mit besonders leistungsstarken Supercomputern in der Lage sein werden, die Bedingungen zu untersuchen, die beispielsweise die Masse eines Sterns wie der Sonne bestimmen. Selbst die Wettervorhersage für mehr als eine Woche ist ein Glücksspiel. Wenn wir noch nicht einmal die Meteorologie genau genug modellieren können, um eine langfristige Wettervorhersage zu erhalten, dann sollte man skeptisch bleiben, wenn behauptet wird, wir könnten die kaum verstandenen Phänomene in unserem Universum nur dadurch erklären, dass wir eine Vielzahl anderer Universen postulieren.

15 Dem unendlichen Universum entgegen

Der Raum ist nahezu unendlich. Tatsächlich glauben
wir, er sei unendlich.   Dan Quayle

… die bestehenden wissenschaftlichen Begriffe decken
immer nur einen sehr begrenzten Teil der Realität ab,
und der andere, noch nicht verstandene Teil ist unendlich.   Werner Heisenberg

Wenn das Universum flach ist, ist es unendlich. Das zumindest sagen
uns die Lehrbücher. Das Konzept eines unendlichen Universums, oder
zumindest eines fast unendlichen Universums, wird durch das kosmologische Modell der Inflation gestützt. Unser Universum durchlief
eine Phase des exponentiellen Wachstums. Es gibt gute Gründe für die
Annahme, dass es sich dabei innerhalb eines Bruchteils einer Sekunde
um viele Zehnerpotenzen ausgedehnt hat. Vor der Inflation befand
sich die gesamte Materie des sichtbaren Universums in einem Bereich,
der kleiner war als eine Erbse. Doch auch wenn das gesamte Universum seinen Ursprung in einem kleinen, endlichen Raumgebiet hatte,
so ist seine gegenwärtige Ausdehnung mit großer Wahrscheinlichkeit
um mindestens 10^{100}-mal größer als die Distanz bis zum sichtbaren
Horizont.

Was ist Unendlichkeit?

Es ist nicht leicht, Unendlichkeit zu definieren. Einige Philosophen ziehen gern die Verbindung zur Theologie. Der deutsche Philosoph Friedrich von Schlegel (1772–1829) behauptete: «Jede Beziehung zwischen
der Menschheit und dem Unendlichen ist Religion.» Für Mathematiker
machte er allerdings eine Ausnahme: «Wenn ein Mathematiker als Ergebnis unendlich erhält, so ist das natürlich keine Religion.» Eine weitere Ausnahme machte er für manche seiner Zeitgenossen: «Es gibt
Bücher, wo selbst die Hunde sich auf das Unendliche beziehen.»
    Viele Dichter und Gelehrte, insbesondere auch Theologen, lehnen

jedoch die Vorstellung eines unendlichen Universums ab. Der Bischof Ernest Barnes (1874–1953) war Mathematiker und gleichzeitig eine wichtige Persönlichkeit der englischen Kirche. Im Jahre 1931 nahm er an einer öffentlichen Diskussion mit Kosmologen teil und bemerkte: «Es scheint ziemlich sicher, dass unser Raum endlich ist, wenn auch ohne Ränder. Ein unendlicher Raum wäre einfach ein Skandal für das menschliche Denken ... die Folgerungen wären unglaublich.» Was ihm vielleicht vorschwebte war, dass es in einem unendlichen Universum einen zweiten Bischoff Barnes geben könnte, der gegensätzlicher Ansicht war. Wenn jedoch eine solche Person existierte, wäre sie praktisch unendlich weit von uns entfernt. Daher wäre ihre Existenz für uns vollkommen irrelevant, und die himmlischen Zwillinge würden sich nie des jeweils anderen bewusst, geschweige denn, dass sie miteinander kommunizieren könnten.

Für manchen Denker endete der Traum von der Unendlichkeit sogar tragisch, etwa für den italienischen Philosophen Giordano Bruno (*1548), der im Jahre 1600 in Rom verbrannt wurde, weil er die päpstliche Autorität in Zweifel gezogen hatte. Der damalige Papst hatte an seiner Meinung Anstoß genommen, dass «es einen einzigen allgemeinen Raum gibt ..., in dem es unendlich viele Welten gibt wie die, auf der wir leben und wachsen; dieser Raum ist unserer Meinung nach unendlich». Viele Dichter, insbesondere aus dem französischsprachigen Raum, scheint diese Vorstellung ähnlich abgestoßen zu haben. «Malgrè, moi l'infini me tourmente» («Ich kann mir nicht helfen, aber die Vorstellung der Unendlichkeit quält mich»), schrieb Alfred de Musset (1810–1857). Und zwei Jahrhunderte vor ihm sagte der Wissenschaftler und Philosoph Blaise Pascal (1623–1662) «Le silence éternel de ces espaces infinis m'effraie» («Die ewige Stille dieser unendlicher Räume macht mir Angst»).

Es mag durchaus theologische Belange geben, die mit dem Unendlichen zusammenhängen. Die Wahrscheinlichkeiten für intelligentes Leben oder gar eine Krone der Schöpfung mögen infinitesimal klein sein, doch in einem unendlichen Universum würde es irgendwann irgendwo unweigerlich dazu kommen. Und hier sind wir. Der Rest des Universums ist unwichtig, da es keinen gibt, der es beobachten kann. Dies ist ein anthropisches Argument, allerdings ein so schwaches, dass es beinahe eine Tautologie ist.

Demgegenüber erwuchs den grünen Weiten Englands ein wahrer Schwall an Optimismus. William Blake (1757–1827) schreibt:

> In einem Sandkorn ist die ganze Welt enthalten,
> und der Himmel in einer wilden Blume,
> in deiner Hand siehst Du den Kosmos walten,
> und Ewigkeit in einer Stunde.

Man muss kaum betonen, dass die Vorstellungen der Dichter in Bezug auf das Unendliche den Ansichten der Theologen weit überlegen sind. So schrieb beispielsweise der amerikanisch-russische Dichter Joseph Brodsky (1940–1996): «Die poetische Idee der Unendlichkeit überragt die von irgendeinem Glaubensbekenntnis getragene bei weitem.»

Lediglich den Wissenschaftlern scheint der Umgang mit dem Unendlichen noch leichter zu fallen als den Dichtern und Theologen. Isaac Newton (1643–1727) war vielleicht der erste, der sich Gedanken über die Gravitation in einem unendlichen Universum machte. In einem Brief an Richard Bentley aus dem Jahre 1693 schrieb er:

> Doch wenn die Materie in einem unendlichen Raum gleichmäßig verteilt wäre …, würde ein Teil von ihr zu einer Masse zusammenfallen und ein anderer zu einer anderen Masse, und schließlich entstünde eine unendliche Zahl großer Massen, die in großem Abstand voneinander über den gesamten unendlichen Raum verteilt wären. Auf diese Weise hätten die Sonne und die Fixsterne entstehen können.

Dank des Erfolgs der Newtonschen Gravitationstheorie wurden seine kosmologischen Ansichten allgemein akzeptiert, beispielsweise auch von Immanuel Kant (1724–1804):

> Wir sehen die ersten Glieder eines fortschreitenden Verhältnisses von Welten und Systemen, und der erste Theil dieser unendlichen Progression giebt schon zu erkennen, was man von dem Ganzen vermuthen soll. Es ist hier kein Ende, sondern ein Abgrund einer wahren Unermesslichkeit … Wenn nun also die Schöpfung der Räume nach unendlich ist, oder es wenigstens der Materie nach wirklich von Anbeginn her schon gewesen ist, der Form, oder der Ausbildung nach aber es bereit ist, zu werden, so wird der Weltraum mit Welten ohne Zahl und ohne Ende belebt werden.

Es wird kaum überraschen, dass schon die Griechen diesen Punkt erreicht hatten: «Es gibt unendlich viele Welten unterschiedlicher Größe», schreibt Demokrit von Abdera (460–370 v. Chr.). Und Epikur (341–270 v. Chr.) kam zu dem Schluss:

> Weiterhin ist das Ganze unbegrenzt. Denn das Begrenzte hat einen Anfang und ein Ende. Anfang und Ende eines bestimmten Begrenzten sind aber nur neben dem Anfang und dem Ende eines anderen Begrenzten vorstellbar. Das Ganze ist aber nicht neben einem anderen Ganzen vorstellbar, sodass das, was keinen Anfang und kein Ende hat, auch keine Grenze hat; was aber keine Grenze hat dürfte wohl unendlich sein. Ferner ist das Ganze hinsichtlich der Menge der Körper und hinsichtlich der Größe des leeren Raumes unbegrenzt.

Dieses Thema wurde auch von Lukrez aufgegriffen (96–55 v. Chr.), einem römischen Dichter und Anhänger Epikurs:

> Das Universum hat keine Grenze in irgendeiner Richtung.
> Hätte es eine solche, dann müsste es notwendigerweise
> Irgendwo einen Rand geben. Doch eine Sache kann klarer-
>   weise
> Keinen Rand haben, wenn es nicht etwas außerhalb gibt.
> In alle Dimensionen, in diese Richtung und in der ent-
>   gegengesetzten,
> nach oben oder unten, das Universum hat kein Ende.

Doch auch die Griechen waren nicht die Ersten, deren Denken unendliche Welten erkundete. Nach dem Entstehungsmythos der Ägypter begann das Universum als «ein urtümliches Meer, ungleich eines jeden Meeres, das eine Oberfläche hat, denn es gab weder oben noch unten, keine Unterscheidung der Seite, sondern nur eine grenzenlose Tiefe – grenzenlos, dunkel und unendlich».[5]

In der modernen Kosmologie finden sich viele dieser Ideen über das Unendliche wieder. Es gibt keinen Beweis, dass die Inflation jemals stattgefunden hat, und falls sie stattgefunden haben sollte, ist unklar, ob sich ihr Einfluss weit über den beobachtbaren Horizont erstreckt. Man sollte sich von der irrigen Vorstellung lösen, ein flaches oder gar negativ gekrümmtes Universum sei notwendigerweise unendlich. Die Frage nach der Größe sollte zum Kernstück kosmologischer Tests werden.

Wie können wir zu einer festen wissenschaftlichen Bewertung kommen, ob das Universum unendlich ist? Es zeigt sich, dass die Frage, ob das Universum unendlich bzw. fast unendlich ist oder nicht, experimentell überprüft werden kann. Selbst im Vergleich zu den Grenzen des Beobachtbaren könnte das Universum sehr groß sein, und doch ließe sich seine Größe, zumindest im Prinzip, messen.

Vor dem Big Bang

Was tat Gott bevor er Himmel und Erde erschuf? ... Er hat Höllen hergerichtet für Leute, die so hohe Geheimnisse ergrübeln wollen.　Augustinus

Der Ausdruck «Big Bang» scheint anzudeuten, dass das Universum mit einer Explosion begann. Doch die Kosmologen lehnen die Vorstellung einer Explosion in diesem Zusammenhang oft ab, manchmal sogar dieses Wort selbst. Kosmologen mögen den Ausdruck Explosion nicht, weil sich damit die Idee eines Geräuschs, eines «Bang!», verbindet, was unsinnig ist. Doch sieht man von dieser Feinsinnigkeit einmal ab, ist das Wort Explosion durchaus angemessen. Die einfache Beschreibung der Entstehung des Universums entspricht einer Explosion in dem Sinne, dass alles in einem sehr kleinen Volumen begann und sich sehr rasch ausgedehnt hat. Der Big Bang steht für «Inflation», eine kurze Zeitdauer, in der sich das Universum mit riesiger Geschwindigkeit ausgedehnt hat. Doch was geschah vor diesem Zeitpunkt? Vielleicht gab es lange vor der Inflation schon ein Universum, das fast zu einer Singularität kollabiert ist und sich dann wieder aufgeblasen hat. In diesem Fall hätte es eine Vergangenheit vor dem Big Bang gegeben. Manche Leute glauben an so etwas wie einen «pre Big Bang».

Eines der Probleme in diesem Zusammenhang ist, dass das Universum zu Beginn keinerlei Ordnung hatte. Das bedeutet, die anfängliche Entropie des Universums war sehr groß. Die Kosmologen vermuten, dass erst im Verlauf der Zeit eine Ordnung entstanden ist – zusammen mit der Entstehung der Galaxien. Doch wie passt diese scheinbar kleinere Entropie zu späteren Zeiten mit der anfänglichen großen Entropie zusammen? Die Antwort könnte mit der Entstehung Schwarzer Löcher zusammenhängen. Gemeinsam mit aller möglichen Materie können Schwarze Löcher auch Entropie aufnehmen und auf diese Weise ein Universum erzeugen, das dem unsrigen gleicht. Mit der Entstehung von Galaxien entstehen auch Schwarze Löcher. Vielleicht ändert sich im Mittel nicht viel. Allerdings dürfen die Schwarzen Löcher, wenn sie irgendwann zerfallen, die aufgenommene Entropie nicht wieder freigeben. Aber vielleicht geschieht das auch erst, wenn es ohnehin keinen Unterschied mehr macht. Selbst die Protonen werden bis dahin zerfallen sein.

Was vor dem Big Bang passierte, ist Thema intensiver Spekulationen. Vielleicht sind heute noch Spuren vorhanden. Eine mögliche Spur wären bestimmte Signaturen in den Fluktuationen der kosmischen Mikrowellenhintergrundstrahlung, als hätte jemand in den Himmel geschrieben: «Schaut her, ich war hier!» Prinzipiell wäre es möglich, dass Dichtefluktuationen den Big Crunch überlebt haben, falls es ihn gegeben haben sollte. Welchen Einflüssen sie dabei ausgesetzt waren, wissen wir nicht. Es gibt kein physikalisches Modell, das den Übergang vom pre zum post Big Bang erklären könnte. Wir haben auch keine Ahnung, wie der Übergang vom Kollaps zur Expansion erfolgt sein soll. Es gibt Vermutungen, wie der Mikrowellenhintergrund aussehen müsste, falls es einen pre Big Bang gegeben haben sollte. Natürlich wurden bisher noch keine Anzeichen gefunden, die auf einen pre Big Bang hindeuten könnten. Trotzdem werden wir nun die Möglichkeit eines zyklischen Universums diskutieren.

Ein zyklisches Universum

Die Vorstellung von einem beliebig alten Universum, in dem die gegenwärtige Phase nur ein Zyklus aus unendlich vielen ist, hat ihre Ursprünge in der antiken Mythologie. Die Big-Bang-Kosmologie stieß jedoch zunächst auf mehrere Hindernisse, als sie eine entsprechende Idee von einer Folge aus Big Bangs im Wechsel mit Big Crunches umzusetzen versuchte. Jeder Big Bang würde eine Fülle von Sternen und Galaxien hervorbringen, die während des anschließenden Big Crunches wieder zusammengepresst und zu Strahlung pulverisiert würden, mit Ausnahme der vielen Schwarzen Löcher, die bei diesem Prozess ebenfalls entstanden sind.

Die Entropie, oder Zufälligkeit, des Universums würde von Zyklus zu Zyklus zunehmen, es sei denn, es gäbe eine Möglichkeit, all die Information, die bei einem Kollaps zu einem Schwarzen Loch verloren geht, irgendwo zu speichern. Im Rahmen der bekannten Physik erscheint dies sehr unwahrscheinlich. Die Zunahme der Entropie bedeutet, dass auch der Wärmegehalt des Universums von Zyklus zu Zyklus zunimmt. Die Universen würden daher immer größere Ausmaße annehmen, bevor sie zu einem neuen Zyklus kollabieren. Es könnte nur eine endliche Anzahl vergangener Big Bangs gegeben haben. Außerdem gäbe es eine zunehmende Anzahl Schwarzer Löcher, die aus den vergangenen Zyklen übrig geblieben sind. Das Universum wäre ein seltsamer Ort, vollgestopft mit Schwarzen Löchern, und es könnte nicht seit ewigen Zeiten existieren.

Damit aus der Expansion nach dem Big Bang wieder eine Kontraktion wird, muss die mittlere Materiedichte im Universum größer als die kritische Dichte sein. Wir wissen aber, dass die Dichte nur ein Drittel der kritischen Dichte ausmacht, einschließlich der dunklen Materie und der Schwarzen Löcher. Das Modell eines zyklischen Universums scheint daher auf den Müllhaufen der Wissenschaft zu gehören. Allerdings gibt es in der Kosmologie nur wenige Dinge, die absolut endgültig sind. Alte Ideen haben die Angewohnheit, immer wieder an die Oberfläche zu kommen. Zwei Entwicklungen haben das Interesse an einem immer wieder neu erblühenden Universum frisch aufleben lassen. Zum einen wäre es möglich, dass dunkle Energie zerfallen kann. Wäre die dunkle Energie eine Konstante, würden wir sie durch die kosmologische Konstante beschreiben, die Einstein zur Vermeidung eines Kollapses seines Universums eingeführt hatte. Wie wir schon erwähnt haben, deuten die Beobachtungen von sehr weit entfernten Supernovae darauf hin, dass die Ausdehnung des Universums gegenwärtig zunimmt, und genau dazu ist die dunkle Energie notwendig. Es gibt bisher noch keine Theorie über die Natur der dunklen Energie; aus diesem Grund versuchen die Kosmologen mit Eifer, sich neue Formen von dunkler Energie auszudenken, die noch exotischer sind als Einsteins kosmologische Konstante.

Für diesen Eifer gibt es mehrere Gründe. Die kosmologische Konstante Einsteins hat das Universum vor nicht langer Zeit in eine Phase der beschleunigten Ausdehnung treten lassen, und diese Beschleunigung wird für alle Zeiten zunehmen. Uns steht eine öde und leere, und im wahrsten Sinne des Wortes düstere Zukunft bevor. Doch nun kommt eine Idee aus der Quantengravitation hinzu. Danach ist die dunkle Energie eine Manifestation einer höher dimensionalen Gravitation. Sie verschwindet mit der Zeit, und das Universum ist dann nahezu leer. Alle Schwarzen Löcher sind exponentiell weit voneinander entfernt. Doch diese Leere ist trügerisch, denn sie könnte eine kollabierende Phase auslösen. Das Universum geht bei einer unbekannten Größe von einem Big Bang in einen Big Crunch über, bei dem es zu einer Fast-Singularität kollabiert. An diesem Punkt wird die neue Expansion ausgelöst. Es gibt eine unendliche Anzahl von Zyklen in einem unendlichen Universum.

Niemand hat auch nur die leiseste Idee, wie so etwas funktionieren könnte. Doch über die Inflation hätte man zunächst dasselbe sagen können. Überflüssig zu sagen, dass die Zeit unaufhaltsam weitergeht. Die Physik gibt uns keine Möglichkeit, die Uhren neu zu stellen. Das zyklische Universum ist unendlich alt, und es ist unendlich groß. Es reinigt sich selbst während der exponentiellen Expansion, und es erneuert seine Entropie während des Kollapses. Der Reinigungsprozess erfolgt über die Verdünnung. Während der exponentiellen Expansion dominiert die dunkle Energie über die Energiedichte der Strahlung, der Materie und solchen Objekten wie Schwarzen Löchern, den Überresten der Stern- und Galaxienentstehung. Unter gewöhnlichen Bedingungen würde der zweite Hauptsatz der Thermodynamik unausweichlich die Zunahme der Entropie fordern, wenn Sterne entstehen oder sterben. Früher glaubte man, dies würde zu einem Wärmetod des Universums führen. In einem zyklischen Universum ist jedoch alles anders. Irgendwann beim Kollaps wird die Uhr der Entropie auf null zurückgesetzt.

Ein zyklisches Universum ist eine interessante Vorstellung. Andererseits gibt es nur wenig Gründe, weshalb es besser wäre als ein Universum, das nur ein einziges Mal aus einem unendlich großen Zustand in einen Big Crunch gestürzt ist und anschließend wieder zu einem Big Bang ausgeholt hat. Die Pre-Big-Bang-Phase könnte irgendwelche Spuren hinterlassen haben, die wir irgendwann entdecken werden, beispielsweise Schwarze Löcher, die beim Kollaps entstanden sind; vielleicht gibt es aber auch keine solchen Spuren. Und wieder erhebt sich die Frage nach der Unendlichkeit des Universums. Es lässt sich nicht beweisen, das Universum könnte einfach nur sehr groß sein.

Geister

Die Größe des Universums wird durch eine geometrische Eigenschaft bestimmt, die man seine Topologie nennt. Die Topologie beschreibt, in welcher Form ein Raum zusammenhängt. Eine Kaffeetasse unterscheidet sich von einem Weinglas. Das Weinglas ist, topologisch gesehen, eine Vollkugel; eine Kaffeetasse ein Torus. Und ein Zylinder unterscheidet sich ebenfalls von einem Torus, obwohl beide räumlich flach sind (es gilt die Euklidische Geometrie). Seltsamerweise sagt die Theorie der Gravitation nichts über die Topologie des Universums aus. Einsteins brillante Identifikation der Gravitation mit der Geometrie führt zu einer Theorie von Raum und Zeit, die von ihrer Konzeption her global ist. Die Theorie erstreckt sich auf die gesamte Raumzeit, die untrennbar mit der Gravitation verwoben ist.

> Die Raumzeit greift die Masse und sagt ihr, wie sie sich
> zu bewegen hat.
> Die Masse packt die Raumzeit und sagt ihr, wie sie sich
> zu krümmen hat.

Auch diese eloquente Phrase geht auf John Wheeler zurück.[6] Doch bleibt die globale Topologie des Universums unbestimmt. Das Universum muss nicht unendlich zu sein, es könnte lediglich sehr groß sein. Das Universum könnte flach sein, aber die Topologie eines riesigen Torus oder Donuts haben. Die Oberfläche eines Torus ist geometrisch flach, beispielsweise bleiben parallele Linien immer parallel. Die Topologie des Universums könnte auch der einer Klein'schen Flasche gleichen, einer Art verdrilltem Torus. Natürlich ist die Oberfläche eines Torus nur eine zweidimensionale Analogie zum dreidimensionalen Raum des Universums. Es geht lediglich um die globalen Eigenschaften. Topologen sind gewissermaßen etwas beschränkt. Ein Topologe kann einen Donut nicht von einer Kaffeetasse unterscheiden.

Wenn wir annehmen, unser Universum sei flach, und nun die Menge aller damit verträglichen Topologien betrachten, so erscheint es vernünftig und plausibel, von einem flachen Universum auszugehen. Natürlich könnte es sehr groß sein, auch im Vergleich zum sichtbaren Horizont, und doch könnte seine Größe, zumindest im Prinzip, experimentell messbar sein. Wir können zwar nicht beweisen, dass unser Universum unendlich ist, aber wir können zumindest eine untere Grenze für die tatsächliche Größe des Universums angeben.

Angenommen das beobachtete Universum würde (in einem zweidimensionalen Analogon) durch einen kleinen Ausschnitt eines riesigen Torus beschrieben. Diese Topologie ist kompakt, im Gegensatz zu der Topologie eines Zylinders, der in eine Richtung unendlich ist, oder gar der Topologie einer Fläche, die in beide Richtungen unendlich ist. Natürlich gibt es für dreidimensionale Räume mehr Möglichkeiten, doch das Prinzip ist jeweils dasselbe. Hätte das Universum eine kompakte Topologie, könnte sich Licht entlang geschlossener Kreise ausbreiten. Je nach Umfang des Torus könnte das Licht für einen Umlauf eine ziemlich lange Zeit benötigen. Wäre der Umfang einer solchen Photonenbahn jedoch kleiner als der Horizont des Universums, könnte das Licht in die eine Richtung wegfliegen und auf einem anderen Weg zu uns zurückkommen. Im Prinzip könnte man seinen eigenen Hinterkopf sehen. Etwas realistischer ausgedrückt: Wir würden die Geisterbilder von Galaxien sehen.

In einem kleinen Universum hätte das Licht genügend Zeit gehabt, um in jedem Zeitalter das Universum mehrmals durchkreuzt zu haben. Auf diese Weise wären sämtliche Irregularitäten oder Anisotropien verwischt worden. Dies wäre eine mögliche Alternative zur Inflation, um die Erinnerung an die Anfangsbedingungen zu verwischen.

Die Topologie eines flachen Universums könnte sogar noch komplizierter sein. Man stelle sich einen Torus mit mehreren Griffen vor, eher eine Brezel als einen Donut. In diesem Fall würden wir viele Geisterbilder am Himmel beobachten, mehrere Kopien von ein und demselben Bild. Es könnte sich als schwierig erweisen, diese Information zu entziffern. Immerhin würden sich die Bilder einer Galaxie alle gleichen, und nach den unvermeidlichen Verzerrungen aufgrund von Gravitationslinseneffekten durch andere Galaxien oder der Streuung des Lichts an intergalaktischem Staub wäre die Situation noch verworrener. Es gibt jedoch noch eine andere Möglichkeit, die Topologie unseres Universums ausfindig zu machen. Bestimmte Muster in den Fluktuationen der kosmischen Mikrowellenhintergrundstrahlung könnten auf die Topologie des Universums hindeuten. Jede Topologie hat ihr eigenes Muster. Außerdem müsste die typische Skala der Topologie nicht unbedingt kleiner als der sichtbare Horizont sein. Selbst große Topologien würden ihre Spuren hinterlassen.

Die Topologie des Universums wird sichtbar

Das Universum könnte ein riesiger Torus sein bzw. eine dreidimensionale Verallgemeinerung von einem Donut, ein so genannter Hypertorus. Ein Hypertorus-Universum hätte seltsame Eigenschaften. Ein solches Universum wäre räumlich flach, lokal wie eine Euklidische Ebene. Das Universum muss bestimmte Arten von Fluktuationen aus der inflationären Zeit enthalten, da Strukturen auf großen Skalen entstehen konnten. Gewöhnlich werden diese Fluktuationen durch ein Dichtefeld beschrieben, doch durch die Kompaktheit des Raums kommt eine neue Eigenschaft hinzu. Selbst bei zufälligen Fluktuationen gibt es aufgrund der torusartigen Topologie bevorzugte Richtungen. Einige Fluktuationen können sich entlang des größeren Umfangs des Torus erstrecken, andere nur entlang des kleineren. In der kosmischen Mikrowellenhintergrundstrahlung beobachtet man lokal zufällige Fluktuationen wie in einem gewöhnlichen Friedmann- bzw. Lemaître-Universum. Doch global scheint das Universum anisotrop zu sein.

Um wieder an seinen Ausgangspunkt zurückzugelangen, kann das Licht auf der Oberfläche eines Hypertorus entweder entlang eines kurzen Kreises fliegen, senkrecht zum Rückgrat des Torus, oder entlang eines langen Kreises, parallel zum Rückgrat. Die unterschiedlichen Weglängen des Lichts äußern sich in Form von richtungsabhängigen Regelmäßigkeiten in der kosmischen Mikrowellenhintergrundstrahlung. Die Photonen aus demselben Streuereignis müssen in verschiedene Richtungen unterschiedliche Weglängen zurücklegen, sie erzeugen also Bilder derselben Quelle, aber mit unterschiedlichen Intensitäten und in unterschiedliche Richtungen.

Falls die Photonen ausreichend Zeit hatten, um sich um das Universum herum ausbreiten zu können, entstehen Geisterbilder. Wenn wir nun über sehr viele Beobachtungen mitteln, sollte der Himmel der kosmischen Mikrowellenhintergrundstrahlung Schwankungen in den Temperaturfluktuationen zeigen, die nicht zufällig sind. Es entstehen Muster am Himmel, aus denen wir vielleicht auf die Topologie des Universums schließen können. Natürlich kommt diesen nicht zufälligen kosmischen Mikrowellenhintergrundfluktuationen im Augenblick noch kein großer Stellenwert zu, da sie durch viele andere Mechanismen entstanden sein können. Beispielsweise gibt es Artefakte in der Temperaturverteilung, die darauf zurückzuführen sind, dass wir durch unsere Milchstraße hindurch auf den Mikrowellenhimmel blicken. Sie beruhen auf der nicht zufälligen Geometrie des interstellaren Mediums, beispielsweise der Fasern oder Flächen aus diffusem Gas oder Plasma. Komplizierte Versionen der Inflation können ebenfalls nicht zufällige Muster am Himmel erzeugen.

Wie kann man diese Effekte voneinander trennen? Jede Quelle emittiert ihr Licht als kugelförmige Wellenfront. Stellen wir uns einen zufällig postierten Beobachter zur Zeit der letzten Streuung der Strahlung vor. Sein Horizont lässt sich als Kreis am Himmel darstellen, die Oberfläche einer dreidimensionalen Kugel projiziert auf die Himmelskugel. In einem großen Universum überdeckt dieser Kreis das gesamte Universum. Doch in einem topologisch kleinen Universum würde man viele Kreise am Himmel erwarten, die sich als kreisförmige Muster von infinitesimalen Temperaturschwankungen zeigen.

Bisher hat man diese Kreise am Himmel noch nicht gefunden: Das Universum kann nicht sehr klein sein. Wäre die Skala der Topologie kleiner als die Entfernung bis zum Horizont, müssten die Temperaturschwankungen bei einer bestimmten Skala wie abgeschnitten erscheinen. Bisher wurde nichts dergleichen beobachtet, allerdings gibt es ein unerklärliches Intensitätsdefizit auf der größten Skala (der des Quadrupols). Das Universum muss wirklich sehr groß sein. Doch wie groß?

Die Flachheit des Raumes macht es uns leichter, nach einer kosmischen Topologie zu suchen. Wäre die Geometrie des Universums hyperbolisch, gäbe es unendlich viele verschiedene Topologien. Für ein flaches Universum kommen lediglich 18 verschiedene Typen von Räumen in Frage. Mit Ausnahme des dreidimensionalen Gegenstücks zur unendlichen Ebene sind diese alle mehrfach zusammenhängend; das

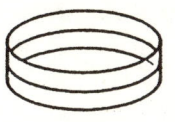 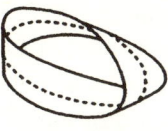 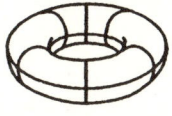 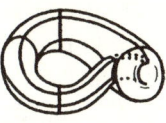

Zylinder   Möbius-Band   Torus   Klein'sche Flasche

Abbildung 10: Für die Topologie eines flachen Universums gibt es mehrere Möglichkeiten. In diesen zweidimensionalen Beispielen wird der Raum durch mehrfach zusammenhängende Strukturen dargestellt, deren Flächen lokal flach sind, die aber unzugängliche Bereiche haben. In einer einfach zusammenhängenden Topologie wie derjenigen einer Kugel ist jeder Punkt zugänglich.

bedeutet, es gibt geschlossene Wege. Nur zehn dieser Räume sind kompakt, die anderen sind in eine oder mehrere Richtungen unendlich ausgedehnt.

Wir können noch einen Schritt weiter gehen und uns auf physikalisch sinnvolle kompakte Räume beschränken. So scheint es sinnvoll zu fordern, dass die Raumzeit «orientierbar» ist. Das bedeutet, es gibt einen Zeitpfeil und eine Orientierung des Raums. Es sollte eine eindeutige Vergangenheit und eine eindeutige Zukunft geben. Links sollte links bleiben und rechts rechts, falls wir, selbst hypothetisch, unser Universum einmal durchqueren und zum Ausgangspunkt unserer Reise zurückkehren. Wenn die Zeit orientierbar ist, dann muss es auch der physikalische Raum sein. Mit anderen Worten, wenn man einmal um das Universum herum geht, ist die «Händigkeit» bzw. die Parität erhalten geblieben, anders als beispielsweise bei einer Spiegelung an einem Spiegel. Unser hypothetischer Raumreisender sollte nicht plötzlich seinem Spiegelbild gegenüberstehen. Fundamentale physikalische Konzepte zwingen uns zu der Forderung, dass die Kombination aus Raum und Zeit, wie sie auf unseren Raumzeitreisenden anwendbar ist, vollständig orientierbar ist.

Unter den 18 möglichen flachen Räumen in drei Dimensionen gibt es nur zehn kompakte Räume ohne Unendlichkeiten in irgendeine Richtung. Kompakte Räume haben den Vorteil, dass bei bestimmten Berechnungen keine mathematischen Unendlichkeiten auftreten. Das Universum hat eine endliche Ausdehnung, das bedeutet, die Menge an Information ist zu jeder Zeit endlich. Die Zukunft wird dadurch vielleicht weniger aufregend, weil sie, zumindest im Prinzip, vorhersagbar wird. Mit der Frage, ob dies eine wünschenswerte Eigenschaft des Universums ist, würden wir metaphysisches Terrain betreten. Das Besondere an einem endlichen Universum ist, dass seine Endlichkeit experimentell verifiziert werden kann.

Zu den kompakten Räumen gehören auch die dreidimensionalen Verallgemeinerungen von Flächen wie der Kugel, dem Torus oder der Klein'schen Flasche. Unter diesen sind nur sechs orientierbar. Dies sind die einzigen Räume, in denen wir leben können, ohne uns inakzeptablen Paradoxien gegenüber zu sehen. Damit verbleiben uns lediglich sechs physikalisch sinnvolle kompakte, orientierbare, lokal Euklidische Topologien. Alle anderen sind unphysikalisch. Jeder dieser möglichen Räume würde ein charakteristisches Muster im kosmischen Mikrowellenhintergrund hinterlassen. Wir können uns einen astronomischen Test vorstellen, der nach solchen Mustern sucht. Falls unser Universum nicht zu groß ist, wäre seine Topologie eines Tages vielleicht messbar.

Endlich oder unendlich – das ist hier die Frage

Wir wissen nicht, ob unser Universum endlich oder unendlich ist. Nach der einfachsten Theorie der Expansion dehnt sich das Universum für alle Zeiten aus, und die Beobachtungen unterstützen diese Vorhersage. Das entspricht einem «flachen» Universum. Doch das Universum könnte auch endlich sein. Es könnte heute ein sehr großes, aber endliches Volumen haben, das weiter zunimmt und erst in der unendlichen Zukunft tatsächlich unendlich sein wird. Das ist wahrscheinlich genauso gut, denn wenn das Universum unendlich wäre, könnten wir dies durch ein Experiment niemals beweisen.

Stellen Sie sich als Beispiel die Geometrie des Universums in zwei Dimensionen als eine Ebene vor. Sie ist flach, und eine Ebene ist normalerweise unendlich. Doch wir können ein Blatt Papier nehmen (ein «unendliches» Blatt Papier) und es zu einem Zylinder aufrollen. Wir können auch den Zylinder aufrollen und erhalten einen Torus (einen hohlen Donut). Die Oberfläche des Torus ist räumlich flach, aber sie ist endlich. Wir mussten zwar den Zylinder entlang seiner Länge auseinanderziehen, um ihn zu einem Torus zu verbiegen, doch das Dehnen einer Fläche ändert ihre Topologie nicht. Es gibt also zwei Möglichkeiten für ein flaches Universum. Eine ist unendlich, wie eine Ebene, die andere ist endlich, wie ein Torus, der ebenfalls flach ist. Allerdings ist «flach» in diesem Fall lediglich eine zweidimensionale Analogie. Wir verstehen darunter natürlich, dass das Universum «Euklidisch» ist: parallele Linien bleiben für immer parallel und die Winkel in einem Dreieck addieren sich zu 180 Grad. Das zweidimensionale Analogon ist eine Ebene oder ein unendliches Blatt Papier. Auf der Oberfläche der Ebene können wir parallele Linien zeichnen, die sich niemals treffen. Eine positiv gekrümmte Geometrie wäre eine Kugeloberfläche. Wenn man auf einer Kugeloberfläche parallele Linien zeichnet, dann treffen sich diese Linien immer an einem bestimmten Punkt, und wenn man ein Dreieck zeichnet, dann ist die Winkelsumme immer größer als 180 Grad. Die Oberfläche einer Kugel ist zwar endlich, aber nicht flach. Die Oberfläche eines Torus jedoch ist endlich und flach.

Aus den unterschiedlichsten Experimenten – im Ballon, auf der Erde und im Weltraum – gibt es mittlerweile viele Daten zum Mikrowellenhimmel. Wie wir gesehen haben, enthalten diese Daten Informationen über die Geometrie des Universums. Die Experimente haben bestätigt, dass das Universum «flach» ist. Doch selbst mit dieser Kenntnis können wir noch nicht sagen, ob das Universum endlich oder unendlich ist.

Sollte das Universum endlich sein, entspräche seine Geometrie der eines Torus. In zwei Dimensionen könnte das Licht auf der Oberfläche des Torus zwei Wege nehmen: Es könnte um die Seiten der Röhre laufen, es könnte aber auch entlang einer geraden Linie laufen. Hätte das Universum also die Geometrie eines Torus, könnte das Licht entlang verschiedener Wege zu demselben Punkt gelangen. Es gibt einen langen und einen kurzen Weg. Auf einer Ebene würde das nicht gelten. Torus bedeutet, dass der Raum komplizierter ist. In technischer Sprechweise sagt man, der Raum ist mehrfach zusammenhängend: Es gibt verschiedene Wege zum selben Zielpunkt. Die nahe liegende Frage lautet nun: Wie klein könnte das Universum sein, um sich noch im Einklang mit den Beobachtungen aus der kosmischen Mikrowellenhintergrundstrahlung zu befinden? Selbst wenn die topologische Skala größer wäre als die des Horizonts, gäbe es immer noch schwache Muster am Himmel.

Das ist eine bemerkenswerte Folgerung. Im Prinzip kann man die Größe des Universums messen. Wenn es allerdings zu groß ist, sind die vorhergesagten Muster zu schwach. Wäre das Universum mit einem Torus vergleichbar, könnten wir ein Muster beobachten, das eindeutig auf die Endlichkeit des Raums hindeutet. Selbst wenn das Universum hundert Mal größer wäre als der Abstand des sichtbaren Horizonts, also die Entfernung, die das Licht seit dem Big Bang zurückgelegt hat, würde es trotzdem ein charakteristisches Muster hinterlassen. Diesem Muster könnten wir die Größe des «Donuts» bzw. Torus entnehmen.

Der WMAP-Satellit hat den kosmischen Mikrowellenhintergrund mit der größten Genauigkeit vermessen, die jemals erreicht wurde. Die Kosmologen haben nach den Mustern der Topologie im Himmel gesucht. Bisher waren alle Ergebnisse negativ. Daraus können wir schließen, dass die Skala der Topologie größer ist als rund 90 Prozent der heutigen Horizontskala.

Vielleicht erweist sich das Universum als nachweisbar kompakt. Das wäre ein wunderbarer Triumph metaphysischer und theologischer Argumente. Der Geist von Bischoff Barnes würde vor Freude jauchzen. Vielleicht haben wir aber auch kein Glück. Wäre das Universum tatsächlich unendlich, würden wir kein Signal von der Topologie sehen. In diesem Fall kämen wir lediglich zu dem Schluss, dass das Universum größer ist als eine bestimmte Schranke. Nur seine Endlichkeit wäre messbar. Und sollte eine Inflation stattgefunden haben, dann liegt die Skala der Topologie mit großer Wahrscheinlichkeit weit jenseits der Skala des Horizonts, und wir würden sie niemals sehen.

16 Von der Zeit zu Zeitmaschinen

Hätten wir nur genug Welt und Zeit ...
Andrew Marvell

Wir fühlen, dass, selbst wenn alle möglichen wissenschaftlichen Fragen beantwortet sind, unsere Lebensprobleme noch gar nicht berührt sind. Freilich bleibt dann eben keine Frage mehr; und eben dies ist die Antwort.
Ludwig Wittgenstein

Wissenschaftler kümmern sich meist nicht um die philosophischen oder metaphysischen Folgerungen aus einem unendlichen Universum, stattdessen betonen sie die unbegrenzten Möglichkeiten für die Entwicklung alternativer Lebens- und Gesellschaftsformen. In dem folgenden Beispiel werde ich recht freimütig von Dingen erzählen, die eher nach Sciencefiction als nach Wissenschaft klingen, doch die Ideen sind fest in der Physik und der Biologie verankert.

Zunächst sollten wir das wesentliche Problem ansprechen, dem ein Zeitreisender sich gegenüberfände. Zeitreisen führen zum Großmutterparadoxon. Angenommen wir träfen unsere Großmutter als junges Mädchen und brächten sie um. Der daraus entspringende logische Widerspruch scheint ein schlagkräftiges Argument gegen die Möglichkeiten einer solchen Reise. Das Großmutterproblem könnte jedoch eine Lösung haben. Betrachten wir einen Billardball auf einer Bahn, die ihn in ein Wurmloch führt. Er taucht in seiner eigenen Vergangenheit wieder auf und stößt gegen sein früheres Selbst, wobei er von seiner Bahnkurve abgelenkt wird. So etwas kann nicht passieren. Die Natur bzw. die Physik verabscheut und, wie manche sagen würden, verbietet eine Verletzung der Kausalität. Die Gravitation des Wurmlochs bringt den Billardball aus seiner Bahn. Wenn er wieder auftaucht, wird er sich mit großer Wahrscheinlichkeit verfehlen.

Tatsächlich unterscheidet sich die Situation nicht wesentlich von dem bereits erwähnten Problem der Quantenphysik, ob Schrödingers Katze tot oder lebendig ist. Auch wenn viele Physiker gelernt haben, mit den Aussagen der Quantenmechanik zu leben, sind sie für einen

Biologen kaum akzeptabel. Für ihn ist eine Katze entweder tot oder lebendig. Die Unbestimmtheit in der Quantenphysik könnte vielleicht sogar das Großmutterproblem lösen, zumindest für den Physiker.

Leben in einem unendlichen Universum

Wenn so viel Zeit zur Verfügung steht, ist das «Unmögliche» möglich, das Mögliche wahrscheinlich, und das Wahrscheinliche praktisch sicher. Man muss nur warten: die Zeit selbst vollbringt die Wunder.

George Wald

In einem unendlichen Universum wird es mit Sicherheit andere intelligente Lebensformen geben. Auch wenn die Biologen uns sagen, dass die Schöpfung von Leben ein unglaublich unwahrscheinliches Ereignis ist. Trotzdem beweist unsere Existenz, dass die Wahrscheinlichkeit für die Entstehung von Leben von null verschieden ist. So weit sind sich die meisten Biologen einig; dann hört die Einigkeit allerdings auch schon auf. Die Wahrscheinlichkeit für irgendeine Form von intelligentem extraterrestrischem Leben ist natürlich noch kleiner. Es gab Versuche, diese Behauptungen durch Zahlen auszudrücken. Riesige Summen werden für die Suche nach fremdem Leben ausgegeben. Allen Überlegungen geht jedoch eine Tatsache voran: Wir wissen zu wenig über den Ursprung des Lebens, als dass wir zu irgendwelchen klaren Schlussfolgerungen darüber gelangen können, wie weit verbreitet Leben ist.

Der dominikanische Philosoph und Bettelmönch Giordano Bruno behauptete, in unserem Universum wimmele es nur so von außerirdischen Wesen. Für seine unorthodoxen Ansichten wurde er im Jahre 1600 in Rom verbrannt. Der amerikanische Physiker Frank Tipler meint, dass wir jede Form von intelligenter Zivilisation auf einem Planeten in unserer Galaxie auch entdecken würden. Er argumentierte, dass einer solchen Zivilisation mehr als fünf Milliarden Jahre zur Entwicklung einer Technologie zur Verfügung gestanden haben, um Robotersonden aussenden zu können, deren Aufgabe die eigenständige Erkundung unserer Galaxie sei. Diese Sonden wären früher oder später auf unsere Erde und das Sonnensystem gestoßen, und sie hätten sichtbare Spuren hinterlassen. Er behauptet, intelligente Lebensformen seien sehr selten in unserem Universum, anderenfalls hätten wir bereits Artefakte von fremden Zivilisationen im Sonnensystem gefunden. Diese Argumentation hat jedoch ein Problem. Eine hochentwickelte Zivilisation, die in der Lage ist, die Galaxie zu bevölkern, hat mit Sicherheit auch die Möglichkeiten entwickelt, sich vor allen irdischen Einfallspinseln zu verstecken.

Tiplers Argument beruht auf der Annahme, dass es in unserer Galaxie ungefähr einhundert Milliarden Sterne vom Typ der Sonne gibt, von denen jeder mit großer Wahrscheinlichkeit ein dem unsrigen ähnliches Planetensystem besitzt. Wir haben bereits die ersten Planeten außerhalb unseres Sonnensystems entdeckt, obwohl die heutigen Möglichkeiten nur zum Nachweis von sehr schweren, Jupiter-artigen Objekten geführt haben. Mit großer Sicherheit gibt es dort kein Leben. Allerdings sind diese massiven Planeten nur die Spitze des Eisbergs von weiteren Körpern, die um ferne Sterne kreisen. Für Tipler ist die Entstehung von Leben im Verlauf von Milliarden von Jahren ein wahrscheinliches Ereignis.

Das muss jedoch nicht der Fall sein. Aus biologischen Tatsachen abgeleitete Schätzungen für die Wahrscheinlichkeit von Leben reichen von winzig bis vernachlässigbar, zumindest im Vergleich zu der Anzahl von Planeten in unserer Galaxie. Der amerikanische Astronom Frank Drake versuchte diese Unsicherheit zu beheben, als er im Jahre 1961 eine Formel ableitete, die eine wichtige Rolle bei der anhaltenden Suche nach außerirdischer Intelligenz gespielt hat.

Drakes Gleichung enthält folgende Elemente: Man nehme die Anzahl sonnenähnlicher Sterne in unserer Galaxie. Das sind ungefähr einhundert Millionen. Man multipliziere diese Zahl mit der mittleren Anzahl erdartiger Planeten pro Stern. Diese liegt in der Gegend von eins, vielleicht auch 0,1, falls nur ein Stern von zehn einen solchen Planeten hat. Man multipliziere das Ergebnis mit der Wahrscheinlichkeit, dass es auf diesem Planeten zu einer Lebensform kommt. An dieser Stelle steht das erste Fragezeichen. Die Biologie kann den Ursprung des Lebens noch nicht wirklich erklären. Wir wissen, dass es einiger Elemente von Selbstorganisation bedarf. Aber immerhin hat es trotz aller Hindernisse mindestens einmal funktioniert. Optimisten würden sagen, dass unter den richtigen Bedingungen – Wasser, Erde und einem milden Klima – die Entstehung von Leben aus dieser ursprünglichen Mischung eine fast notwendige Folge ist. Bleiben wir optimistisch und vermuten, dass rund ein Prozent aller erdähnlichen Planeten Leben hervorbringen können. Man könnte nun weiter argumentieren, dass die Evolution entweder unweigerlich, oder doch zumindest in zehn Prozent aller Fälle, intelligentes Leben hervorbringt. Außerdem sollte es im Verlauf der zehn Milliarden Jahre der Milchstraße auch eine gute Chance geben – sagen wir ein Prozent –, dass diese Lebensform die verschiedenen Krisen, denen sie sich unweigerlich ausgesetzt fand, auch überlebt hat. Damit kommen wir schließlich auf rund einhunderttausend fremde Zivilisationen in unserer Galaxie, die im Vergleich zu den Bewohnern des Planeten Erde sehr weit fortgeschritten sind. Die nächste Zivilisation dieser Art wäre kaum einhundert Lichtjahre von uns entfernt.

Bei einer solch hohen Wahrscheinlichkeit ist es sicherlich angebracht, raffinierte Abhörtechniken zu entwickeln, mit deren Hilfe wir den elektronischen Verkehr unserer nächsten Nachbarn empfangen können. Dies war das Ziel mehrerer laufender Experimente, die dazu entworfen wurden, solche Signale aufzufangen. Sobald ein Signal einmal abgeschickt worden ist, breitet es sich endlos im Raum aus. Die Erde ließe sich auf diese Weise nur bis zu einer Entfernung von mehreren Dutzend Lichtjahren nachweisen, da wir erst vor rund siebzig Jahren begonnen haben, Radiosignale zu verschicken. Fremde Zivilisationen hingegen, deren Vorsprung im Vergleich zur Erde riesig ist, ließen sich mit den entsprechend empfindlichen Radioteleskopen über Millionen von Lichtjahren nachweisen.

Bisher wurde die Suche nach extraterrestrischer Intelligenz nicht gerade überschwänglich mit öffentlichen Geldern unterstützt. Zwei der Hauptexperimente fanden private Geldgeber. Der Filmemacher Steven Spielberg und der Microsoft Mitbegründer Paul Allen haben unabhängig voneinander die Entwicklung von Radioempfängern unterstützt, die Millionen von Kanälen haben. Solche Empfänger sind eine der notwendigen Voraussetzungen für den Nachweis und die Entzifferung schwacher Radiosignale nach Anzeichen für einen intelligenten Ursprung. Hinter solchen Anstrengungen steckt natürlich ein Traum: Auch wenn die Erfolgsaussichten sehr klein sind, hätte jeder erfolgreiche Nachweis einen überwältigenden Einfluss auf die Menschheit.

Die Wahrscheinlichkeit des Lebens

Leider gibt es nur wenige Anhaltspunkte, um die Anzahl intelligenter Zivilisationen abschätzen zu können. Die Gründe sind einfach. Einer der Faktoren in Drakes Gleichung erfordert eine Abschätzung für die Wahrscheinlichkeit von Leben. Diese Wahrscheinlichkeit ist nicht bekannt, und die besten Schätzungen der Biologen reichen von wirklich infinitesimal bis zu einer Zahl, die wesentlich kleiner als eins zu einhundert Milliarden ist. Selbst auf Basis der optimistischsten quantitativen Abschätzungen aus der Biologie würde man nicht erwarten, auch nur eine einzige Lebensform auf den vielen möglichen Planeten dieser Galaxie zu entdecken.

Diese Abschätzungen beruhen allerdings auf der Annahme, dass die Entstehung von Leben das Ergebnis einer bestimmten zufälligen Folge von Ereignissen war. Solche Schätzungen gehen davon aus, dass sich zufällig bestimmte Anordnungen der Moleküle gebildet haben, die den einfachen Proteinen und den Ketten der DNA entsprechen. Es gibt jedoch viele Beispiele in der Natur, die zeigen, dass viele der spontanen und scheinbar unwahrscheinlichen Ereignisse durchaus wahrscheinlich werden, wenn man einen bestimmten Grad an Selbstorganisation zulässt. Die Entwicklung des Wetters zeigt uns fast täglich, wie kleinste Veränderungen in der Luftfeuchtigkeit oder beim Druck gewaltige Veränderungen auslösen können. Kritische Phänomene findet man gewöhnlicherweise dort, wo kleine Störungen große Folgen haben, beispielsweise beim Einsetzen von Turbulenzen in Fluiden oder bei der Supraleitfähigkeit. Der Flügelschlag eines Schmetterlings in China kann auf der anderen Erdseite einen Sturm auslösen, so sagen uns die Befürworter der Komplexitätstheorie.

Exobiologen hoffen, dass solche Mechanismen die Wahrscheinlichkeit für das Auftreten von Leben deutlich heraufsetzen. Ohne Tatsachen gibt es jedoch wenig Anhaltpunkte für solche Erwartungen, und es gibt nur eine einzige Tatsache in diesem Zusammenhang, nämlich dass es auf einem Planeten zur Entstehung von Leben gekommen ist. Die einzige vernünftige Schlussfolgerung ist, dass die Wahrscheinlichkeit für die Entstehung von Leben sehr klein war, und zwar weitaus kleiner, als dass wir davon ausgehen können, in unserer Galaxie auf weitere Zivilisationen zu stoßen. Aber sie ist nicht absolut null, andernfalls wären wir nicht hier.

Es gibt im beobachtbaren Universum ungefähr zehn Milliarden Galaxien, von denen jede bis zu einhundert Milliarden erdähnliche Planeten haben könnte. Wenn man irgendwie durch den intergalaktischen Raum reisen könnte, wären uns rund eine Trilliarde erdähnlicher Planeten zugänglich. Doch wenn die Wahrscheinlichkeit für die Entstehung von Leben so klein ist, wie wir es nach unserer derzeitigen Kenntnis der Natur vermuten können, wären selbst eine Trilliarde Planeten noch keine Garantie für die Entstehung einer zweiten Lebensform.

Neuere astronomische Entwicklungen legen allerdings nahe, die Chancen für die Existenz von fremden Lebensformen doch nicht gleich null erscheinen zu lassen. Vieles deutet auf ein unendliches Universum hin, oder doch zumindest auf ein Universum, das sehr viel größer ist als der beobachtbare Bereich. Sollte dies wahr sein, gibt es weitaus mehr Planeten, möglicherweise sogar unendlich viele. In einem unendlichen Universum gibt es eine unendliche Anzahl von lebensfreundlichen Planeten, und es haben unendlich viele lebenserzeugende Ereignisse stattgefunden. So unwahrscheinlich Leben auch sein mag, es ist unweigerlich irgendwo dazu gekommen. Darüber hinaus steht zu erwarten, dass es auch Lebensformen gibt, deren Intelligenz und Technologie der unsrigen weit überlegen sind.

Eigentlich müssten diese lebenserzeugenden Ereignisse schon rund zehn Milliarden Jahre zurückliegen, und damit dürften diese Zivilisationen einen Intelligenz- und Technologiestand erreicht haben, der unserem um mehrere Milliarden Jahre voraus ist. Selbst in einem endlichen, aber sehr großen Universum ist die Wahrscheinlichkeit für eine Spezies mit einer der unsrigen überlegenen Intelligenz recht hoch. In einem unendlichen Universum gibt es keinen Zweifel, dass diese Spezies bereits vor langer Zeit entstanden ist.

In den Tausenden von Jahren, seit es auf der Erde kulturelles und wissenschaftliches Leben gibt, hat die Menschheit riesige Fortschritte gemacht. Und doch kann man sich die Möglichkeiten einer Zivilisation kaum vorstellen, die bereits seit einer Millionen oder sogar einer Milliarde Jahren existiert. Auf solche Wesen würden unsere Errungenschaften vermutlich einen ähnlich geringen Eindruck machen wie eine Ameisenkolonie auf uns.

In einem unendlichen Universum hat vielleicht irgendwo irgendwer bereits das Geheimnis der Zeitreisen gelüftet. Die Überlegenheit einer solchen fortgeschrittenen Zivilisation kann man sich kaum vorstellen, sofern sie denn überlebt hat. Wir können zumindest vermuten, dass sie die Technologie der Wurmlöcher beherrscht. Dabei müssen wir berücksichtigen, dass der größte Teil des Universums für uns unzugänglich ist. Ein von uns ausgesandtes Radiosignal hätte, wie bereits erwähnt, erst einige Dutzend Lichtjahre zurückgelegt. Eine hypothetische, hoch entwickelte Spezies könnte seit dem Big Bang vor 14 Milliarden Jahren höchstens einen Bereich von einigen wenigen Milliarden Lichtjahren erkundet haben. Doch das Universum ist weitaus größer, und eine solche weit fortgeschrittene kosmische Zivilisation befindet sich mit großer Wahrscheinlichkeit Milliarden von Milliarden von Lichtjahren von uns entfernt. Erst in einer derart großen Entfernung gibt es ausreichend viele Planeten, damit bei der geringen Wahrscheinlichkeit für diesen Prozess zumindest einer von ihnen intelligentes Leben erzeugt hat.

Und intelligentes Leben?

Die Vorstellung, dass wir als neue Mitglieder in der galaktischen Gemeinschaft willkommen sind, ist ebenso unwahrscheinlich wie die Vorstellung, dass die Auster als neues Mitglied in der menschlichen Gemeinschaft willkommen ist. Wir wären vermutlich noch nicht einmal essbar. John Ball

Es gibt ein interessantes statistisches Argument, das der optimistischen Einstellung der gerade referierten Diskussion etwas zuwider läuft. Die Entwicklung von intelligentem Leben war nur innerhalb eines engen zeitlichen Fensters möglich, das für kaum mehr als einige hundert Millionen Jahre offen stand. Es bedurfte eines ausreichend ruhigen und wohlwollenden Muttersterns, und es dauerte mehrere Milliarden Jahre, bis die schweren Elemente entstanden waren. Natürlich kennen wir nur das eine Beispiel, doch es erscheint nahe liegend, diese Bedingungen für die Entwicklung von intelligentem Leben irgendwo im Universum zu verallgemeinern.

Es darf auch nicht zuviel Zeit verstreichen, da ein Planet unbewohnbar wird, sobald sich sein Mutterstern von der Hauptreihe entfernt hat. Es wäre kein Vergnügen, auf einem Planeten zu leben, der um einen roten Riesen kreist. Sollte das zeitliche Fenster für die Entstehung von intelligentem Leben zu klein sein, würde es sich hierbei um ein sehr seltenes Ereignis im Universum handeln.

Umgekehrt sollte es allerdings fast überall primitive Lebensformen geben, denn auf der Erde sind die ersten Lebensformen vergleichsweise schnell entstanden. Die Erde selbst entstand vor ungefähr 4,6 Milliarden Jahren. Sei mindestens vier Milliarden Jahren gibt es auf der Erde Leben. Vor dieser Zeit hätte es vermutlich kein Leben geben können. Während der ersten halben Milliarden Jahre war die Erde ein extrem feindlicher Boden für eine Biogenese. Während dieser Zeit gab es keine schützende Atmosphäre und Meteoriten bombardierten unablässig die Oberfläche der jungen Erde. Ein besonders massiver Einschlag hatte die Entstehung des Mondes zur Folge.

Wie die Astrophysiker Charles Lineweaver und Tamara Davis von der Universität von New South Wales betont haben, zeigen diese ersten Anzeichen primitiver Lebensformen unmittelbar nach einer Epoche der Urgewalten auf der Erde, dass die Biogenese, verglichen mit kosmischen Skalen, innerhalb einer sehr kurzen Zeit erfolgt sein muss. Die Forscher schätzen, dass der Zeitraum zwischen dem letzten, alles vernichtenden Einschlag eines Meteoriten und den ältesten Anzeichen für Leben auf der Erde rund einhunderttausend Jahre betragen haben könnte, maximal eine halbe Milliarde Jahre. Statistisch gesehen sollte es also in unserem Universum einfache Lebensformen in Hülle und Fülle geben. Der entscheidende Übergang von einfachen zu intelligenten Lebensformen dürfte allerdings ein seltenes und vielleicht sogar einzigartiges Ereignis gewesen sein. Diese Schlussfolgerung dürfte die Theologen beruhigen.

Wo sind sie?

Manchmal denke ich, wir sind allein. Manchmal denke
ich, wir sind es nicht. In beiden Fällen ist die Vorstellung überwältigend.

Buckminster Fuller

Das führt uns auf ein Paradoxon, das zuerst von Enrico Fermi formuliert wurde: «Wenn es sie gäbe, wären sie hier.» Wenn es tatsächlich
viele fortgeschrittene Wesen im Universum geben sollte, weshalb sind
wir noch nicht auf sie getroffen? Die Antwort kann nur lauten, dass die
Barriere, die zur Beherrschung einer Wurmlochtechnologie überwunden werden muss, so hoch ist, dass jede solche Zivilisation auch in der
Lage wäre, ihre Spuren gründlich zu verwischen. Mit Sicherheit könnte
sie uns beobachten, ohne dass wir uns dessen bewusst wären. Die moderne Spionage verfügt bereits über die entsprechenden Techniken,
und wir können uns kaum die Möglichkeiten vorstellen, die uns in
einem Jahrhundert zur Verfügung stehen, geschweige denn in einer
Milliarde Jahren.

Würden sie sich so verhalten? Würden sie uns mit ähnlichen Augen
betrachten, wie wir bestimmte Eingeborenenstämme im Amazonas beobachten, dann wäre es durchaus möglich, dass sie uns unseren Weg
gehen lassen. Wir hätten keine blasse Ahnung von dieser überlegenen
Technologie, die uns heimlich überwacht. Es muss kein Widerspruch
sein, dass wir in unserem Sonnensystem bisher noch keine Spuren von
fremden Wesen gefunden haben. Jede überlegene Zivilisation mit einer
Wurmlochtechnologie hätte auch die Möglichkeiten, die Spuren ihrer
Reisen zu verwischen.

Es könnte allerdings eine Spur geben, die sie zurückgelassen haben,
und zwar den Funken, der zur Entstehung von Leben nötig war. Wir
könnten Teil eines kontrollierten Experiments sein, das erfolgreich verlaufen ist. Vielleicht gab es ähnliche Experimente, die fehlgeschlagen
sind, oder die ebenfalls erfolgreich waren. Sollte es möglich sein, die
Entstehung von Leben künstlich auszulösen, dann stünden wir wieder
vor unserem ursprünglichen Problem. Wir können die Wahrscheinlichkeit für die Existenz einer fortgeschrittenen Zivilisation in unserer
Nähe nicht berechnen, denn wir kennen die Spielregeln nicht. Wir
müssen weitersuchen.

Zeitreisen

Was ist also «Zeit»? Wenn mich niemand danach fragt,
weiß ich es; will ich es einem Fragenden erklären, weiß
ich es nicht. Augustinus

Was auch immer du dir vorzustellen vermagst, du wirst
sehen, dass die Natur dir zuvorgekommen ist.
John Berrill

Selbst wenn intelligentes Leben selten sein sollte, das Universum ist riesig. Stellen Sie sich vor, die nächstgelegene Spezies, die es sich lohnte zu besuchen, wäre so weit von uns entfernt, dass es noch nicht einmal einen kausalen Kontakt zu unserem Sonnensystem gibt. Sie könnte in einem Teil des Universums entstanden sein, der so weit weg ist, dass das Licht von dort noch nicht bis zu uns gelangt ist. Unter diesen Umständen würde die Möglichkeit jeder Form von Wechselwirkung den Gesetzen der Physik widersprechen. Doch das ist nicht notwendigerweise der Fall. Zumindest im Prinzip können Physiker ihren Weg durch den Raum mithilfe neuartiger Technologien finden. Es könnte sein, dass es zur Erkundung der Zukunft keinerlei Schranken gibt. Wie wir noch sehen werden, ist die Vergangenheit, die Zeit vor der Epoche der Zeitreisen, allerdings unantastbar.

Ein unendliches oder fast unendliches Universum bietet interessante Möglichkeiten für Möchtegern-Zeitreisende. Das Wesentliche an einer Zeitreise ist eine Bahnkurve, die in der Zeit zurückläuft. Ein Raumschiff, das sich entlang einer solchen geschlossenen zeitartigen Kurve bewegt, würde in die Vergangenheit oder die Zukunft fliegen. Geschlossene zeitartige Kurven sind in der Einstein'schen Theorie der Gravitation nicht verboten. Vielleicht gibt es sie daher wirklich. Tatsächlich gibt es unter Physikern den weitverbreiteten Glauben, dass alles, was laut Theorie erlaubt ist, auch existiert oder zumindest existiert hat. Das rechtfertigt ihre bisher erfolglose Suche nach solch exotischen Dingen wie primordialen Schwarzen Löchern, fraktional geladenen Teilchen, oder sogar Teilchen, die schneller als das Licht fliegen, so genannten Tachyonen.

Es gibt viele exotische Möglichkeiten von Zeitreisen. Zeitreisen

(a)

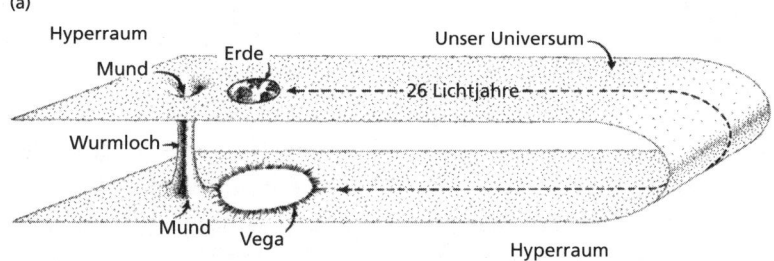

Ein Wurmloch von einem Kilometer Länge durch den Hyperraum verbindet die Erde mit der Nachbarschaft von Vega in einer Distanz von 26 Lichtjahren (nicht maßstabsgerecht).

(b)

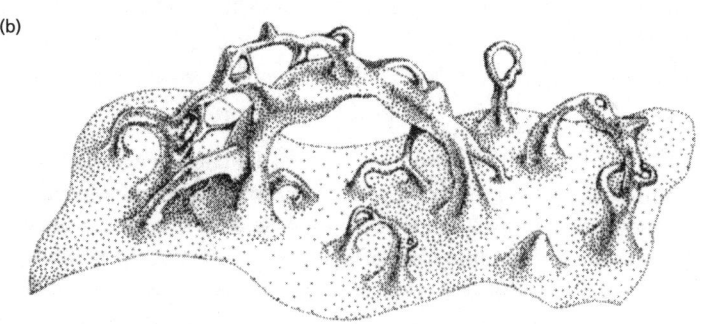

Abbildung 11: (a) Eine Bahnkurve durch ein Wurmloch, das die Erde mit Vega verbindet (schematisch). (b) Der Raum ist angefüllt mit (virtuellen) Wurmlöchern.

durch Wurmlöcher sind Teil der modernen Physik. Ein Wurmloch ist ein potenzieller Tunnel vom Innern eines Schwarzen Loches in das Innere eines anderen Schwarzen Loches. Wurmlöcher sind ebenso wie Schwarze Löcher ein Thema, das bei Sciencefiction-Autoren sehr beliebt ist. Ein Raumzeit-Reisender könnte in der Vergangenheit auftauchen, indem er entlang einer geschlossenen zeitartigen Kurve reist. Sollte es Wurmlöcher geben, dann gibt es auch zeitartige geschlossene Kurven. Führende Wissenschaftler auf diesem Gebiet diskutieren gerne die Möglichkeiten von geschlossenen zeitartigen Kurven, um die Journalisten davon abzuhalten zu erkennen, was sie in Wirklichkeit beschäftigt. Dieses Unterfangen war, zumindest kurzfristig, sehr erfolgreich. Wurmlöcher und geschlossene zeitartige Kurven sind ein generell akzeptierter Bestandteil der allgemeinen Relativitätstheorie.

Die Quantentheorie hat unsere Vorstellungen von Wurmlöchern verändert. Wurmlöcher gibt es in der Welt der virtuellen Realität. Ob es Wurmlöcher tatsächlich gibt oder nicht, ist eine andere Frage, und mancher erachtet ihre Existenz als mit der Physik unvereinbar. Dazu meint der englische Kosmologe John Barrow: «Es ist leicht anzunehmen, dass die Einbeziehung von Wurmlöchern ein zu radikaler Schritt ist, um unser Bild von Raum und Zeit zu erweitern, aber es wäre ebenfalls denkbar, dass dieser Schritt noch nicht radikal genug ist.» Da sie laut Theorie existieren können, scheint es knauserig, ihre Existenz zu leugnen, nur weil wir noch keine experimentellen Beweise haben.

Wurmlöcher zerstören sich sehr schnell selbst, und unter normalen Bedingungen würden wir ihre flüchtige Erscheinung kaum jemals bemerken. Wollen wir Wurmlöcher zu Zeitreisen nutzen, müssen wir von einer Technologie der fernen Zukunft Gebrauch machen. Der schwierigste Schritt besteht darin, ein Wurmloch einzufangen und es geöffnet zu lassen, damit es einem Möchtegern-Zeitreisenden zur Verfügung steht. Ein solches Manöver wird von keinem physikalischen Gesetz verboten. Das gleiche Prinzip finden wir bei der Strahlung von Schwarzen Löchern. Die intensive Gravitation in der Nähe eines Schwarzen Loches kann virtuelle Teilchenpaare trennen. Sobald diese einmal getrennt sind, kann das eine Teilchen wegfliegen und dabei dem Schwarzen Loch Energie entziehen. Dieser Effekt wurde zum ersten Mal von Stephen Hawking vorhergesagt. Er wurde bisher noch nicht beobachtet, aber die Physiker sind davon überzeugt, dass Schwarze Löcher tatsächlich auf diese Weise Strahlung emittieren. Wenn das für Schwarze Löcher funktioniert, dann muss man seine Phantasie nicht mehr allzu sehr anstrengen, um sich vorzustellen, dass sich auch Wurmlöcher durch das starke Gravitationsfeld in der Nähe eines Schwarzen Loches aus dem Vakuum herausziehen lassen.

Es ist ganz amüsant, sich Gedanken über die Möglichkeiten von Zeitmaschinen zu machen, doch letztendlich zählt nur die Realität. Wurmlöcher sind theoretische Konstrukte, mit deren Hilfe ein Ingenieur eine Zeitmaschine bauen könnte. Sollte es Schwarze Löcher geben, dann gibt es mit Sicherheit auch Wurmlöcher. Doch ob uns diese physikalisch zugänglich sind, und ob wir ihre Entstehung regulieren und kontrollieren können, sind ganz andere, wenn auch wichtige Fragen. Die Beherrschung der Wurmlochtechnologie ist eine Voraussetzung

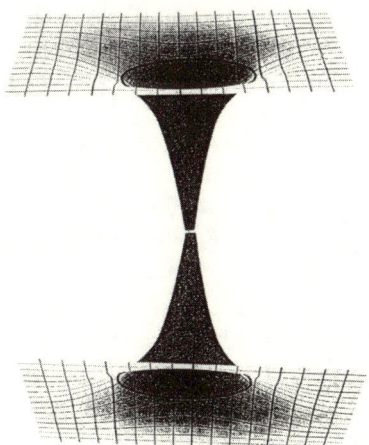

Abbildung 12: Schwarzes Loch und
Wurmloch

für die Konstruktion einer Zeitmaschine. Wurmlöcher waren und sind eine Modeerscheinung, von der manche meinen, sie könnten den Schlüssel zu den letzten Geheimnissen der Natur bergen. Um in ein Wurmloch einzudringen, muss man leider den Ereignishorizont eines Schwarzen Loches überqueren. Das ist eine schwierige Aufgabe, da praktisch jede gewöhnliche Materie, sobald man sich dem Horizont nähert, durch die gewaltigen Gezeitenkräfte zerrissen werden dürfte.

Wenn Zeitreisen möglich sein sollten, hätte dies weitreichende Konsequenzen. Die Erde wäre nicht länger immun gegen den Kontakt mit fremden Zivilisationen. Sobald die Erkundung der Raumzeit mithilfe von Wurmlöchern Wirklichkeit geworden ist, kann man sich auch die Entwicklung von Sonden vorstellen, die sich eigenständig in der Raumzeit ausbreiten. In der fernen Zukunft wären alle Teile des Universums zugänglich, einschließlich derjenigen, die heute jenseits unseres Horizonts liegen. Durch Reisen in die Vergangenheit könnten die Sonden die Evolution aufzeichnen oder sogar Einfluss darauf nehmen. Reisen durch Wurmlöcher sind etwas Augenblickliches. Es gibt keine Grenzen in Raum oder Zeit. Sobald die Wurmlochtechnologie einmal zur Verfügung steht, sind alle Teile des unendlichen Universums zugänglich. Eine einzige Spezies, die an einem bestimmten Punkt in Raum und Zeit ihren Ursprung hatte, könnte dann die gesamte Raumzeit des Universums erkunden.

17 Ein kurzer Augenblick in der Zeit

Aus einer wilden schrecklichen Gegend, die erhaben liegt
Aus dem Raum – aus der Zeit   Edgar Allan Poe

Am Anfang sind die Dinge immer am besten.

Blaise Pascal

Für einen zukünftigen Zeitreisenden ist die Vergangenheit einzigartig und unantastbar. Es ist nicht möglich, in ein Zeitalter zurückzureisen, in der es noch keine Zeitmaschine gab. Ein Zeitreisender benötigt einen Ausgang ebenso wie einen Eingang, dazu werden die Zeitmaschinen gebraucht. Doch sobald eine zukünftige Zivilisation die Technologie der Zeitmaschinen einmal beherrscht, werden Raum und Zeit nicht mehr dieselben sein.

Wir können uns so etwas wie Superautobahnen vorstellen, die in Zeit und Raum verlegt sind, sobald die Konstruktion von Zeitmaschinen zur Routine wird. Die Zukunft wird mehrfach zusammenhängend sein. Nur die Vergangenheit ist heilig. Wir brauchen uns keine Sorgen über Zeitreisende zu machen, die in der unmittelbaren Zukunft plötzlich vor unserer Türe stehen. Shakespeare kann in Frieden ruhen: Es besteht keine Gefahr, dass seine größten Werke von irgendeinem Zeitreisenden der Zukunft geschrieben werden.

Es gibt eine wichtige Ausnahme in Bezug auf Reisen in die Vergangenheit. In der Nähe eines Schwarzen Lochs könnte es zu exotischen physikalischen Phänomenen kommen. Innerhalb eines Schwarzen Lochs könnte es bereits natürliche Wurmlöcher geben, die dem kühnen Forscher offen stehen, der für eine Reise jedes Risiko auf sich nimmt. Der Reisende verschwindet aus unserem Universum: Sämtliche Kommunikation ist abgebrochen. In seinem Bezugssystem locken jedoch neue Möglichkeiten und neue Gefahren. Eine Gefahr liegt in der Bombardierung mit hochenergetischen Gammastrahlen. Dabei handelt es sich um zunächst rotverschobenes Licht, das aus dem äußeren Universum in das Schwarze Loch gedrungen ist und anschließend hochgradig blauverschoben wurde. Eine solche Strahlung wäre eine Bedrohung für jede Art von Lebewesen. Doch nehmen wir an, dies sei kein Problem.

Hinein in die Singularität

Noch exotischere Objekte warten auf ihre Entdeckung, wenn man sich auf den Standpunkt stellt, dass alles, was nach den physikalischen Gesetzen erlaubt ist, auch irgendwo im Universum existiert. Den Ehrenplatz haben die Orte, an denen Raum und Zeit zusammenbrechen, beispielsweise in den Zentren Schwarzer Löcher. Dank der schützenden Hülle des Horizonts kann man sich einem solchen Punkt in der Raumzeit gewöhnlich nicht so weit nähern, dass man ihn untersuchen könnte. Ereignishorizonte können für den kühnen Weltraumreisenden eine abschreckende Grenze darstellen. Nähert man sich der Singularität im Inneren eines Schwarzen Loches zu sehr, so können immense Gezeitenkräfte alles auseinanderreißen. Doch Einsteins Theorie der Gravitation erlaubt im Prinzip die unabhängige Existenz solcher singulärer Punkte, ohne hinter einem Horizont versteckt zu sein. Man bezeichnet sie als nackte Singularitäten. Bei einer nackten Singularität kann alles passieren. Ursache und Wirkung verlieren jede Bedeutung. Es gibt keine Zukunft und keine Vergangenheit.

Der amerikanische Physiker Kip Thorne favorisiert nackte Singularitäten als physikalisches Mittel für Zeitreisen. Sie haben keinen Horizont, und sie sind außerordentlich schwer zu finden. Es gibt eine Vermutung von Roger Penrose, wonach es keine nackten Singularitäten geben darf, auch wenn sie laut den Einstein'schen Gleichungen erlaubt sind. Eine solche kosmische Zensur braucht den überzeugten Zeitreisenden jedoch nicht zu schrecken. Die Heisenberg'sche Unbestimmtheitsrelation erlaubt es Wurmlöchern ebenso wie nackten Singularitäten, für einen kurzen Augenblick aus der reinen Luft bzw. dem perfekten Vakuum zu kommen und wieder darin zu verschwinden. Nach einer Planckzeit, lediglich 10^{-43} Sekunden später, schließt sich das Wurmloch wieder. Es widerspricht keinem Naturgesetz, wenn man sich Energie oder Masse für einen genügend kurzen – praktisch unmessbar kurzen – Augenblick borgt, vorausgesetzt, man gibt das Geliehene sofort wieder zurück. Unser nächstes Ziel ist daher, ein aufgetauchtes Wurmloch offen zu halten. Das erreicht man mit exotischer Materie, deren Energiedichte (Ruhemasse plus Druckbeitrag) negativ ist. Gewöhnliche Sterbliche und Astronomen haben einen solchen Stoff zwar noch nie gefunden, aber es gibt keine physikalischen Gesetze, die ihn verbieten würden, und das ist dem kühnen Abenteurer Anlass genug, um in das Wurmloch zu springen. An irgendeinem Punkt in Raum und Zeit, weit in der Zukunft oder vielleicht auch in der Vergangenheit, kommt er wieder zum Vorschein. Auf diese Weise kann man einen unendlichen Raum durchreisen und ein Universum betreten, das andernfalls unzugänglich wäre.

Die zentrale Singularität lockt und bietet die Möglichkeit, in ein anderes Universum einzutreten. Praktisch bedeutet dies eine beliebige Verschiebung in Raum und Zeit, auch außerhalb des Horizonts der zurückgebliebenen Beobachter, die ungeduldig das Schicksal des Zeitreisenden von einem sicheren Punkt außerhalb des Schwarzen Lochs verfolgen. Leider lässt sich die Reise nicht planen, sie kann gefährlich sein und zufällig. Sie unterliegt den Gesetzen der Quantenunbestimmtheit, die bei den Skalen nahe der Singularität gelten müssen. Diese Reise wäre allerdings keine Gefahr für die Eindeutigkeit der Vergangenheit irgendeines Beobachters. Keine konkrete Bahnkurve kann effektiv durch einen zukünftigen Reisenden beeinflusst werden: Von daher droht keine Gefahr.

Für die Bewohner der Zukunft erscheinen die Aussichten zunächst trübe. In der Ära der Zeitreisen gibt es nur noch wenig Spielraum für einen freien Willen oder eigene Kreativität. Wiederholte von den Bewohnern der fernen Zukunft unternommene Zeitreisen könnten auch die Vergangenheit verändern. Kein zukünftiger Dichter könnte je sicher sein, dass seine Eingebungen nicht aus der Zukunft stammen.

Betrachten wir als Beispiel einen Kieselstein an einem Strand. Ein Zeitreisender kommt vorbei und stößt den Kieselstein nach rechts. Er verlässt den Ort in die Zukunft und kommt irgendwann unmittelbar vor dem Augenblick zurück, als er den Kieselstein nach rechts gestoßen hat. Nun stößt er ihn nach links. Wo bleibt der Kieselstein schließlich liegen? Ist diese Frage überhaupt noch sinnvoll? Die Lage des Kieselsteins hängt von der Zukunft wie auch von der Vergangenheit ab. Ein freier Wille kann für den Zeitreisenden, der den Kieselstein durch die Gegend stößt, nicht wirklich existieren: Er hat auf den Ort wenig Einfluss.

Es kommt noch schlimmer. Sie schreiben einen großartigen Roman. Zumindest sind Sie davon überzeugt. Aber haben Sie diesen Roman wirklich geschrieben? Vielleicht kam ein Zeitreisender aus der Zukunft und hat Ihnen telepatisch oder hypnotisch die Geschichte eingegeben. Oder vielleicht hat er die Geschichte ja sogar direkt in Ihren Computer geschrieben, während Sie schliefen. Es ist schwer, die Tatsachen zu entwirren. Gibt es überhaupt noch eindeutige Tatsachen zu einem bestimmten Zeitpunkt oder an einem bestimmten Ort? Die Antwort muss verneint werden: Raum und Zeit wurden unentwirrbar ineinander verschränkt. Die Strukturen von Raum und Zeit wurden mit sich selbst verwoben. Es gibt eine eindeutige Zeit, aber die Eigenschaften des Raums zu einem bestimmten Zeitpunkt hängen von anderen Zeitpunkten ab, sowohl in der Zukunft als auch in der Vergangenheit. Auch das Umgekehrte ist wahr: Was man für Zeit hält wird zu Raum. Ein Augenblick in der Zeit kann weit entfernte Teile des Raums miteinander verbinden.

Interessanterweise sagt schon die Einstein'sche Theorie der Gravitation eine solche Vermischung von Raum und Zeit in unmittelbarer Nähe eines Schwarzen Lochs voraus. Ein Beobachter, der sehr nahe an einem Schwarzen Loch vorbeifliegt, verliert jeden Kontakt mit der äußeren Welt. Die Gravitation wird ihn immer näher an das Schwarze Loch heranziehen, während die äußeren Beobachter den Kontakt zu ihm verlieren. Sämtliche Signale von ihm sind zunehmend rotverschoben bis hin zur Unsichtbarkeit. Die Zeit in der äußeren Welt läuft weiter, doch für den Reisenden, der auf ein Schwarzes Loch zufliegt, vergeht die Zeit immer langsamer. Zumindest sieht es ein äußerer Beobachter so. Schließlich verschwindet er aus dem Blickfeld. Es gibt jedoch einen Unterschied: Für den Reisenden in ein Schwarzes Loch öffnet sich der Raum, während die von außen beobachtete Zeit zum Stillstand kommt. Er fällt in die Singularität im Zentrum des Schwarzen Lochs; in seinem eigenen Bezugssystem läuft die Zeit weiter. Was dann geschieht, lässt sich nur vermuten. Ein Wiederauftauchen in einem weit entfernten Raumgebiet oder einer fernen Zeit ist nur eine Möglichkeit. Im letzteren Fall hätte man eine Zeitreise unternommen.

Sollten irgendwann Zeitreisen möglich sein, dann wäre dies vergleichbar mit dem Anflug eines Reisenden auf ein Schwarzes Loch. Die lokalen Verhältnisse von Raum und Zeit würden sich ändern. Der Erfolg der Physiker in der Konstruktion einer Zeitmaschine würde die fundamentale Struktur des Universums beeinflussen.

Dies ist ein Beispiel für einen Phasenübergang. Für unser Verständnis von der Entwicklung des Universums spielen solche Übergänge eine wichtige Rolle, allerdings bringen die Abenteuer von Zeitreisenden eine neue Qualität ins Spiel, wie es sie noch nie gegeben hat. Gewöhnliche Phasenübergänge ereignen sich täglich. Das Gefrieren von Wasser ist ein bekanntes Beispiel. Die lokale molekulare Struktur erfährt eine plötzliche Veränderung, überall und gleichzeitig, sobald die Temperatur unter den Gefrierpunkt fällt. Die Kosmologie kennt ein weiteres Beispiel. Wie wir gesehen haben, war die Epoche der Inflation, die nur 10^{-35} Sekunden anhielt, ein solcher Phasenübergang, aus dem schließlich unser Universum hervorging.

18 Die unendliche Zukunft

Die Welt ist eine Blase, und die Zeit der Menschheit
noch nicht einmal der Umfang.   Francis Bacon

So viele Welten, so viel zu tun,
so wenig getan, so sind die Dinge.
                            Alfred Lord Tennyson

Es ist offensichtlich, dass die Materiedichte unterhalb des kritischen
Werts liegt, der die Expansion des Universums aufhalten könnte. Mit
dem derzeitigen Wert für die Hubble-Konstante finden wir für die kritische Dichte einen Wert von 10^{-29} Gramm pro Kubikzentimeter. Das
entspricht 0,00001 Wasserstoffatomen pro Kubikzentimeter. Das mag
sehr wenig sein, doch wir haben bereits gesehen, dass die Dichte der
leuchtenden Materie, gemittelt über den gesamten Raum, nur einen
winzigen Bruchteil der kritischen Dichte darstellt. Da die Dichte von
dunkler und heller Materie zusammengenommen rund ein Drittel der
kritischen Dichte ausmacht, wird die kinetische Energie in unserem
Universum für immer überwiegen: Es wird sich ewig ausdehnen. Wird
nämlich eine expandierende Hülle nicht durch den Einfluss der Gravitation der Materie in ihrem Inneren abgebremst, dann nimmt das Gra-
vitationspotenzial mit zunehmendem Radius der Hülle immer mehr
ab. Die potenzielle Energie der Gravitation wird im Vergleich zur kinetischen Energie der Ausdehnung der Hülle immer kleiner. Die Galaxien entfernen sich immer weiter voneinander, und das Universum
wird immer kälter und dunkler.

Es spielt keine Rolle, dass das heute beobachtete Universum endlich
sein könnte. Stellen wir uns vor, die Krümmung des Raumes sei flach,
aber das Universum sei endlich. Die Beobachtungen weit entfernter Supernovae zeigen, dass sich das Universum auf ewig ausdehnen wird. In
der fernen Zukunft gäbe es demnach nahezu unendlich viele Planeten,
und für die Entstehung von Leben stünde beinahe unendlich viel Zeit
zur Verfügung. Die Planeten bleiben bestehen, bis die Protonen zerfallen, mindestens 10^{32} Jahre von heute an. Doch diese Planeten werden
nicht wie unsere Erde sein; sie kreisen nicht um kleine gelbe Sterne.

Während es heute nur endlich viele Planeten geben könnte, würden sich in einer fast unendlichen Zukunft viele Möglichkeiten für die Entstehung neuer Planeten ergeben, während Sterne und Galaxien sich weiterentwickeln. Teilweise werden sie in exotischen Umgebungen leben. Beispielsweise wird die zukünftige Evolution hauptsächlich in den dichten Kernen der Galaxien stattfinden. Doch in diesen Bereichen, wo heute eine rasche dynamische Evolution vorherrscht, befinden sich auch supermassive Schwarze Löcher. Diese Schwarzen Löcher sind die ideale Energiequelle, wenn sie Materie an sich heranziehen, und sie werden das Universum für unzählige Äonen beleuchten. Etwa um Neutronensterne herum gibt es schon Planeten in Umgebungen, die sich in einem späteren Entwicklungsstadium befinden. Solange es Schwarze Löcher gibt, gibt es auch Energiequellen, in deren Nähe die Planeten warm bleiben und wo die Voraussetzungen für die Entstehung von Leben bestehen. In genügend langer Zeit kann Leben auch an endlich vielen möglichen Plätzen entstehen.

Die Zukunft des Universums wird sich lange hinziehen. Das Universum, wie wir es heute sehen, ist nur ein winziges Korn auf dem Weg zu einem weit ausgedehnten Horizont. Mithilfe der Big-Bang-Theorie können wir den kurzen, nur wenige Minuten anhaltenden Leuchtblitz rekonstruieren, als die leichten Elemente synthetisiert wurden. Unsere Theorie der Sternentwicklung beschreibt, wie alle anderen Elemente entstanden sind. All dies geschah innerhalb der letzten zehn Milliarden Jahre. Die Sterne werden weiterhin leuchten und dabei Wasserstoff verbrennen, bis das Universum ein Alter von zehn Billionen Jahren hat. Danach wird das Universum aus degenerierten Sternen bestehen – braune Zwerge, weiße Zwerge, Neutronensterne und Schwarze Löcher. Es wird zu einem dunklen Ort, ohne die Strahlung gewöhnlicher Sterne, die den Nachthimmel erhellen oder die Planeten wärmen.

Das ferne Schicksal des Universums

Die wichtigsten fundamentalen Gesetze und Tatsachen der Physik wurden alle entdeckt, und diese sind
mittlerweile so gesichert, dass die Möglichkeit, dass sie
jemals als Folge neuer Entdeckungen durch andere Gesetze ersetzt werden könnten, beliebig fern liegt.

Albert Michelson

Wir sind so weit gegangen, wie es eine gesunde Spekulation erlaubt.
Doch muß es möglich sein, den kleinsten Hoffnungsschimmer auszu-
machen, der für mögliche Lebensformen in einer zunehmend desola-
ten Umgebung besteht. Degenerierte Sterne leben von der thermischen
Energie, die sie abstrahlen. Ihre thermische Energiequelle kann gelegentlich aufgefüllt werden, wenn sich neue degenerierte Sterne bilden,
beispielsweise bei Verschmelzungen von umeinander kreisenden weißen Zwergen. Dank der Erhaltung des Drehimpulses entstehen dabei
Gasscheiben, in denen sich sogar Planeten bilden können. Degenerierte Sterne werden weiterhin in geringen Mengen Energie abgeben,
wenn schwach wechselwirkende dunkle Materieteilchen (sofern sie
massiv sind, wie es die Theorie nahe legt) in den Zentren der Sterne
gefangen sind, wo sie sich ansammeln und annihilieren können. Dabei
geben sie Gammastrahlen und andere energiereiche Teilchen ab, wodurch sich der Stern erwärmt.

Die nächste Ära des Universums ist durch den Zerfall der Protonen
gekennzeichnet. Der Protonenzerfall ist eine Folgerung aus der Theorie
der Vereinigung der fundamentalen Kräfte, obwohl es bisher dafür
noch keine experimentelle Bestätigung gibt. Bei den Energien der
großen Vereinheitlichung (10^{16} GeV) zerfallen Protonen sehr rasch,
und mit der gleichen Rate werden sie auch erzeugt. Dann muss es aber
auch bei niedrigen Energien einen Protonenzerfall geben, allerdings
sehr langsam.

Für uns besteht keine unmittelbare Gefahr, da das Universum noch
nicht alt genug ist, als dass eine merkliche Anzahl von Protonen zerfallen wäre. Im menschlichen Körper mit ungefähr 100 Kilogramm oder
10^{29} Protonen zerfällt pro Jahrzehnt vielleicht ein Proton. Dabei entsteht ein Gammastrahl, doch der bedeutet keine große Krebsgefahr.

Alte Big-Bang-Theorie

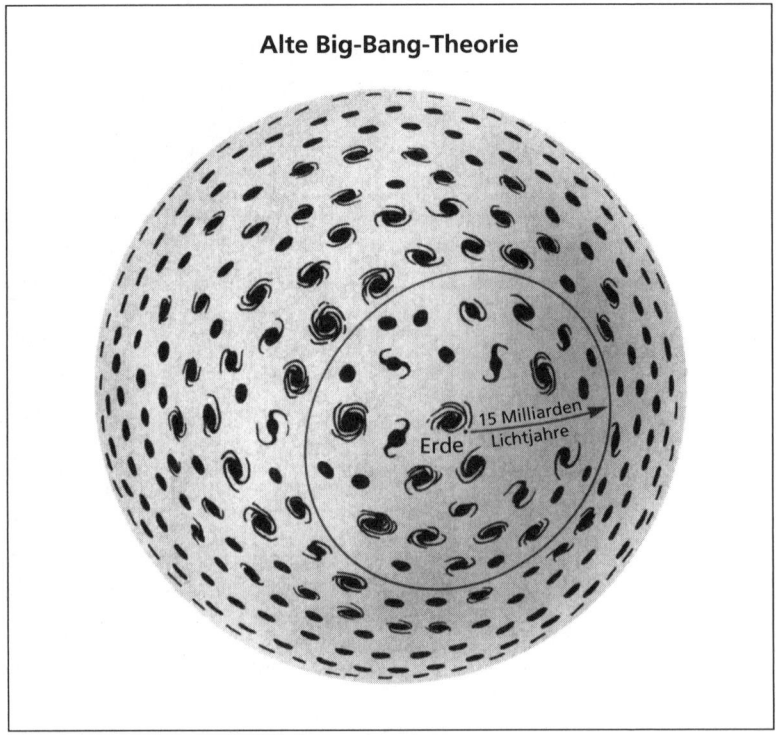

Abbildung 13 a: In der alten Big-Bang-Theorie vermutete man für das Universum eine Ausdehnung, die ungefähr dem entspricht, was wir mit den größten Teleskopen erkunden können.

Betrüge die Halbwertszeit eines Protons nur 10^{14} Jahre, würden wir alle an Krebs sterben.

Auch wenn die Zerfallsrate für Protonen nach der Theorie der Großen Vereinheitlichung sehr klein ist, lässt sie sich doch messen. Mehrere Experimente zum Nachweis des Protonenzerfalls wurden bereits durchgeführt. Das Prinzip ist sehr einfach: Man nehme 1000 Tonnen Wasser mit rund 10^{32} Protonen. Nach der einfachsten Version der Großen Vereinheitlichung sollten im Mittel zehn Protonen pro Jahr zerfallen. Da bei dem Zerfall eines Protons sehr viel Energie freigesetzt wird (in Form von energiereichen Myonen und Gammastrahlen), lässt sich dieser Effekt zumindest im Prinzip nachweisen. Allerdings muss man das Experiment von der kosmischen Strahlung abschirmen, die in

Inflationäres Universum

15 Milliarden Lichtjahre

Abbildung 13 b: In einem inflationären Universum ist die Ausdehnung des Universums um ein Vielfaches größer, als wir in der absehbaren Zukunft beobachten können.

der Erdatmosphäre ebenfalls Myonenschauer auslöst. Bei den typischen Experimenten lagern Zehntausende Tonnen an sauberem Wasser in Tanks tief unter der Erde, umgeben von Szintillationszählern, die nach den Lichtblitzen der seltenen Zerfallsereignisse suchen. Bis heute wurde noch kein einziger Zerfall eines Protons beobachtet (siehe Kapitel 6). Daraus folgt für die Protonen eine Halbwertszeit von mehr als 10^{32} Jahren. Ein Diamant hält praktisch ewig, wenn das ein Trost ist. Für die Elementarteilchentheorie bedeutet dies, dass die einfachsten Modelle der Großen Vereinheitlichung falsch sind.

Wir können jedoch davon ausgehen, dass nach 10^{50} Jahren alle Protonen im Universum verschwunden sind. Das folgt schon aus der Theorie der Gravitation. Protonen werden von virtuellen winzigen

Schwarzen Löchern verschluckt und zerfallen in Positronen. Die einzigen Objekte, die übrigbleiben, sind Schwarze Löcher. Doch selbst Schwarze Löcher leben nicht für alle Ewigkeiten. Nach einer Überlegung von Stephen Hawking sind die Gezeitenkräfte in der Nähe des Ereignishorizonts eines Schwarzen Lochs so stark, dass Paare virtueller Teilchen, mit denen die Raumzeit angefüllt ist, auseinandergezogen werden können. Wegen des Unbestimmtheitsprinzips der Quantentheorie können virtuelle Teilchen für einen sehr kurzen Augenblick entstehen, ohne dass die Energieerhaltung verletzt ist. Die extreme Krümmung des Raums in der Nähe eines Schwarzes Lochs kann jedoch virtuelle Teilchen zu reellen Teilchen trennen, von denen eines dem Schwarzen Loch entkommt. Auf diese Weise trägt es dazu bei, dass das Schwarze Loch verdampft. Die kleineren Schwarzen Löcher werden als erstes verschwinden, doch irgendwann, nach 10^{100} Jahren, werden auch die massivsten Schwarzen Löcher verdampft sein. Nun besteht das Universum nur noch aus den übrig gebliebenen Resten der Sterne: Strahlung bei sehr niedrigen Frequenzen, Neutrinos sowie Positronen und Elektronen.

Unsterblichkeit

Könnte intelligentes Leben für ewige Zeiten überleben? Wir können Intelligenz als «Fähigkeit, Berechnungen auszuführen» definieren, wobei dies eine sehr asketische Beschreibung ist, die beispielsweise Emotionen oder Leidenschaften, Kunst oder Dichtung ignoriert. Das unendliche Fortbestehen oder gar der Fortschritt von Intelligenz würde dann erfordern, dass wir uns eine potenziell unendliche oder zumindest unbegrenzte Anzahl von Berechnungen vorstellen können. Die Menge an Energie, die bei diesen Berechnungen erzeugt wird, muss endlich bleiben. Andernfalls würden unsere Gehirne gebacken, wenn Gehirne die angemessenen Speichermodule für Intelligenz sein sollen.

Berechnungen erzeugen Wärme und erfordern die Dissipation von Energie. Freeman Dyson machte darauf aufmerksam, dass jeder Organismus eine minimale Betriebstemperatur benötigt, da er andernfalls die erzeugte Energie nicht abgeben kann und sich selbst zu Tode brät. Diese minimale Temperatur kann sehr niedrig sein, ungefähr ein Billionstel Kelvin, und weit entfernt von jeder unmittelbaren Bedrohung unserer Gemeinschaft – trotz des sich ausdehnenden und abkühlenden Universums. Wenn sich das Universum jedoch auf ewig ausdehnt, müsste jede Lebensform eines Tages zu einem Ende kommen. Dyson hatte jedoch eine Idee, wie das Leben diesem Wärmetod entgehen könnte: es muss eine Möglichkeit der Hibernation finden. Die Lebensformen müssten nur noch in zunehmenden Abständen Energie abstrahlen. In diesem Fall könnte auch in einem expandierenden Universum an der kritischen Dichte eine Lebensform eine unendliche Zeit vor sich haben, da die abgegebene Energiemenge endlich ist.

Allerdings würde das Leben dennoch in eine Krise geraten. Wie schon mehrfach erwähnt, ist das Universum angefüllt mit dunkler Energie, die für die beobachtete beschleunigte Ausdehnung verantwortlich ist. Die dunkle Energie, wie sie aus der kosmologischen Konstanten folgt, ist eine Vakuumenergie, die irgendwann zur dominanten Energieform wird. Das Wärmebad aus virtuellen Teilchen füllt den gesamten Raum an. Ein lebendes, Berechnungen ausführendes System hat keine Möglichkeit mehr, seine Energie abzustrahlen, da es keine thermodynamischen Möglichkeiten mehr gibt, die Energie im Raum zu verteilen. Lebende Systeme werden zu heiß, das Leben ist vorbei.

Dies ist eine unglückliche Folgerung aus dem kosmologischen Minimalmodell, das durch viele astronomische Beobachtungen favorisiert ist. Es gibt jedoch zwei Auswege. Das Geheimnis der kosmologischen Konstanten lässt sich auf die einfache Frage reduzieren: Weshalb gerade jetzt? Erst in jüngerer Zeit tritt die kosmologische Konstante als die dominante Energiequelle des Universums in Erscheinung. Vor langer Zeit, beispielsweise zur Zeit der Inflation, war der Einfluss der kosmologischen Konstanten vernachlässigbar klein. Ihre Energiedichte war um mehr als einhundert Zehnerpotenzen kleiner als der Gehalt an Strahlung.

Die Anfangsbedingungen des Universums scheinen auf eine bemerkenswerte Weise auf einen sehr unwahrscheinlichen Wert voreingestellt gewesen zu sein. Daher hat man nach einer anderen Lösung gesucht. Diese bezeichnet man als Quintessenz, eine neue Form der dunklen Energie, die jedoch so gemacht ist, dass sie immer der vorherrschenden Komponente des Universums folgt. Mit anderen Worten, wir haben eine kosmologische Konstante, die nicht mehr konstant ist, sondern mit der Zeit kleiner wird. Ein solches Postulat umgeht zum einen die Notwendigkeit der Feinabstimmung der Anfangsbedingungen, weil die Inflation selbst durch ein Kraftfeld getrieben wurde, das der kosmologischen Konstanten ähnlich ist. Die Stärke dieses Kraftfelds war vergleichbar mit der Strahlungsdichte zu jener Zeit, die weitaus größer war als die heute gemessene kosmologische Konstante. Andererseits gibt es nun auch keine Grenze mehr, an der Lebenssysteme ihre Energie nicht mehr abstrahlen können, da die kosmologische Konstante in Zukunft immer schwächer wird. Leben könnte ewig existieren. Natürlich ist jedes endliche System auch nur in der Lage, eine endliche Menge an Erinnerungen zu speichern. Wie die Physiker Katherine Freese und William Kinney betont haben, müssen wir uns mit der Tatsache abfinden, dass «das Leben selbst unsterblich sein könnte, jedes Individuum jedoch zur Sterblichkeit verdammt ist».

Ohne Quintessenz hat die Unsterblichkeit keine großen Chancen. In einem zyklischen Universum könnte man zwar vermuten, dass in jedem neuen Zyklus auch das Leben neu entsteht. Doch würde man natürlich allzu gerne wissen, ob irgendwelche Erinnerungen ihren Weg durch die Singularität zwischen der Kontraktions- und der Expansionsphase finden können. Die Physik hat darauf keine Antwort.

Die Wurmlochtechnologie könnte uns in die Lage versetzen, neue Energiequellen anzuzapfen, die wir für unsere Berechnungen brauchen. Wir können aber auch einfach alles zusammenpacken, Auf Wiedersehen sagen und uns eine neue Heimat in einem wärmeren, angenehmeren Klima irgendwann und irgendwo jenseits des Horizonts suchen.

Das Ende als neuer Anfang

Das Schicksal des Universums könnte in einem langweiligen Alter bestehen, es könnten den kühnen Raumzeit-Reisenden aber auch aufregendere Ereignisse erwarten. Die Physiker Fred Adams und Greg Laughlin von der University of Michigan haben auf eine besonders interessante Möglichkeit aufmerksam macht. Es könnte ein Phasenübergang stattfinden, der im wahrsten Sinn des Wortes neue Horizonte eröffnet.

Die charakteristischen Eigenschaften des heutigen Universums sind das Ergebnis mehrerer Phasenübergänge. Der wichtigste und mittlerweile von den Kosmologen allgemein anerkannte Phasenübergang war die kosmische Inflation. Das Universum befand sich unmittelbar nach dem Big Bang in einem Zustand perfekter Symmetrie. Das ist nicht gut: Unser Universum ist offensichtlich weit davon entfernt, symmetrisch zu sein, andernfalls wären wir nicht hier. Es gibt mindestens zehntausendmal mehr Materie als Antimaterie. Doch die Quantenphysik erlaubt es dem Universum, spontan den symmetrischen Zustand zu verlassen. Im symmetrischen Zustand hat das Vakuum eine hohe Energiedichte. Wir nennen dies ein falsches Vakuum. Das Universum nutzte den Tunneleffekt der Quantentheorie, um in das richtige Vakuum zu gelangen. Während der kurzen Zeitdauer, als die Energie des falschen Vakuums alles übertraf, rund 10^{-35} Sekunden nach dem Big Bang, durchlief das Universum eine Phase exponentieller Ausdehnung, die wir als Inflation bezeichnen. Nur so lässt sich die heutige Größe des Universums verstehen, ebenso wie der Ursprung seiner Struktur als Folge der aufgeblasenen Quantenfluktuationen.

Heute besitzt das Vakuum eine sehr geringe Energiedichte. Doch im Vakuum könnte eine neue Form von Energie lauern, die in der Zukunft einen Phasenübergang in einen neuen Vakuumzustand auslöst. Bei einem solchen Übergang könnten sich spontan Blasen der neuen Phase bilden, die sich exponentiell rasch ausdehnen. Diese Blasen besitzen eine kinetische Energie, und wenn sie zusammenstoßen, heizt sich das Universum wieder auf. Im Grunde genommen sind dadurch neue Universen entstanden. Einige Kosmologen spekulieren sogar, dass unser Universum einfach das größte unter diesen sekundären Universen ist. Die langfristige Zukunft des Universums könnte eine Wiedergeburt sein.

19 Und wo ist Gott?

> Unter Gott verstehe ich das unbedingt unendliche Wesen, das heißt die Substanz, die aus unendlich vielen Attributen besteht, deren jedes ewige und unendliche Wesenheit ausdrückt.
> Baruch Spinoza

> Ich halte einen Wissenschaftler, sobald er sich mit nichtwissenschaftlichen Problemen beschäftigt, für ebenso dumm wie alle anderen.
> Richard Feynman

Die Rolle Gottes in der Kosmologie hat die Kosmologen seit jeher, seit den frühesten Schriften über die Natur des Kosmos, fasziniert und geplagt. Einige mussten leiden – nicht nur, dass ihre Bücher verboten oder verbrannt wurden, auch sie selbst waren nicht gefeit vor einer ähnlichen Behandlung. In jüngerer Zeit hat die katholische Kirche zumindest etwas fortschrittlichere Ansichten entwickelt, angeführt von dem bekannten Jesuiten und Kosmologen Georges Lemaître.

Lemaître wurde 1894 in Charleroi in Belgien geboren. Bereits zum Priester geweiht, konnte er als junger, unbekannter Wissenschaftler im Jahr 1920 zeigen, dass Einsteins statisches Universum von 1917 instabil gegen einen Kollaps ist. Im Jahre 1927 schlug Lemaître ein expandierendes Universum vor, um den Daten von Vesto Slipher und Edwin Hubble Rechnung zu tragen. Diese Daten deuteten darauf hin, dass sich die Galaxien von uns entfernen. Einstein nahm die Arbeit von Lemaître zur Kosmologie nicht gerade wohlwollend auf und bezeichnete sie als «physique de curé» (Pfaffenphysik).

All das änderte sich jedoch im Jahre 1929, als Hubble das nach ihm benannte Gesetz verkündete, wonach die Fluchtgeschwindigkeit einer Galaxie, gewonnen aus ihrer Rotverschiebung, direkt proportional zu ihrer Entfernung von uns ist. Lemaîtres Erklärung war, dass sich der Raum selbst ausdehnt und die Galaxien dabei mitnimmt, ähnlich wie der Wind die Staubkörner. Dies war für unser Verständnis des Universums ein revolutionärer Schritt nach vorne, den auch Einstein bald akzeptierte. Unsere Vorstellungen vom Universum hatten sich unwiderruflich verändert.

Lemaître hatte keine Probleme, die Big-Bang-Kosmologie mit seinem katholischen Glauben zu vereinen. Tatsächlich spielte sein Rat eine wichtige Rolle in der berühmten Enzyklika *Humani Generis*, die Papst Pius XII. im August 1950 erließ. Die Worte waren zurückhaltend, aber deutlich.

> Wer heute die Welt außerhalb der Hürde Christi beobachtet, kann leicht die Hauptwege erkennen, die nicht wenige Gelehrte wählten. Einige lassen unklug und urteilslos die sogenannte Entwicklungslehre, die auf dem eigenen Gebiet der Naturwissenschaften noch nicht sicher bewiesen ist, für den Ursprung aller Dinge zu und verlangen sie; vermessentlich huldigen sie der monistischen und pantheistischen Auffassung, dass das Weltall einer ständigen Entwicklung unterworfen sei. ... Es ist aber Pflicht der katholischen Theologen und Philosophen, die die große Aufgabe haben, die göttliche und menschliche Wahrheit zu verteidigen und den Herzen der Menschen einzupflanzen, diese mehr oder weniger vom rechten Weg abirrenden Ansichten zu kennen und zu beachten. Ja, diese Lehrmeinungen selbst sollen ihnen gut bekannt sein, weil schon Krankheiten nicht gut geheilt werden können, wenn sie nicht richtig erkannt sind, dann auch, weil in falschen Ansichten häufig ein Körnchen Wahrheit liegt; endlich auch drängen diese dazu, bestimmte philosophische und theologische Wahrheiten eifriger zu untersuchen und durchzudenken.

Die Seele des Menschen bleibt heilig. Und doch ist *Humani Generis* ein Meilenstein für die katholische Denkweise über die Evolution, denn sie machte den Weg frei für eine allegorische Interpretation der Genesis hinsichtlich der Schöpfung der Erde, des Himmels und der Menschheit.

Auf seinem Sterbebett erfuhr Lemaître im Jahre 1966 von der Entdeckung der Reststrahlung aus dem Big Bang, der kosmischen Mikrowellenhintergrundstrahlung. Dies war das Fossil, nach dem er lange gesucht hatte, überzeugt von seiner Existenz, jedoch unter der völlig anderen Maske der hochenergetischen kosmischen Strahlung. Gegen Ende vertrat Lemaître ein Modell der Kosmologie, von dem wir heute wissen, dass es falsch ist. Er glaubte an einen primordialen massiven Atomkern, der in einer Explosion zerfällt und zum expandierenden

Universum wird. Seine Vision von der glorreichen Vergangenheit des Universums beschreibt er lebhaft: «Auf einer abgekühlten Schlacke stehend sehen wir die abklingenden Sonnen und versuchen uns an die verschwundene Helligkeit des Ursprungs der Welten zu erinnern.» Wie kaum ein anderer war Lemaître in der Lage, seine religiösen Überzeugungen mit der Kosmologie zu vereinen, was am besten in seinen eigenen Worten aus dem Jahre 1950 zusammengefasst wird:

> Das Universum ist nicht jenseits der Erkenntnismöglichkeiten des Menschen. Es ist sein Eden, sein Garten, dem Menschen zur Kultivierung und zur Beobachtung überlassen. Das Universum ist für den Menschen nicht zu groß, es überschreitet weder die Möglichkeiten der Wissenschaft noch die Fähigkeiten des menschlichen Geistes.

Die Einstellung des Vatikans entwickelte sich weiter. So verkündete Papst Johannes Paul II. im Oktober 1996 während einer Ansprache beim jährlichen Treffen der Pontifikalen Akademie der Wissenschaften: «Es gibt keinen Widerspruch zwischen der Evolution und der Doktrin des Glaubens über den Menschen und seine Berufung.» Die Evolution war theologisch hoffähig geworden.

Vielleicht ist die Kosmologie theologisch akzeptabel geworden, doch in Bezug auf Darwin ist das letzte Wort noch nicht gesprochen, zumindest so weit dies die zahlreichen Anhänger einer gesteuerten Schöpfung betrifft. Viele sehen in der Evolution die Hand Gottes, indem sie von «intelligentem Design» sprechen, obwohl die Rolle der Intelligenz dabei eine Frage des Glaubens ist.

Die Vergangenheit Gottes

Schöpfungsargumente wurden im achtzehnten und neunzehnten Jahrhundert oft herangezogen, um Gott ins Spiel zu bringen. Für manche ist die Schöpfung des Universums ein Beweis für die Arbeit Gottes. Der englische Dichter Percy Bysshe Shelley drückte die theologischen Folgerungen besonders eloquent aus: «Ich denke, das Blatt eines Baumes, das kleinste Insekt auf das wir treten, sind überzeugendere Argumente als alles, was wir an Beweisen anführen können, dass eine gewaltige

Intelligenz die Unendlichkeit beseelt.» Solche Überlegungen sind nicht nur auf moderne Zeiten beschränkt. Schon Marcus Tullius Cicero schrieb: «Die himmlische Ordnung und die Schönheit des Universums zwingen mich zuzugeben, dass es ein herausragendes und ewiges Wesen gibt, das den Respekt und die Bewunderung des Menschen verdient.» Bernardin de Saint-Pierre (1773–1814), ein französischer Naturalist und Priester, erklärte gerne, wie die Natur zum Wohle des Menschen entworfen wurde. Für ihn hatte die Natur die Melone schon in Scheiben unterteilt, damit sie von einer großen Familie gegessen werden konnte, und der wesentlich größere Kürbis war dazu da, mit den Nachbarn geteilt zu werden. Man muss sich nicht auf materielle Aspekte beschränken. Friedrich von Schlegel meinte, es sei nur ein kleiner Schritt von Begriffen bis zur Göttlichkeit: «Ideen sind unendliche, ursprüngliche und lebendige Gedanken Gottes.»

Darwin zeigte, wie der Prozess der natürlichen Auslese zur Erscheinung von «Design» bei lebenden Dingen führen kann. Die Rolle Gottes wurde zurückgedrängt auf die Rolle des Schöpfers des Kosmos als Ganzem. Es bedarf keines großen Schrittes, im Universum ein faszinierendes und wunderbares Design zu sehen, für welches die Hand eines übermächtigen Schöpfers notwendig ist. Doch nicht alle Autoren stimmen dem zu, beispielsweise Arthur C. Clarke: «Wenn es irgendwelche Götter geben sollte, deren Hauptanliegen die Menschheit ist, dann kann es sich nicht um besonders wichtige Götter handeln.»

Andere sehen in der Unendlichkeit ein Zeichen Gottes, und Unendlichkeit könnte vielleicht in der Dichtung liegen: «Das Geheimnisvolle hat seine eigenen Geheimnisse, und es gibt Götter von Göttern. Wir haben unsere, sie haben ihre. Das bezeichnet man als das Unendliche.» Doch für den englischen Philosophen und Mathematiker Bertrand Russell hat Unendlichkeit keine bestimmte Bedeutung oder gar präzise Definition: «Wenn man irgendeinen Philosophen nach einer Definition für Unendlichkeit fragt, dann könnte er vielleicht irgendein unverständliches Zeug daherlabern, doch er ist sicherlich nicht in der Lage eine Definition anzuführen, die irgendeinen Sinn ergibt.» Das Fehlen einer Definition ist natürlich kein Grund, nicht nach der Bedeutung des Unendlichen zu suchen. Immerhin könnte Unendlichkeit, wie sie sich in der Natur zeigt, jenseits des Bereichs der Wissenschaft liegen. Einige große Physiker, beispielsweise Max Planck, sind dieser Ansicht gewesen: «Die Wissenschaft kann das letzte Geheimnis der Natur nicht lösen, denn wir selbst sind Teil der Natur und damit Teil jenes Geheimnisses, das wir zu lösen versuchen.»

Philosophen sind ebenso wie Theologen in der Lage, Gott überall zu sehen, insbesondere in der Entwicklung und den Abläufen des Universums. Immanuel Kant schreibt, «dass Gott in die Kräfte der Natur eine geheime Kunst gelegt hat, sich aus dem Chaos von selbst zu einer vollkommenen Weltverfassung auszubilden». Einige der bekanntesten Wissenschaftler waren tiefgläubige Menschen. Selbst für Albert Einstein galt: «Wissenschaft ohne Religion ist lahm, Religion ohne Wissenschaft ist blind.» Und darüber hinaus: «Die tiefe gefühlsmäßige Überzeugung von der Gegenwart einer überlegenen vernunftbegabten Macht, die sich in dem unbegreiflichen Universum zeigt, ist meine Vorstellung von Gott.»

Andere Wissenschaftler haben oft wenig Geduld für Philosophen, die über Gott theoretisieren. Thomas Huxley war ein führender Vertreter dieses Standpunkts:

> Von all dem sinnlosen Gebabbel, das ich die Gelegenheit hatte zu lesen, wären die Demonstrationen jener Philosophen, die es unterfangen uns über die Natur Gottes zu erzählen, am schlimmsten, würden sie nicht noch übertroffen von den noch größeren Absurditäten jener Philosophen, die versuchen zu beweisen, dass es keinen Gott gibt.

Andere wiederum scheinen gewillt, den Vorschlägen von Blaise Pascal zu folgen. Sollte Gott existieren, dann haben die Gläubigen gut gespielt und sich einen Platz im Paradies gewonnen. Sollte es keinen Gott geben, ist nur wenig verloren. «Lasst uns den Gewinn und den Verlust bei einer Wette auf die Existenz Gottes abschätzen. Betrachten wir die beiden Möglichkeiten. Wenn man gewinnt, gewinnt man alles; wenn man verliert, verliert man nichts.»

Die Zukunft Gottes

Die meisten Beobachter neigen zu der Ansicht, dass sich das Universum für immer ausdehnen wird. Das liegt an der dunklen Energie, deren Dominanz eine ewig beschleunigte Phase ausgelöst hat. Unser Universum wird einer endlosen Inflation unterworfen sein. Eine Minderheit ist jedoch der Überzeugung, dass die dunkle Energie nicht für ewig vorhanden sein wird. Ihrer Meinung nach ist die kosmologische Konstante keine Konstante, sondern sie wird in der Zukunft abnehmen. In diesem Fall käme die Ausdehnung irgendwann zu einem Halt, und das Universum könnte sogar in der Zukunft kollabieren und in einem Big Crunch enden.

Diese Ansichten sind nicht besonders häretisch. Wir wissen, dass während der Epoche der Inflation die kosmologische Konstante sehr groß gewesen sein muss, damit die damalige Beschleunigung angetrieben werden konnte. Bei einem Universum, das nur aus Materie besteht, sowohl dunkler als auch baryonischer, will der Umstand, dass es flach ist, besagen, dass es unendlich ist und sich für immer ausdehnen wird. Doch dieser Schluss könnte auch falsch sein, da die Beobachtungen die Flachheit des Universums niemals wirklich beweisen können. Das Universum muss nicht exakt flach sein. Sein Schicksal hängt von dem Vorzeichen ab, mit dem es von der Flachheit abweicht. Zeigt die Abweichung zur sphärischen Seite – in einem zweidimensionalen Analogon würde dies bedeuteten, dass eine unendliche Ebene durch die Oberfläche einer sehr großen Kugel ersetzt wird –, dann könnte das Universum irgendwann kollabieren. Wir stünden wieder vor einem Big Crunch.

Die Folgerungen, die sich daraus ergeben würden, sind aufregend. Das Universum könnte, phoenixgleich, in einem wiedererstarkten und gereinigten Big Bang neu auferstehen. Der amerikanische Kosmologe Frank Tipler hat die philosophischen und theologischen Konsequenzen aus einem zukünftigen Big Crunch untersucht. Seiner Meinung nach gibt es globale Anisotropien. Aus den Beobachtungen des Mikrowellenhintergrunds wissen wir, dass diese sehr klein sein müssen. Doch für Tipler sind diese Anisotropien auf einem infinitesimalen Niveau immer vorhanden. In einem zukünftigen Big Crunch würden sie verstärkt und zu einer unendlichen Energiequelle, wenn man sich der endgültigen Singularität nähert.

Aus dieser beinahe unendlich heißen, höllenartigen Zukunft der Big-Bang-Kosmologie konnte Tipler mit logischen Mitteln – manche würden allerdings eher von trügerischer Spitzfindigkeit sprechen – einen Beweis für die Existenz Gottes ableiten, insbesondere eines liebenden Gottes, der uns alle zu ewigem Leben erretten wird. Für Tipler ist die Theologie einfach ein Teilgebiet der Physik, und Gott ist das, was er den Omega-Punkt nennt.[7] Dies ist das Endstadium unseres Universums, wenn ein zukünftiger Big Crunch eine nahezu unerschöpfliche Energiequelle sein wird (aus der gravitativen Energie, die beim Kollaps des Kosmos freigesetzt wird). Mit dieser Energie und den entsprechenden Möglichkeiten der Informationsspeicherung wird ein Supercomputer der Zukunft, auch Gott genannt, eine unbegrenzte Macht erhalten. Er wird die Toten auferstehen und der Menschheit alle möglichen Arten von Wohltaten zukommen lassen.

Die meisten Kosmologen würden Tipler des schrecklichsten aller wissenschaftlichen Verbrechen anklagen. Sie würden ihm vorwerfen, den Leuten einen ungeheuerlichen Bären aufzubinden. Doch die Öffentlichkeit scheint Tiplers Theologie mit Interesse aufgenommen zu haben. Selbst Wolfhart Pannenberg, ein bekannter deutscher Theologe, hat Tiplers Ideen verteidigt. Um der ganzen Sache noch einen wissenschaftlichen Beigeschmack zu geben, hat Tipler einen mathematischen Rahmen entwickelt, der eine beinahe undurchdringliche Aura der Gelehrsamkeit erzeugt. Unsterblichkeit, so versucht Tipler zu beweisen, ist eine unvermeidbare Folgerung aus der allgemeinen Relativitätstheorie und der Quantentheorie. In dem Augenblick, wo er die Physik ins Spiel bringt, um die Existenz Gottes zu beweisen, schalten die Wissenschaftler ab. Doch weshalb sollte ein gedankliches Herumspielen mit Gott heimtückischer sein als die Beschäftigung mit der Zeit? Und wo genau begeht Tipler einen Fehler, wenn man ihm tatsächlich das genannte Verbrechen vorwerfen will?

Andere Forscher haben die nach Gott suchende Zuhörerschaft bereits vorbereitet. Weitaus ernsthaftere Physiker als Tipler haben Gott schon mit solchen fundamentalen Entitäten wie einem Satz von Gleichungen oder dem Higgs-Boson, einem bisher noch nicht entdeckten Elementarteilchen, in Verbindung gebracht. Die Teilchenphysiker schwirren um die «Theory of Everything» (die selbst die Grundlagen von Existenz erklären soll) wie Motten um das Licht. Selbst Kosmologen, die sich sonst eher auf ihre Beobachtungen verlassen, haben sich auf die Diskussion über Gott eingelassen. George Smoot, der Führer des NASA-Teams, das die Fluktuationen im kosmischen Mikrowellenhintergrund entdeckt hat, beschrieb seine Entdeckung als «Blick auf das Antlitz Gottes». Paul Davies, ebenfalls einer der Wissenschaftler, die in Bezug auf die Kosmologie immer auf dem neuesten Stand sind, hat bereits zwei Bücher geschrieben, aus denen der oberflächliche Leser den Eindruck gewinnen könnte, er würde Gott mit einem Quantenkosmologen identifizieren. Für den selten um eine Antwort verlegenen Stephen Hawking ist Gott nicht notwendig. Hawking schlägt vor, das Universum als grenzenlos in Raum und Zeit zu sehen, wodurch, seiner Meinung nach, ein göttlicher Schöpfer überflüssig wird. Sogar Experimentalphysiker haben sich der Diskussion angeschlossen: der amerikanische Teilchenphysiker Leon Lederman spricht von der Suche nach dem Gott-Teilchen.

Tipler hat einen vollkommen anderen, persönlichen Standpunkt, der ihn in unbekanntes Terrain bringt, um Lichtjahre weiter als all die anderen Wissenschaftler, die sich nur oberflächlich mit Gott beschäftigen wie etwa Paul Davies, Stephen Hawking usw. Beispielsweise beinhaltet Tiplers Theologie nicht nur kosmische Strukturen, sondern auch die menschlichen Geschlechter: Dank des Omega Punkts ist es jedem männlichen Wesen möglich, sich nicht nur mit der schönsten Frau der Welt zu paaren, oder mit der schönsten Frau, die jemals gelebt hat, sondern mit der schönsten Frau, deren Existenz überhaupt logisch möglich ist. Bei diesem Prozess können unsere Körper alle wünschenswerten Eigenschaften annehmen, und unerwiderte Liebe wird mit Sicherheit erwidert. Diese erstaunlichen Einsichten, so behauptet Tipler, folgen unmittelbar aus der Einstein'schen Theorie der allgemeinen Relativität.

Tiplers Behauptungen prüfen die Grenzen, wie weit die Wissenschaft uns bei der ewigen Suche nach einer allwissenden und allmächtigen Göttlichkeit bringen kann. Die Physik ist weit davon entfernt, sich dem Phänomen des Bewusstseins zu stellen. Im Augenblick lachen die Biologen noch bei der Behauptung, die Quantengravitation könne wichtige Hinweise auf den Ursprung des Lebens geben. Doch Tipler stellt sich einen Supercomputer der Zukunft vor, der in der Lage sein wird, die Menschen vollständig auferstehen zu lassen: unter Einschluss unserer Erinnerungen an Leidenschaften, unserer Gedanken an Schönheit, unserer Träume und Wünsche. Auch wenn man sehr zurückhaltend sein sollte, wenn es um irgendwelche Vorhersagen über die Fähigkeiten von Supermaschinen in Milliarden von Jahren geht, kann ich nicht wirklich glauben, was Tipler beschreibt. Auch die riesigen Lücken in seinen konkreteren Aussagen bestärken nicht gerade mein Vertrauen in Tiplers außerordentliche Vorhersagen.

Seine Behauptung, unser Schicksal in einem kollabierenden Universum würde uns in die Lage versetzen, die Tore des Himmels zu öffnen, ist aus einem einfachen Grund sehr brüchig. Als das Universum ein Alter von ungefähr einer Minute hatte, war es ebenso heiß und dicht wie das Zentrum der Sonne. Wir sind von der Richtigkeit dieser Beschreibung überzeugt, weil die Big-Bang-Theorie bei ihren Vorhersagen zu den Häufigkeiten der leichten Elemente einen beachtlichen Erfolg hatte. Diese entstanden in der intensiven Hitze der ersten paar Minuten. Die zukünftige Entwicklung des Universums, sollte es kollabieren, würde in einen ähnlich heißen und dichten Zustand zurückführen. Bei 100 Millionen Kelvin wäre Sex kein großer Spaß mehr. Es hat den Anschein, als ob Tipler eher die Hölle als den Himmel beschrieben hat.

Das Leben wird mit großer Wahrscheinlichkeit weit über das hinausgehen, was durch einen Satz von Gleichungen beschrieben wird. Ich würde wetten, dass noch mindestens ebenso viele Geheimnisse in den unsicheren Randbedingungen und dem unvorhersagbaren Verhalten bei kritischen Phasenübergängen liegen wie in dem Bereich, der mit algorithmischen Berechnungen zugänglich ist. Vielleicht muss man sogar die Physik verlassen, um die Komplexitäten der Natur begreifen zu können.

Aus guten Gründen entstammt die Physik der Naturphilosophie, und in vielerlei Hinsicht ist sie dort immer noch angesiedelt. Die Physik und die Philosophie ergänzen einander, und die Beziehung zwischen diesen beiden Fächern verdient mehr zu sein als nur ein Überrest amateurhafter Versuche längst vergangener Zeiten. Doch weshalb sollte sich die moderne Physik um die Angelegenheiten der Philosophie kümmern? Für mich liegt der Grund darin, dass die Philosophie die

Wissenschaft ins richtige Licht rückt. Interessanterweise sind es nahezu immer die älteren, etablierten Physiker, die ihre Gedanken auf die großen Fragen nach der Bedeutung und auf Gott lenken. Steven Weinberg schreibt: «Je begreifbarer das Universum wird, desto sinnloser erscheint es.» Und Paul Davies betont: «Die Wissenschaft ist ein sicherer Weg auf der Suche nach Gott als die Religion.» Und Stephen Hawking beschreibt seinen Traum:

> Dann werden wir alle, Philosophen, Wissenschaftler und gewöhnliche Leute, an der Diskussion um die Frage, weshalb wir und das Universum existieren, teilnehmen können. Wenn wir darauf die Antwort gefunden haben, wäre dies der höchste Triumph der menschlichen Vernunft, denn dann wüssten wir, was Gott denkt.

Solche Gedanken könnte man als komplementäre Theologie bezeichnen, nicht notwendigerweise als Ersatz. Angesichts des ewigen, großen Unbekannten ist Demut die wahre Philosophie, welche die moderne Physik bieten kann.

20 Wohin nun?

Die Wissenschaft bewegt sich, aber sehr, sehr langsam,
sie kriecht von Punkt zu Punkt. Alfred Lord Tennyson

Vorhersagen sind gefährlich. Der dänische Physiker Niels Bohr hat angeblich gesagt: «Vorhersagen sind sehr schwierig, besonders über die Zukunft.» Doch diese Einsicht hat uns nie von Spekulationen abgehalten.

Ich denke, das dritte Jahrtausend wird uns die lang gesuchte «Theory of Everything» bringen, oder zumindest etwas Ähnliches. Sie ist der Heilige Gral der Physik, eine Theorie der Materie und der Energie, eine Theorie von Raum und Zeit, die nur wenige Fragen unbeantwortet lässt bzw. als unbeantwortbar zurücklässt. Wir werden wissen, wie unser Universum begann, und was es vor dem Big Bang gegeben hat. Wir werden verstehen, wie sich aus den anfänglichen Homogenitäten Strukturen entwickelt haben, angefangen bei den kleinsten bis hin zu den größten Skalen, von Abmessungen bei 10^{-33} cm, wo die Gravitation auf die Quantentheorie trifft, bis zu 10^{28} cm, wo die größten Teleskope der Welt auf den Horizont des Universums treffen. Wir werden wissen, wie die Struktur des dreidimensionalen Raums aus höheren Dimensionen entstanden ist, wie der unerbittliche Fluss der Zeit begann, und wie die Materie selbst aus praktisch einem Nichts entstanden ist.

Die «Theory of Everything» wird uns bei der Ausschöpfung der menschlichen Möglichkeiten, bei den Vorhersagen von Katastrophen, wie Vulkanausbrüchen oder der Kollision eines Asteroiden mit der Erde, wenig nützen. Indem wir die Rätsel der Materie lösen, werden wir den Weg für ungeahnte technologische Fortschritte bahnen, unter anderem auch in solch unterschiedlichen Bereichen wie der künstlichen Intelligenz, der Biotechnologie, der Technik und Chemie.

Für die Physik könnte dann das Ende gekommen sein, und wir sollten darüber nachdenken, womit sich die Physiker des dritten Jahrtausends beschäftigen sollen. Sie könnten beispielsweise Quantentechniker werden, die mit der Theory of Everything herumspielen und auch noch die letzten Raffinessen aus ihr herausholen. Sie könnten daran teilhaben, wie die exotischen Anwendungen vermarktet werden, und wie man mit ihrer Hilfe die Probleme einer zunehmend verschmutzten und übervölkerten Welt angehen kann. Andere werden sich zweifellos dem Problem des Bewusstseins zuwenden, der letzten Grenze, die den Menschen vom Tier unterscheidet. Die Reduktionisten der Zukunft werden sich darüber nicht freuen, auch nicht die Theologen. Tatsächlich müssen die Theologen immer noch den Disput von Valladolid im Jahre 1550 verdauen, wo der Missionar Bartolomé de Las Casas (1484–1566) versuchte, genau diesen Unterschied zwischen Mensch und Tier zu beweisen.

Die Allwissenheit vor Augen

Die Leistungsfähigkeit von Computern verdoppelt sich jährlich. Dieses Gesetz gilt nun schon seit fast einem halben Jahrhundert, und ein Ende scheint nicht in Sicht. Es gibt keinen Grund, weshalb sich der Fortschritt in der Computertechnologie in den nächsten zehn Jahren verlangsamen sollte. Schaltkreise und Elektrochips lassen sich jedoch nur bis zu molekularen Abmessungen verkleinern – ein paar Milliardstel eines Meters. Anschließend betritt man den Bereich der Quantenphänomene. Im Quantenuniversum sind die Vorhersagen für mögliche Entwicklungen noch spekulativer. Wir stoßen an die Grenzen der Hardware-Technologie, sofern sich nicht vollkommen neue Richtungen auftun.

Quantencomputer wären eine solche Richtung mit einer potenziell unbegrenzten Zukunft. In einem virtuellen Universum ist alles möglich, zumindest so lange wir nicht hinschauen. Insbesondere haben Quantenprozesse multiple Vergangenheiten. Man denke nur an Schrödingers Katze, die sowohl tot als auch lebendig sein kann. Das ist der Einfluss von zwei parallelen Universen. Es gibt jedoch auch Situationen, in denen diese Anzahl milliardenfach größer ist. Wenn man nur an dem Ergebnis interessiert ist, kann man sich diese Quantenmultiplizität des Universums für bestimmte Berechnungen zu Nutze machen.

Ein genügend leistungsstarker Computer kann im Prinzip einen Menschen – Mann oder Frau – simulieren. Er könnte eine Person Molekül für Molekül zusammensetzen. Ein Computer der Zukunft könnte sogar einen Superman konstruieren, dessen Intelligenz und Fähigkeiten unsere wildesten Träume übertreffen. Das führt uns wieder auf die Frage des letzten Kapitels: Weshalb nicht Gott? Was ist der Unterschied zwischen einem allmächtigen Supercomputer der Zukunft und einer Gottheit? Die Antwort kann nur in etwas liegen, das zwar uns Menschen zukommt, nicht aber einem Tier, das einen Computer vielleicht emulieren, aber niemals erschaffen kann. Diese Eigenschaft ist sicherlich nicht die Intelligenz, und auch nicht die Schönheit. Vermutlich ist es auch nicht das Bewusstsein. Man könnte sich einen Computer vorstellen, der so konstruiert ist, dass er eine Selbstwahrnehmung hat. Ein Computer könnte Schmerz empfinden und ein Computer könnte sogar Gedichte schreiben.

Doch irgendetwas fehlt. Kann ein Computer lachen? Kann ein Computer Gefühle haben? Kann sich ein Computer verlieben? Oder verärgert sein? Kann ein Computer eine Eingebung haben, einen Moment der Einsicht? Zweifellos kann es den Anschein haben, als ob ein Supercomputer der Zukunft, nennen wir ihn einmal Hypercomputer, solche Gefühle hat. Und zweifellos lässt sich ein Hypercomputer so bauen, dass er von einem menschlichen Wesen nicht mehr zu unterscheiden ist. Eines Tages werden solche Androiden Wirklichkeit sein. Es wird jedoch Augenblicke geben, in denen sich die Reaktion eines Hypercomputers von der eines Menschen unterscheidet. Genau hierin sollte der eigentliche Unterschied zwischen einem Automaten und einem Menschen liegen. Für eine von Robotern beherrschte Zukunft lohnt sich kein Kampf. Es wäre auch kaum eine interessante Umgebung. Die Höhen und Tiefen, das Wesen menschlicher Existenz, würden mit großer Wahrscheinlichkeit fehlen.

Unser omnipotenter Hypercomputer kann weder Mann noch Frau sein. Die Unterschiede wären unwichtig und rein körperlich. Und doch gibt es keinen Grund, weshalb der Hypercomputer nicht einem menschlichen Wesen gleichen sollte. Biologisch wäre das denkbar. Wir haben kaum mehr als ein Jahrzehnt des Experimentierens gebraucht und sind heute in der Lage, künstliche Lungen und Herzen einzupflanzen. Man stelle sich die Möglichkeiten der Biotechnologie in tausend Jahren vor, oder gar in einer Million Jahren, der vielleicht kürzesten Zeiteinheit, die wir auf unserer kosmischen Uhr, der alternden Sonne, ablesen können.

Jede noch so winzige Spur an genetischem Material lässt sich in der Zukunft so auswerten, dass man jede Person, die jemals gelebt hat, wieder reproduzieren könnte. Man könnte einen Menschen klonen, sofern man eine Art Hauptschablone für das Gedächtnis hat. Diese Technologie wird bereits eingesetzt, um menschliches Leben zu verlängern, und das ist gerade einmal der Anfang. Alle Körperteile ließen sich ersetzen. Sogar unsere Erinnerungen ließen sich von der Schablone auf die Neuronen im menschlichen Kortex übertragen und wären daher reparierbar. Das ganze Gehirn sollte sich auf diese Weise ersetzen lassen. Für unseren Hypercomputer wäre die Erschaffung eines Menschen eine Kleinigkeit.

Weshalb ist der Supercomputer also kein Ersatz für Gott? Eine Antwort kommt aus der Dichtung. Ein Computer kann genetische Muster kopieren und auch verändern, doch er kann kein menschliches Genie erzeugen. Seine Produkte haben vielleicht eine unerreichte Intelligenz, doch das reicht nicht, um das Genie eines Shakespeare, Mozart oder Einstein zu erschaffen.

Man stelle sich eine Horde von Affen vor, die wild auf den Tasten von Schreibmaschinen herumhauen. Wenn genügend viele Affen an dem Experiment teilnehmen, werden früher oder später solche Werke wie *Othello* oder *Macbeth* entstehen. Sofern die Affen nur nach dem Zufallsprinzip arbeiten, ist das zwar beliebig unwahrscheinlich, aber trotzdem möglich, zumindest im Prinzip. Die Wahrscheinlichkeit erhöht sich, wenn die von den Affen getippten Buchstaben nicht vollkommen zufällig angeordnet sind. Man könnte sich gewisse Muster vorstellen, beispielsweise durch die Art, wie das Keyboard gestaltet ist. Der Prozess würde beschleunigt, aber er würde immer noch beinahe eine Unendlichkeit dauern. Das spricht nicht gegen den Prozess einer zufälligen Auswahl, mit dem man die computerunterstützte Lösung einer schwierigen Aufgabe charakterisieren könnte. Es werden alle Möglichkeiten durchgespielt, bis man Erfolg hat. So hat im Jahre 1997 der IBM Computer Deep Blue den Schachweltmeister Gary Kasparov geschlagen.

Eine kleine Prise menschlichen Eingreifens gehört immer noch dazu. Es bedarf eines Mittels, den wahren *Othello* von den unzähligen falschen *Othellos* zu unterscheiden. Das vermag kein Affe und auch kein Computer. Es bedarf dazu der menschlichen Urteilsfähigkeit oder sogar Inspiration. Betrachten wir noch ein zweites Beispiel: dieselbe Affenhorde, diesmal aber ausgestattet mit Ölfarben und Leinwänden. Wieder überlassen wir die Affen sich selbst. Manchmal entstehen vielleicht bemerkenswerte abstrakte Ölgemälde, die an Jackson Pollock erinnern. Doch das sind Zufallsprodukte. Wird der Pinsel dem Affen nicht mit Augenmaß im richtigen Augenblick entzogen, entsteht ein schwarzes Durcheinander. Und wer entscheidet, wann einem Affen der Pinsel weggenommen wird? Auch das kann kein Affe und erst recht kein Computer. Dazu bedarf es des selbstbewussten und kreativen Sinns des Menschen, den vielleicht Jackson Pollock selbst hätte, würde er statt der Affen an dem Experiment teilnehmen.

Hier liegt offenbar ein Geheimnis, ebenso wie in der offensichtlichen makroskopischen Realität mancher Quantenphänomene. Roger Penrose vertritt die Ansicht, dass ein Teil des Geheimnisses des Bewusstseins einen quantenphysikalischen Ursprung haben könnte. Der amerikanische Philosoph Rick Grush bemerkt dazu: «Es ist nicht klar, wie eine Ansammlung von Molekülen, deren chemische Zusammensetzung der eines Käseomeletts gleicht, sich irgendetwas bewusst sein könnte, Schmerz fühlen könnte, die Farbe rot sehen könnte, oder von der Zukunft träumen könnte.»

Die Quantengravitation ist nicht so weit entfernt, wie man glauben könnte. Man muss den Himmel nur mit Mikrowellenaugen betrachten. Die Temperaturschwankungen auf großen Winkelskalen lassen sich nicht durch irgendeinen kausalen Prozess erklären, der erst nach der inflationären Phase, rund 10^{-35} Sekunden nach dem Big Bang, am Werk war. Unsere beste Erklärung für diese Fluktuationen ist, dass es sich dabei um Quantenfluktuationen handelt, die durch den Prozess der Inflation auf makroskopische Unregelmäßigkeiten aufgeblasen wurden. In diesem Augenblick, als die fundamentalen Kräfte noch vereinheitlicht waren, muss sich das Universum exponentiell schnell um einen Faktor von mindestens 10^{60} aufgeblasen haben, um anschließend auf die heutige Größe expandieren zu können. Eine Folge war, dass die ursprünglichen Quantenfluktuationen mit einer Ausdehnung von nicht mehr als 10^{-35} Lichtsekunden ihre Spuren auf Skalen von Milliarden von Lichtjahren zurückließen. Wenn wir den kosmischen Mikrowellenhintergrund untersuchen, sehen wir Quantenfluktuationen am Himmel. Diese Entdeckung hat die moderne Kosmologie revolutioniert, denn darin liegt die Erklärung für die Entstehung von Strukturen auf sehr großen Skalen.

Die Quantengravitation hat viele spekulative Implikationen, die schon an Sciencefiction grenzen. Die Zähmung von Schwarzen Löchern und Wurmlöchern ist eine der aufregendsten Möglichkeiten in der Zukunft, die uns das Tor zu einem nahezu unendlichen Universum öffnen könnte. Unsere Energiekrisen wären gelöst. Wissen könnte unbegrenzt gespeichert werden. Doch wir müssen auch einen Preis zahlen.

Das klassische Bild von einem Schwarzen Loch hat eine hässliche Seite. Im Zentrum des Schwarzen Lochs sitzt eine Singularität. Eine abstoßende Vorstellung, denn wenn man sich einer Singularität zu sehr nähert, kann im wahrsten Sinne des Wortes die Hölle über einen hereinbrechen. Einige Kosmologen sind davon überzeugt, dass eine solche Singularität niemals zugänglich ist: Sie ist für immer in den Horizont des Schwarzen Lochs gehüllt. Auf diese Weise können wir unser Leben leben, ohne in Gefahr zu laufen, plötzlich einer Singularität gegenüberzustehen, wo die physikalischen Gesetze zusammenbrechen, die unsere Existenz und insbesondere unsere Gesundheit bestimmen.

Gäbe es nackte Singularitäten, könnten wir unbegrenzte Ressourcen aus anderen Universen anzapfen. Wir könnten Wunder vollbringen. Zeitreisen wären denkbar, da in der Nähe solcher Singularitäten Raum und Zeit ihre Rollen vertauschen. Man könnte in der Zeit reisen, entweder weit in die Zukunft, um irgendwelchen unglücklichen Katastrophen unserer heutigen Zeit zu entgehen, oder in die Vergangenheit, um irgendwelchen vergangenen Himmelsträumen nachzujagen. Für manche sind diese Vorstellungen beängstigend.

Die Quantengravitation holt uns aus dieser Zwickmühle heraus. Solche abenteuerliche Reisen in die Vergangenheit unterliegen den Gesetzen der Quantenunbestimmtheit. Die Wahrscheinlichkeit, tatsächlich ein bestimmtes Individuum zu einem bestimmten Zeitpunkt an einem bestimmten Platz zu finden, ist verschwindend klein. Unsere Vorfahren sind vor uns sicher.

Manche Kosmologen glauben, das Spiel sei fast vorbei. Stephen Hawking schrieb einmal: «Es gibt Gründe für einen vorsichtigen Optimismus, dass wir uns dem Ende der Suche nach den letzten Gesetzen der Natur nähern.» Und noch stärker: «Die wichtigsten fundamentalen Gesetze und Tatsachen der Physik wurden alle entdeckt, und diese sind mittlerweile so gesichert, dass die Möglichkeit, dass sie jemals als Folge neuer Entdeckungen durch andere Gesetze ersetzt werden könnten, beliebig fern liegt.» Doch selbst Hawking musste zugeben, dass noch irgendetwas fehlt:

> Selbst wenn es nur eine mögliche vereinheitlichte Theorie geben sollte, so besteht sie doch nur aus einem Satz von Regeln und Gleichungen. Was bläst das Feuer in die Gleichungen und macht ein Universum, das durch diese Gleichungen beschrieben wird? Der übliche Weg der Wissenschaft, ein mathematisches Modell zu konstruieren, kann die Frage nicht beantworten, weshalb es ein Universum geben soll, das durch dieses Modell beschrieben wird. Weshalb macht sich das Universum die Mühe zu existieren?

Ich denke eher, wir sind gerade erst am Beginn unserer Suche. Henry David Thoreau schrieb: «Hast Du Schlösser in die Luft gebaut, muss Deine Arbeit nicht unnütz gewesen sein; denn gerade dort sollten sie sein. Nun setze sie auf sichere Fundamente.» Sicher ist, dass wir neue Ideen brauchen. Doch sie werden auf Widerstand treffen. Einstein war sich dessen nur zu bewusst: «*Wenn einer mit Vergnügen zu einer Musik in Reih und Glied marschieren kann, dann verachte ich ihn schon; er hat sein großes Gehirn nur aus Irrtum bekommen, da für ihn das Rückenmark schon völlig genügen würde.*»

Für die Zukunft bin ich optimistisch. In der Vergangenheit haben wir große Fortschritte erzielt. Es gibt für die Menschheit eine Nische in den Weiten des Universums. Und das fast unendliche Universum, von dem unsere Kosmologie überzeugt ist, hält für uns immense Reichtümer bereit. Man kann seine Verwunderung und Ehrfurcht kaum verbergen vor der Größe und der Schönheit des Kosmos. Große Überraschungen liegen noch vor uns, von denen einige sicherlich mit den immer besseren Teleskopen und Teilchenbeschleunigern, die für die nächsten ein oder zwei Jahrzehnte geplant sind, erahnt werden können. Eine helle Zukunft lockt.

Anmerkungen

1 Zitiert in: A. Berger (Hrsg.) (1984): The Big Bang and Georges Lemaître. Dordrecht: Reidel.
2 Diese Zitate stammen aus: T. Ferris (1997): The Whole Shebang. London: Weidenfeld and Nicholson.
3 Siehe John Mather und John Boslough (1996): The Very First Light. New York: Basic Books.
4 Siehe Lee Smolin (1999): Warum gibt es die Welt? Die Evolution des Kosmos. München: C. H. Beck.
5 J. M. Plumley, zitiert in: L. M. Kraus (1989): The Fifth Essence: The Search for Dark Matter in the Universe. New York: Basic Books, S. 5.
6 J. A. Wheeler (1990): A Journey into Space and Time. London: W. H. Freeman.
7 Siehe Frank J. Tipler (1995): *Die Physik der Unsterblichkeit. Moderne Kosmologie, Gott und die Auferstehung der Toten.* München: Piper.

Abbildungsnachweis

Abbildung 3: The 2dF Galaxy Redshift Survey Team
Abbildung 4: http://www.mpa-garching.mpg.de/galform/millennium/seqD_063 a_half.jpg
Abbildung 5: J. Mather et al. (1994) : *Astrophysical Journal*, Vol. 420, S. 439
Abbildung 6: J. Silk (1994): *A Short History of the Universe.* New York: Scientific American Library
Abbildung 7: J. Silk (1994): *A Short History of the Universe.* New York: Scientific American Library
Abbildung 8: NASA
Abbildung 9: E. Mallove (1988): «The self-reproducing universe». *Sky and Telescope*, September
Abbildung 11: K.S. Thorne (1994): *Black Holes and Time Warps.* New York: Norton
Abbildung 13: E. Mallove (1988): «The self-reproducing universe», *Sky and Telescope*, September

Register